高等院校数字艺术设计系列教材

Photoshop CC

设计与制作教程

时延辉　田秀云　李丽宏　编著

清華大學出版社
北　京

内容简介

Photoshop CC是Adobe公司推出的一款功能非常强大的图形图像处理软件，在图形图像处理方面拥有众多的用户。照片后期处理、创意海报设计、标志设计、UI设计等，都可以使用Photoshop CC来制作专业品质的作品。本书以由浅入深的方式详细介绍Photoshop CC的各种知识点，内容以理论结合上机实战和综合实例的方式进行讲解。

本书共分11章，第1～10章为基础知识部分，包括学习Photoshop应该掌握的基本知识、选区的创建与编辑、修饰与美化图像的工具、图像校正及调整的运用、文字的应用、图层的应用、路径与形状的应用、蒙版与通道、滤镜的应用、网络图像处理与3D应用，第11章为综合实例。

本书既可以作为初学者从零开始的自学手册，也适合平面设计培训机构作为教材，或各类院校相关专业学生学习。

图书在版编目(CIP)数据

Photoshop CC平面设计与制作教程 / 时延辉，田秀云，李丽宏编著. —北京：清华大学出版社，2021.1
(2023.1重印)
高等院校数字艺术设计系列教材
ISBN 978-7-302-56160-6

Ⅰ.①P… Ⅱ.①时… ②田… ③李… Ⅲ.①平面设计—图像处理软件—高等学校—教材 Ⅳ.①TP391.413

中国版本图书馆CIP数据核字(2020)第143488号

责任编辑：李　磊
封面设计：杨　曦
版式设计：孔祥峰
责任校对：马遥遥
责任印制：刘海龙

出版发行：清华大学出版社
网　　址：http://www.tup.com.cn，http://www.wqbook.com
地　　址：北京清华大学学研大厦A座　　邮　　编：100084
社 总 机：010-83470000　　邮　　购：010-62786544
投稿与读者服务：010-62776969，c-service@tup.tsinghua.edu.cn
质 量 反 馈：010-62772015，zhiliang@tup.tsinghua.edu.cn
印 装 者：三河市铭诚印务有限公司
经　　销：全国新华书店
开　　本：185mm×260mm　　印　　张：15　　字　　数：413千字
版　　次：2021年1月第1版　　印　　次：2023年1月第2次印刷
定　　价：79.00元

产品编号：083203-01

首先十分感谢您翻开这本书，只要您认真读下去会感觉很不错。相信我们会把您带入Photoshop CC 的奇妙世界。

Photoshop CC 是 Adobe 公司推出的一款功能非常强大的图形图像处理软件，在图形图像处理领域拥有众多的用户。无论是照片后期处理、创意海报的设计与制作，还是标志设计、版式设计、UI 设计等，都可以使用 Photoshop CC 来制作专业品质的作品。

或许您曾经为寻找一本技术全面、案例丰富的计算机图书而苦恼，或许您正在为了购买一本入门教材而仔细挑选，或许您因为担心自己是否能做出书中的案例效果而犹豫，或许您正在为自己进步太慢而缺乏信心……

现在，就向您推荐一本优秀的平面设计实训学习用书——《Photoshop CC 平面设计与制作教程》。本书采用理论结合上机实战的方式编写，兼具实战技巧和应用理论参考教程的特点，全面介绍了 Photoshop CC 的功能，如各种工具的使用，图像颜色的调整，文字、图层、路径、形状、蒙版、通道和滤镜的应用等。配套的视频教程可以让大家在看电影的轻松状态下学习实例的具体制作过程，结合源文件和素材更能快速地提高技术水平，成为使用 Photoshop CC 软件的高手。

本书作者有着多年的丰富教学经验与实际工作经验，在编写本书时希望能够将自己实际授课和作品设计制作过程中积累下来的宝贵经验与技巧展现给读者。希望读者能够在体会 Photoshop CC 软件强大功能的同时，把各个主要功能的使用和创意设计应用到自己的作品中。

本书特点

本书内容由浅入深，每章的内容都丰富多彩，运用大量的实例涵盖 Photoshop CC 中全部的知识点，具有以下特点。

- 内容全面，几乎涵盖了 Photoshop CC 中的所有知识点。本书从平面设计的一般流程入手，逐步引导读者学习软件和设计作品的各种技能。
- 语言通俗易懂，前后呼应，以较小的篇幅、浅显易懂的语言来讲解每一项功能、每一个上机实战和综合实例，让读者学习起来更加轻松，阅读更加容易。
- 书中为许多重要的工具和命令都精心制作了上机实战案例，让读者在不知不觉中学习专业应用案例的制作方法和流程，还设计了许多技巧和提示，恰到好处地对读者进行点拨。积累到一定程度后，读者就可以自己动手，自由发挥，制作出令人满意的效果。
- 注重技巧的归纳和总结，使读者更容易理解和掌握，从而方便知识点的记忆，进而能够举一反三。

★ 多媒体视频教学，学习轻松方便，使读者像看电影一样记住其中的知识点。本书配有所有上机实战和综合实例的教学视频、源文件、素材文件、PPT 课件等资源，让读者学习起来更加得心应手。

本书章节安排

本书以由浅入深的方式介绍 Photoshop CC 的各种实用方法和技巧，共分 11 章，内容包括学习 Photoshop 应该掌握的基本知识、选区的创建与编辑、修饰与美化图像的工具、图像校正及调整的运用、文字的应用、图层的应用、路径与形状的应用、蒙版与通道、滤镜的应用、网络图像处理与 3D 应用、综合实例。

本书读者对象

本书主要面向初、中级读者。对于软件每个功能的讲解都从必备的基础操作开始，以前没有接触过 Photoshop CC 的读者无须参照其他书籍即可轻松入门，接触过 Photoshop CC 的读者同样可以从中快速了解该软件的各种功能和知识点，自如地踏上新的台阶。

本书由时延辉、田秀云和李丽宏编著，在成书的过程中，王红蕾、陆沁、王蕾、吴国新、戴时影、刘绍婕、张叔阳、尚彤、葛久平、孙倩、殷晓峰、谷鹏、胡渤、刘冬美、赵頔、张猛、齐新、王海鹏、刘爱华、张杰、张凝、王君赫、潘磊、周荥、周莉、金雨、刘智梅、陈美荣、董涛、刘丹、李垚、郎琦、王威、王建红、程德东、杨秀娟、孙一博、佟伟峰、刘琳、孙洪峰、刘红卫、刘清燕、刘晶、曹培强等人也参考了部分编写工作。由于作者知识水平所限，书中难免有疏漏和不足之处，恳请广大读者批评、指正。

本书配套的立体化教学资源中提供了书中所有实例的素材文件、源文件、教学视频、PPT 课件和课后习题答案。读者在学习时可扫描下面的二维码，然后将内容推送到自己的邮箱中，即可下载获取相应的资源（注意：请将这两个二维码下的压缩文件全部下载完毕，再进行解压，即可得到完整的文件内容）。

编　者

Photoshop CC | 目录 

第 1 章 学习 Photoshop 应该掌握的基本知识

第 2 章 选区的创建与编辑

第 3 章 修饰与美化图像的工具

第 4 章 图像校正及调整的运用

第 5 章 文字的应用

第 6 章 图层的应用

第 7 章 路径与形状的应用

第 8 章 蒙版与通道

第 9 章 滤镜的应用

第 10 章 网络图像处理与 3D 应用

第 11 章 综合实例

第1章 学习 Photoshop 应该掌握的基本知识

学习任何软件时都需要先对该软件的基础知识进行了解，Photoshop 也不例外。本章主要为大家介绍学习 Photoshop 时应该了解的一些基础知识，其中包括软件简介、了解 Photoshop 工作界面、Photoshop 中关于图像的概念、Photoshop 中文档操作基础和辅助功能的应用与设置。

1.1 软件简介

最初的 Photoshop 只支持 Macintosh 平台，并不支持 Windows。由于 Windows 在 PC 机上的出色表现，Adobe 公司也紧跟发展的潮流，自 Photoshop 开始推出 Windows 版本以来 (包括 Windows 95 和 Windows NT), 注意到中国无限广阔的市场，首次推出了 Photoshop 5.02 中文版，并且开通了中文站点，成立了 Adobe 中国公司，总部设在北京。

Photoshop 的专长在于图像处理，而不是图形创作。在此有必要区分一下这两个概念。图像处理是对已有的位图图像进行编辑加工处理以及运用一些特殊效果，其重点在于对图像的处理加工；图形创作是按照自己的构思创意，使用矢量图形来设计图形，这类软件主要有 Illustrator、CorelDRAW 等。

1.2 工作界面

在学习 Photoshop 软件时，首先要了解软件的工作界面，以后的所有操作都在此界面中完成。本书讲解的是 Photoshop CC。启动 Photoshop CC 软件并打开一个素材文件后，大家会看到一个如图 1-1 所示的工作界面。

其中工作界面组成部分的各项含义如下。

- **标题栏：** 位于整个窗口的顶端，显示了当前应用程序的名称，以及用于控制文件窗口显示大小的窗口最小化、窗口最大化 (还原窗口)、关闭窗口快捷按钮。
- **菜单栏：** Photoshop CC 将所有命令集合分类后，扩展版放置在 11 个菜单中，普及版放置在 9 个菜单中。利用菜单命令可以完成大部分图像编辑处理工作。
- **属性栏 (选项栏)：** 位于菜单栏的下方，选择不同工具时会显示该工具对应的属性栏 (选项栏)。
- **工具箱：** 通常位于工作界面的左侧，由 20 组工具组成。
- **工作窗口：** 显示当前打开文件的名称、颜色模式等信息。
- **状态栏：** 显示当前文件的显示百分比和一些编辑信息，如文档大小、当前工具等。
- **面板组：** 位于工作界面的右侧，将常用的面板集合到一起。

图 1-1　Photoshop CC 的工作界面

1.2.1 工具箱

Photoshop 的工具箱位于工作界面的左侧，所有工具全部放置在工具箱中。要使用工具箱中的工具，只要单击该工具图标即可在文件中使用。如果该图标中还有其他工具，单击鼠标右键即可弹出隐藏的工具栏，单击其中的工具即可使用，如图 1-2 所示。

技 巧

Photoshop 从 CS3 版本后，只要在工具箱的顶部单击三角形转换符号，就可以将工具箱的形状在单长条和短双条之间变换。

❶ 右击　❷ 在弹出的工具栏中选择工具

图 1-2　工具箱

1.2.2 属性栏（选项栏）

Photoshop 的属性栏（选项栏）提供了控制工具属性的选项，其显示内容根据所选工具的不同而发生变化。选择相应的工具后，属性栏（选项栏）将显示该工具可使用的功能和可进行的编辑操作等。如图 1-3 所示是在工具箱中单击（矩形选框工具）后显示的该工具的属性栏。

图 1-3　属性栏

1.2.3 菜单栏

Photoshop 的菜单栏由“文件”“编辑”“图像”“图层”“类型”“选择”“滤镜”“3D”“视图”“窗口”和“帮助”11 个菜单组成，包含了操作时要使用的所有命令。要使用菜单中的命令，只需将鼠标指针指向菜单中的命令并单击，此时将显示相应的下拉菜单。在下拉菜单中上下移动鼠标进行选择，然后再单击要使用的菜单命令，即可执行此命令，如图 1-4 所示。

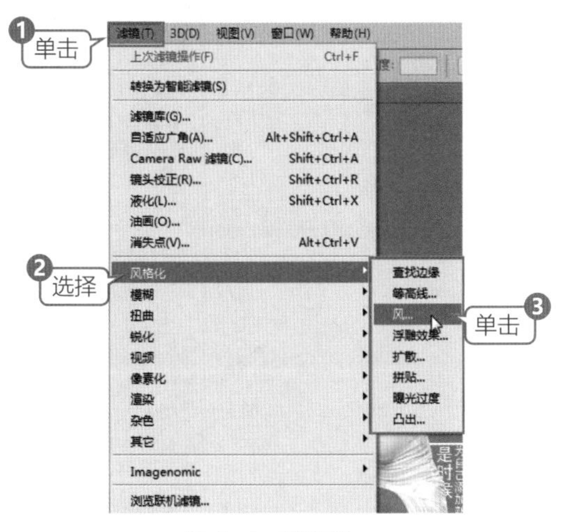

图 1-4　菜单栏

> **技　巧**
>
> 如果菜单中的命令呈现灰色，则表示该命令在当前编辑状态下不可用；如果在菜单右侧有一个三角符号 ▸，则表示此菜单包含有子菜单，只要将鼠标移动到该菜单上，即可打开其子菜单；如果在菜单右侧有省略号…，则执行此菜单命令时将会弹出与之有关的对话框。

1.2.4 状态栏

状态栏位于工作界面的底部，用来显示当前打开文件的一些信息，如图 1-5 所示。单击三角形按钮打开下拉菜单，即可显示状态栏包含的所有可显示选项。

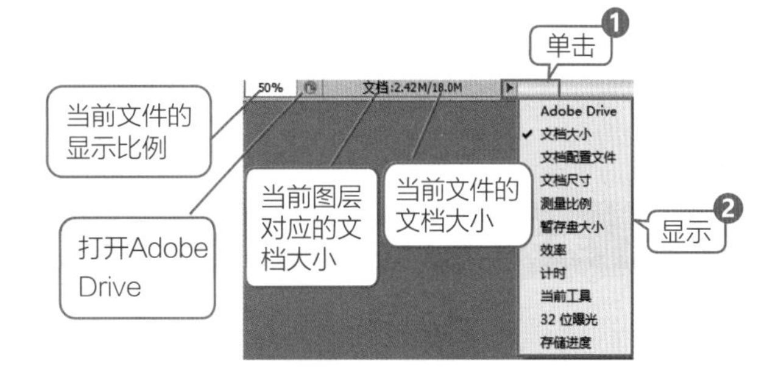

图 1-5　状态栏

其中的各项含义如下。

- **Adobe Drive：**用来连接 Version Cue 服务器中的 Version Cue 项目，可以让设计人员合力处理公共文件，从而让设计人员轻松地跟踪或处理多个版本的文件。
- **文档大小：**在图像所占空间中显示当前所编辑图像的文档大小情况。
- **文档配置文件：**在图像所占空间中显示当前所编辑图像的颜色模式，如 RGB、灰度、CMYK 等。
- **文档尺寸：**显示当前所编辑图像的尺寸大小。
- **测量比例：**显示当前进行测量时的比例尺。
- **暂存盘大小：**显示当前所编辑图像占用暂存盘的大小情况。
- **效率：**显示当前所编辑图像操作的效率。
- **计时：**显示当前所编辑图像操作所用的时间。
- **当前工具：**显示当前进行编辑图像时用到的工具名称。

- **32 位曝光：**编辑图像曝光只在 32 位图像中起作用。
- **存储进度：**Photoshop CC 的新增功能，用来显示后台存储文件时的时间进度。

1.2.5 面板组

从 Photoshop CS3 版本以后，可以将不同类型的面板归类到相应的组中并将其停靠在右边面板组中，在我们处理图像时需要哪个面板，只要单击相应的标签，就可以快速找到相应的面板，从而不必再到菜单中打开。Photoshop CC 在默认状态下，只要执行菜单“窗口”命令，可以在下拉菜单中选择相应的面板，之后该面板就会出现在面板组中，如图 1-6 所示是在展开状态下的面板组。

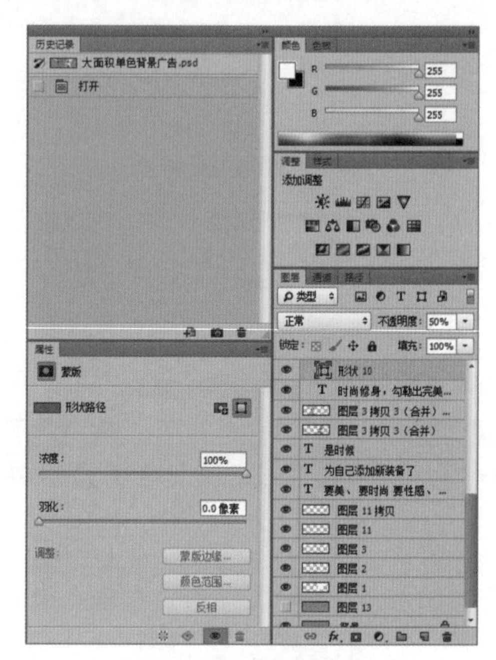

图 1-6 展开的面板组

> **提 示**
>
> 工具箱和面板组默认处于固定状态，只要使用鼠标拖动上面的标题到工作区域，就可以将固定状态变为浮动状态。

> **提 示**
>
> 当工具箱或面板处于固定状态时被关闭，再打开后工具箱或面板仍然处于固定状态；当工具箱或面板处于浮动状态时被关闭，再打开后工具箱或面板仍然处于浮动状态。

1.3 关于图像的知识

图像分为位图和矢量图两种，两种类型各有自己的优点和用途，创作时会起到相互补充的作用。本节主要为大家介绍 Photoshop 中一些图像的基本概念。

1.3.1 矢量图

矢量图是使用数学方式描述的曲线，及由曲线围成的色块组成的面向对象的绘图图像。矢量图中的图形元素叫作对象，每个对象都是独立的，具有各自的属性，如颜色、形状、轮廓、大小和位置等。由于矢量图与分辨率无关，因此无论如何改变图形的大小，都不会影响图形的清晰度和平滑度，如图 1-7 所示为原图放大 3 倍和放大 24 倍后的效果。

图 1-7　放大矢量图

注　意

任意缩放矢量图都不会影响分辨率，矢量图的缺点是不能表现色彩丰富的自然景观与色调丰富的图像。

1.3.2 位图

位图也叫作点阵图，是由许多不同色彩的像素组成的。与矢量图相比，位图可以更逼真地表现自然界的景物。此外，位图与分辨率有关，当放大位图时，位图中的像素增加，图像的线条将会显得参差不齐，这是像素被重新分配到网格中的缘故。此时可以看到构成位图的无数个单色块，因此放大位图或在比图像本身的分辨率低的输出设备上显示位图时，则将丢失其中的细节，并会呈现出锯齿。如图 1-8 所示的是原图和放大 4 倍后的效果。

图 1-8　放大位图

提　示

如果希望位图放大后边缘保持光滑，就必须增加图像中的像素数目，此时图像占用的磁盘空间就会加大。在 Photoshop 中，除了路径外，我们遇到的图形均属于位图一类的图像。

1.3.3 像素

像素 (Pixel) 是用来计算数码影像的一种单位，如同摄影的相片一样，数码影像也具有连续性的浓淡阶调，我们若把影像放大数倍，会发现这些连续色调其实是由许多色彩相近的小方点所组成，这些小方点就是构成影像的最小单位像素。

1.3.4 分辨率

图像分辨率的单位是 ppi(pixels per inch)，即每英寸所包含的像素点。例如图像的分辨率是 150ppi 时，就是每英寸包含 150 个像素点。图像的分辨率越高，每英寸包含的像素点就越多，图像就有更多的细节，颜色过渡也就越平滑。同样，图像的分辨率越高，则图像的信息量就越大，文件也就越大。如图 1-9 所示的是两幅相同的图像，其分辨率分别为 72 ppi 和 300 ppi，套印缩放比率为 200%。

图 1-9 分辨率的同一图像比较

常用的分辨率单位还有 dpi(dots per inch)，即每英寸所包含的点，是输出分辨率单位，针对输出设备而言。一般喷墨彩色打印机的输出分辨率为 180~720dpi，激光打印机的输出分辨率为 300~600dpi。通常扫描仪获取原图像时，设定扫描分辨率为 300dpi，就可以满足高分辨率输出的需要。要给数字图像增加更多原始信息的唯一方法就是设定大分辨率重新扫描原图像。

打印分辨率是衡量打印机打印质量的重要指标，它决定了打印机打印图像时所能表现的精细程度，它的高低对输出质量有重要的影响，因此在一定程度上打印分辨率也就决定了该打印机的输出质量。分辨率越高，其反映出来可显示的像素个数也就越多，可呈现出更多的信息和更好更清晰的图像。

注 意

在 Photoshop 中，图像像素被直接转换为显示器的像素。这样，如果图像分辨率比显示器分辨率高，那么图像在屏幕上显示的尺寸要比它实际的打印尺寸要大。

技 巧

计算机在处理分辨率较高的图像时速度会变慢，另外图像在存储或网上传输时，会消耗大量的磁盘空间和传输时间，所以在设置图像时最好根据图像的用途改变图像分辨率，在更改分辨率时要考虑图像的显示效果和传输速度。

1.3.5 图像大小

使用“图像大小”命令可以调整图像的像素大小、文档大小和分辨率。执行菜单“图像”/“图像大小”命令，系统会弹出如图 1-10 所示的“图像大小”对话框，在该对话框中只要重新在“像素大小”或“文档大小”中重新输入相应的数字，就可以重新设置当前图像的大小。

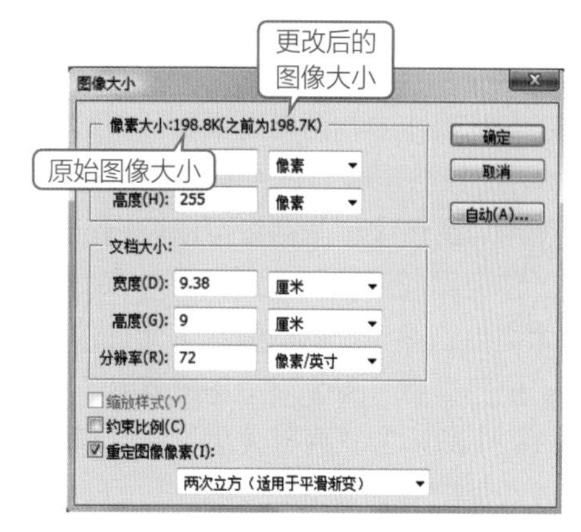

图 1-10　“图像大小”对话框

其中的各项含义如下。

- **像素大小：**用来设置图像像素的大小，在对话框中可以重新定义图像像素的“宽度”和“高度”，单位包括像素和百分比。更改像素大小不仅会影响屏幕上显示的图像大小，还会影响图像的品质、打印尺寸和分辨率。
- **文档大小：**用来设置图像的打印尺寸和分辨率。
- **缩放样式：**在调整图像大小的同时可以按照比例缩放图层中存在的图层样式。
- **约束比例：**对图像的长宽进行等比例调整。
- **重定图像像素：**在调整图像大小的过程中，系统会将原图的像素颜色按一定的内插方式重新分配给新像素。在下拉列表中可以选择进行内插的方法，有邻近、两次线性、两次立方、两次立方较平滑和两次立方较锐利。
- **邻近：**不精确的内插方式，以直接舍弃或复制邻近像素的方法来增加或减少像素，此运算方式最快，会产生锯齿效果。
- **两次线性：**取上下左右 4 个像素的平均值来增加或减少像素，品质介于邻近和两次立方之间。
- **两次立方：**取周围 8 个像素的加权平均值来增加或减少像素，由于参与运算的像素较多，运算速度较慢，但是色彩的连续性最好。
- **两次立方较平滑：**运算方法与两次立方相同，但是色彩连续性会增强，适合增加像素时使用。
- **两次立方较锐利：**运算方法与两次立方相同，但是色彩连续性会降低，适合减少像素时使用。

注　意

在调整图像大小时，位图与矢量图会产生不同的结果：位图与分辨率有关，因此更改位图的像素尺寸可能导致图像品质和锐化程度损失；相反，矢量图与分辨率无关，可以随意调整其大小而不会影响边缘的平滑度。

技　巧

在“图像大小”对话框中，更改“像素大小”时，“文档大小”会跟随改变，“分辨率”不发生变化；更改“文档大小”时，“像素大小”会跟随改变，“分辨率”不发生变化；更改“分辨率”时，“像素大小”会跟随改变，“文档大小”不发生变化。

技　巧

像素大小、文档大小和分辨率三者之间的关系可用如下的公式来表示：

像素大小 / 分辨率＝文档大小

1.3.6 画布大小

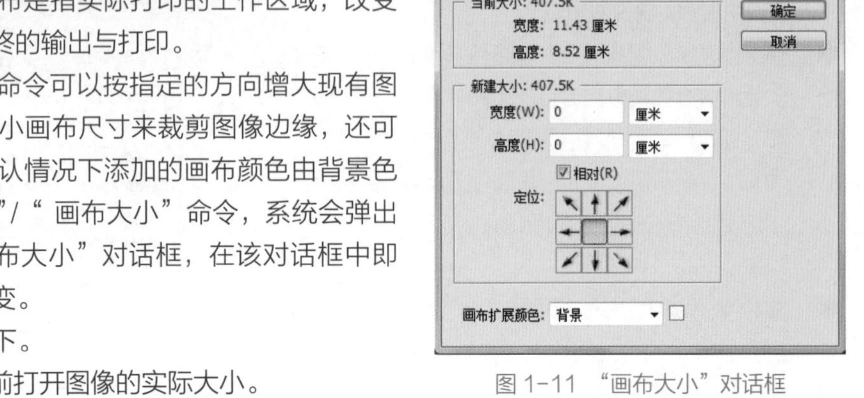

图 1-11 “画布大小”对话框

在实际操作中，画布是指实际打印的工作区域，改变画布大小直接会影响最终的输出与打印。

使用“画布大小”命令可以按指定的方向增大现有图像的工作空间或通过减小画布尺寸来裁剪图像边缘，还可以增大边缘的颜色。默认情况下添加的画布颜色由背景色决定。执行菜单“图像”/“ 画布大小”命令，系统会弹出如图 1-11 所示的“画布大小”对话框，在该对话框中即可完成对画布大小的改变。

其中的各项含义如下。

- **当前大小：**是指当前打开图像的实际大小。
- **新建大小：**用来对画布重新定义大小。
- **宽度 / 高度：**用来扩展或缩小当前图像尺寸。
- **相对：**勾选该复选框，输入的“宽度”和“高度”数值将不再代表图像的大小，而表示图像增加或减少的区域大小。输入的数值为正，表示要增加区域的大小；输入的数值为负，表示要裁剪区域的大小。如图 1-12 和图 1-13 所示的是不勾选和勾选“相对”复选框时的对比图。

图 1-12 不勾选“相对”复选框时更改画布大小

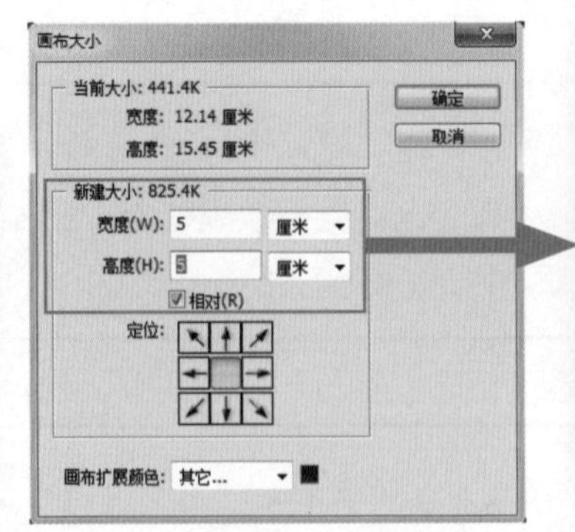

图 1-13 勾选“相对”复选框时更改画布大小

技　巧

在“画布大小”对话框中，勾选“相对”复选框后，设置“宽度”或“高度”为正值时，图像会在周围显示扩展的像素；为负值时图像会被缩小。

- **定位**：用来设置当前图像在增加或减少图像时的位置，如图 1-14 和图 1-15 所示。

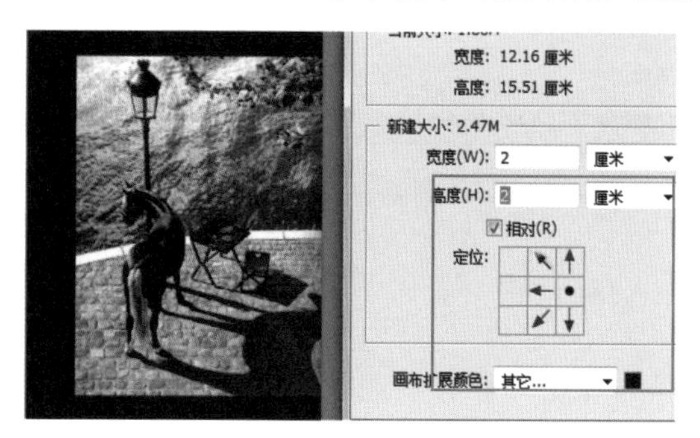

图 1-14　左定位

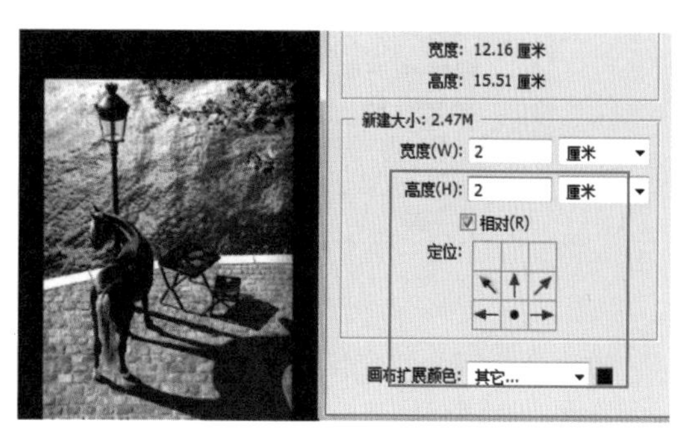

图 1-15　上定位

- **画布扩展颜色**：用来设置当前图像增大空间的颜色，可以在下拉列表中选择系统预设颜色，也可以通过单击后面的颜色图标❶打开“选择画布扩展颜色”对话框，在该对话框中选择自己喜欢的颜色❷，如图 1-16 所示。

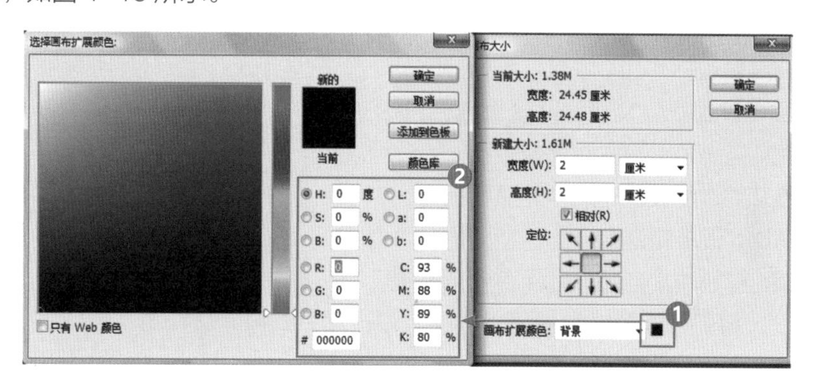

图 1-16　设置扩展颜色

1.4　文档的基本操作

在使用 Photoshop 开始创作之前，必须了解如何新建文件、打开文件以及对完成的作品进行存储等操作。

1.4.1　新建文件

新建文件可以执行菜单“文件”/“新建”命令或按快捷键 Ctrl+N，弹出如图 1-17 所示的“新建”对话框。

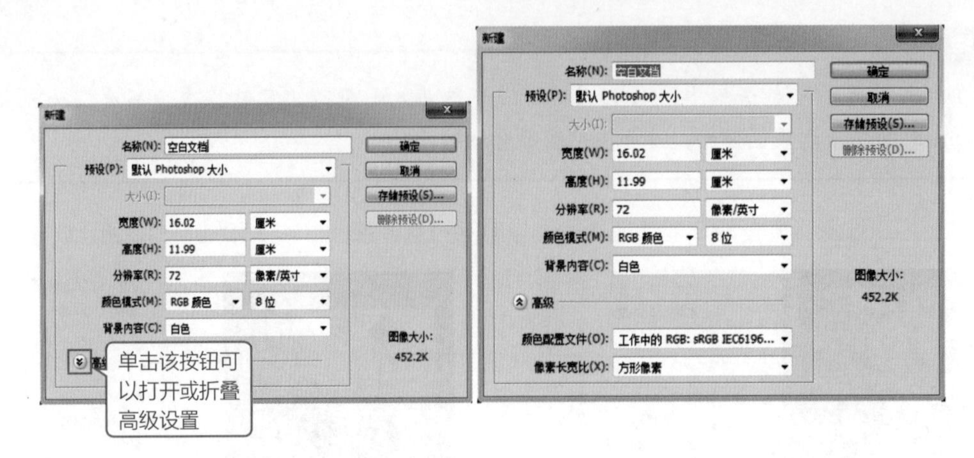

图 1-17 “新建” 对话框

其中的各项含义如下。

- **名称：**设置新建文件的名称。
- **预设：**在该下拉列表中包含软件预设的文件大小，例如照片、Web 等。
- **大小：**在“预设”选项中选择相应的预设后，可以在“大小”选项中设置相应的大小。
- **宽度 / 高度：**设置新建文档的宽度与高度。单位包括像素、英寸、厘米、毫米、点、派卡和列。
- **分辨率：**设置新建文档的分辨率，单位包括“像素 / 英寸”和“像素 / 厘米”。
- **颜色模式：**设置新建文档的颜色模式，包括位图、灰度、RGB 颜色、CMYK 颜色和 Lab 颜色。定位深度包括 1 位、8 位、16 位和 32 位，主要用于设置可使用颜色的最大数值。
- **背景内容：**设置新建文档的背景颜色，包括白色、背景色（创建文档后工具箱中的背景颜色）和透明。
- **颜色配置文件：**设置新建文档的颜色配置。
- **像素长宽比：**设置新建文档的长宽比例。
- **存储预设：**将新建文档的尺寸保存到预设中。
- **删除预设：**将保存到预设中的尺寸删除。该选项只对自定义存储的预设起作用。

设置完毕后单击“确定”按钮，即可新建空白文档，如图 1-18 所示。

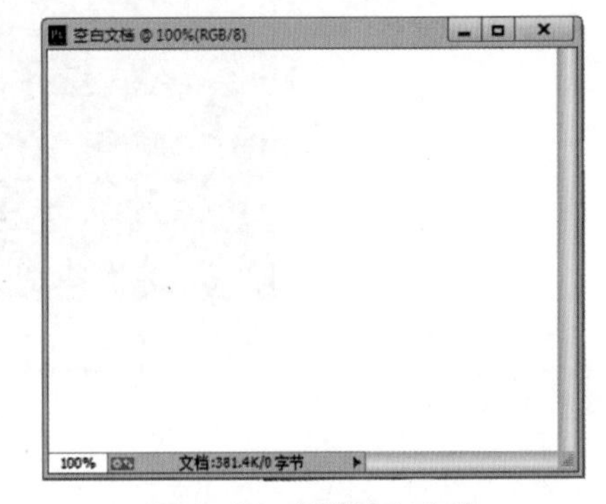

图 1-18 新建空白文档

技 巧

在打开的软件中，按住 Ctrl 键双击工作界面中的空白处，同样可以弹出“新建”对话框，设置完成后单击“确定”按钮即可新建一个空白文档。

1.4.2 打开文件

打开文件命令可以将存储的文件或者可以用于该软件格式的图像在软件中打开。执行菜单“文件”/“打开”命令或按快捷键 Ctrl+O，弹出如图 1-19 所示的“打开”对话框，在该对话框中可以选择需要打开的图像素材。

图 1-19 “打开”对话框

其中的各项含义如下。

- **查找范围：**在下拉列表中可以选择需要打开的文件所在的文件夹。
- **文件名：**当前选择准备打开的文件。
- **文件类型：**在下拉列表中可以选择需要打开的文件类型。
- **图像序列：**勾选该复选框，会将整个文件夹中的文件以帧的形式在“动画”面板中打开。

选择好文件后，单击“打开”按钮，会将选取的文件在工作区中打开，如图 1-20 所示。单击“取消”按钮会关闭“打开”对话框。

图 1-20　打开的文件

技　巧

在打开的软件中，双击工作界面中的空白处，同样可以弹出“打开”对话框，选择需要的图像文件后，单击“确定”按钮即可将该文件打开。

1.4.3 存储与存储为

存储文件命令可以将新建的文档或处理完的图像进行保存。执行菜单“文件”/“存储”命令或按快捷键 Ctrl+S，如果是第一次对新建的文档进行保存，系统会弹出如图 1-21 所示的“另存为”对话框。设置完毕后单击“保存”按钮，即可将文件保存起来以备后用。

其中的各项含义如下。

- **保存在：**在下拉列表中可以选择需要保存的文件所在的文件夹。
- **文件名：**用来为保存的文件进行命名。
- **保存类型：**选择要保存的文件格式。

- **存储：**保存文件时的一些特定设置。
- **作为副本：**可以将当前的文件保存为一个副本，当前文件仍处于打开状态。

图 1-21 “另存为”对话框

- **Alpha 通道：**可以将文件中的 Alpha 通道保存。
- **图层：**可以将文件中存在的图层保存，该选项只有在保存的图像中存在图层才会被激活。
- **注释：**可以将文件中的文字或语音附注保存。
- **专色：**可以将文件中的专色通道保存。
- **颜色：**设置保存文件时的颜色。
- **使用校样设置：**当前文件如果保存为 PSD 或 PDF 格式时，此复选框才处于激活状态。勾选该复选框，可以保存打印用到的样校设置。
- **ICC 配置文件：**可以保存嵌入文档中的颜色信息。
- **缩览图：**勾选该复选框，可以为当前保存的文件创建缩览图。

设置完毕后单击“保存”按钮，会将选取的文件进行保存；单击“取消”按钮会关闭“另存为”对话框，而继续工作。

技 巧

在 Photoshop 中如果为打开的文件或已经保存过的新建文件进行保存时，系统会自动进行保存而不会弹出对话框。如果想对其进行重新保存，可以执行菜单“文件 / 存储为”命令或按快捷键 Shift+Ctrl+S，系统会弹出“另存为”对话框。

1.4.4 置入图像

在 Photoshop 中可以通过“置入”命令，将不同格式的文件导入当前编辑的文件中，并自动转换成智能对象图层。

上机实战 置入其他格式的图像

本次练习主要让大家了解在 Photoshop CC 中将其他格式的图像置入当前工作文件中，并自动转换成智能对象的过程。

STEP 1 在 Photoshop CC 中新建一个文档。

STEP 2 执行菜单“文件”/“置入”命令，打开“置入”对话框，在对话框中选择一个 EPS 格式的文件❶，单击“置入”按钮❷，如图 1-22 所示。

图 1-22 “置入”对话框

STEP 3 单击“置入”按钮后，选择的 EPS 格式的文件会被置入新建的文件中，被置入的图像可以通过拖动控制点❸将其进行放大或者缩小，如图 1-23 所示。

STEP 4 按 Enter 键可以完成对置入图像的变换，此时该图像会自动以智能对象的模式出现在图层❹中，如图 1-24 所示。

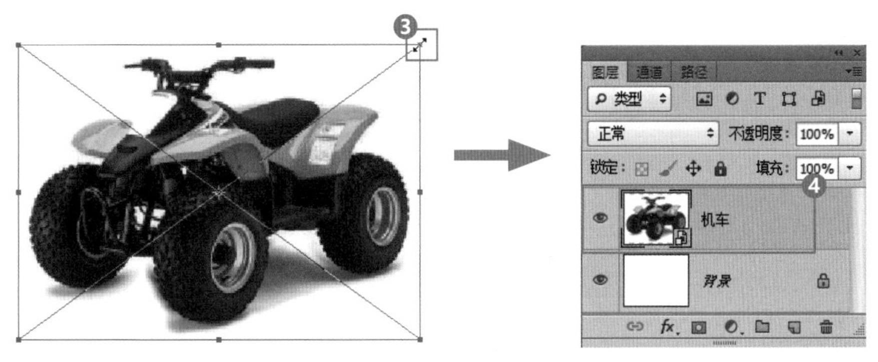

图 1-23　变换置入图像

图 1-24　智能对象

1.4.5 恢复文件

在对文件进行编辑时，如果对修改的结果不满意，想返回到最初的打开状态，可以执行菜单“恢复”命令，即可将文件恢复至最近一次保存的状态。

1.4.6 关闭文件

关闭文件可以将当前处于工作状态的文件进行关闭。执行菜单“文件”/“关闭”命令或按快捷键 Ctrl+W 可以将当前编辑的文件关闭，如果对文件进行了改动，系统会弹出如图 1-25 所示的提示对话框。

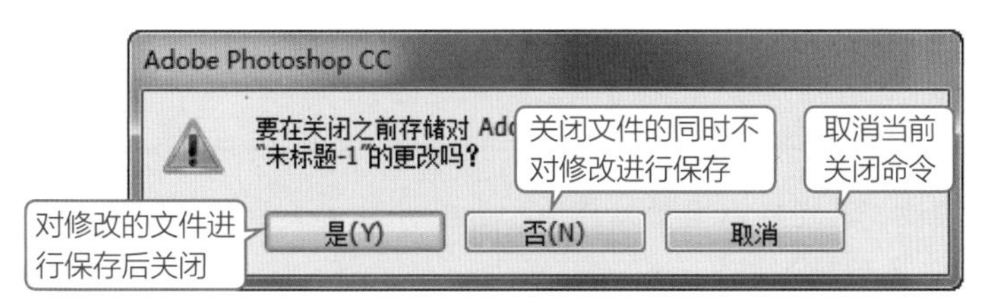

图 1-25　提示对话框

1.5 辅助功能的应用

在创作中使用辅助工具可以大大提高对象所在位置的准确程度，Photoshop 的辅助功能主要包括缩放显示比例、拖动平移图像、旋转视图、标尺、网格、参考线和智能参考线等。

1.5.1 缩放显示比例

缩放图像可以通过工具箱中的（缩放工具）或在标题栏中的应用工具中使用（缩放工具），默认状态下在图像中单击即可对图像进行放大，按住 Alt 键单击可以进行缩小，如图 1-26 所示。

图 1-26 缩放

选择（缩放工具）后，属性栏中会显示针对该工具的一些属性设置，如图 1-27 所示。

图 1-27 缩放工具属性栏

属性栏中的各项含义如下。

- **放大 / 缩小**：单击放大或缩小按钮，即可执行对图像的放大与缩小。
- **调整窗口大小以满屏显示**：勾选该复选框，对图像进行放大或缩小时图像会始终以满屏显示；不勾选该复选框，系统在调整图像适配至满屏时，会忽略控制面板所占的空间，使图像在工作区内尽可能地放大显示。
- **缩放所有窗口**：勾选该复选框，可以将打开的多个图像一同缩放。
- **实际像素**：画布将以实际像素显示，也就是 100% 的比例显示。
- **适合屏幕**：画布将以最合适的比例显示在文档窗口中。
- Fill Screen：画布将以工作窗口的最大化显示。
- **打印尺寸**：画布将以打印尺寸显示。

提 示

Photoshop 的缩放工具还可以平滑缩放，就是使用缩放工具按住图像约 0.5 秒，图像就会开始慢慢放大或缩小，类似摄影机 zoom_in/zoom_out 的效果，待图像缩放到适当的比例后松开鼠标即会停止。此功能是 CS4 版本时的新增功能，需较新的显卡支持。

1.5.2 拖动平移图像

当图像放大到超出文档窗口的范围时，我们可利用（抓手工具）将被隐藏的部分移到文档窗口的显示范围中。另外，如果你的 Photoshop 能够启动 GPU 加速功能，则用（抓手工具）拖动图像，图像还会有飘起来后慢慢停止的效果。使用（抓手工具）可以在文档窗口中移动整个画布，移动时不影响图像的位置，在“导航器”面板中能够看到显示范围，如图 1-28 所示。

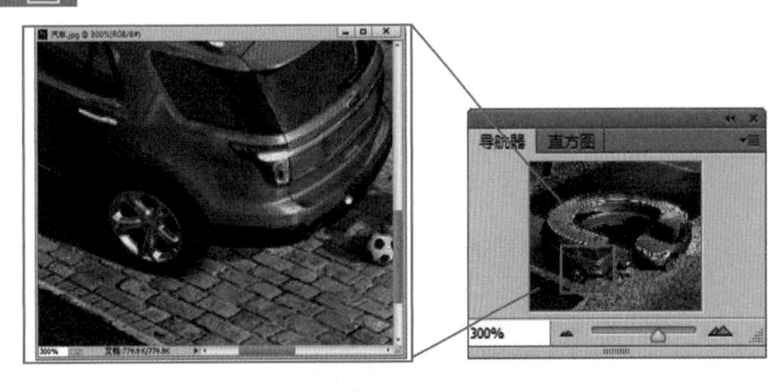

图 1-28 抓手工具调整图像

图 1-29 抓手工具属性栏

选择（抓手工具）后，属性栏中会显示针对该工具的一些属性设置，如图 1-29 所示。

属性栏中的选项含义如下。

滚动所有窗口：可以移动打开的所有窗口中的图像画布。

提 示

由于本书篇幅有限，对于属性栏中的各项说明，如遇到重复或类似的功能时将不再进行讲解。

1.5.3 旋转视图

（旋转工具）可任意旋转图像的视图角度，例如在图像上涂刷上色时，可以将图像旋转成符合自己习惯的涂刷方向，但是必须启动 GPU 加速功能才能使用这个工具。在调整时会在图像中出现一个方向指示针，如图 1-30 所示。

图 1-30 使用旋转工具旋转画布

选择（旋转工具）后，属性栏中会显示针对该工具的一些属性设置，如图 1-31 所示。

图 1-31 旋转工具属性栏

属性栏中的各项含义如下。

- **旋转角度：**设置对画布旋转的固定数值。
- **复位视图：**单击该按钮，可以将旋转的画布复原。
- **旋转所有窗口：**勾选该复选框，可以将多个打开的图像一同旋转。

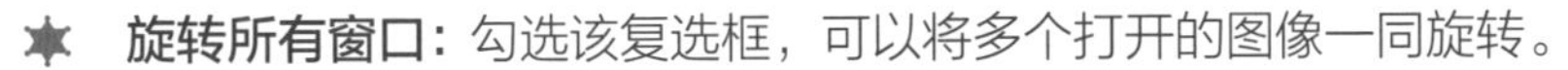

技 巧

使用（旋转工具）时，必须要有相应的显卡支持，否则该工具将不能使用。安装显卡后，执行菜单“编辑”/“首选项”/“性能”命令，在打开的对话框中将“启用 OpenGL 绘图”复选框勾选即可，如图 1-32 所示。

图 1-32 启用 OpenGL 绘图

1.5.4 设置标尺

标尺显示了当前正在应用中的测量系统，它可以帮助我们确定任何窗口中对象的大小和位置。大家可以根据工作需要重新设置标尺属性、标尺原点，以及改变标尺位置。执行菜单“视图”/“标尺”命令或按快捷键 Ctrl+R，可以显示与隐藏标尺。在可视状态下，标尺显示在窗口的顶部和左侧，如图 1-33 所示。

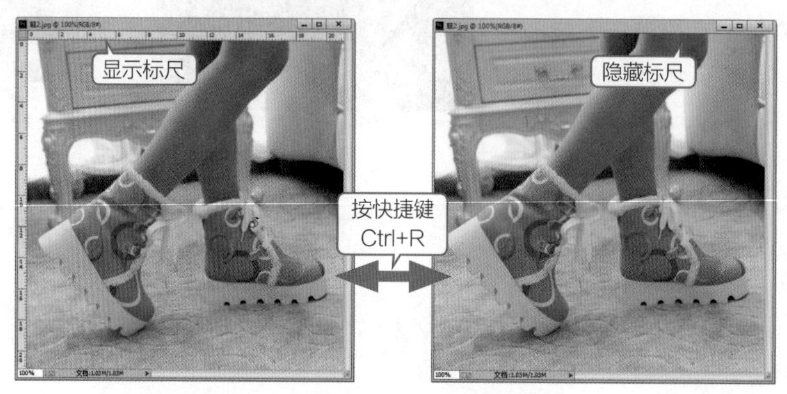

图 1-33　显示与隐藏标尺

默认状态下，标尺以窗口内图像的左顶角作为标尺的起点 (0, 0)。

如果要将标尺原点对齐网格、参考线、图层或文档边界，只要执行菜单“视图”/“对齐到”命令，再从子菜单中选择相应的命令即可。

上机实战　调整标尺的原点位置

STEP 1 将鼠标指针移动到标尺相交处，按下鼠标左键，如图 1-34 所示。

STEP 2 向远离起点的位置拖曳鼠标，如图 1-35 所示。

STEP 3 到达目的地后松开鼠标，此时就会看到标尺的原点位置停留在了松开鼠标的位置，如图 1-36 所示。

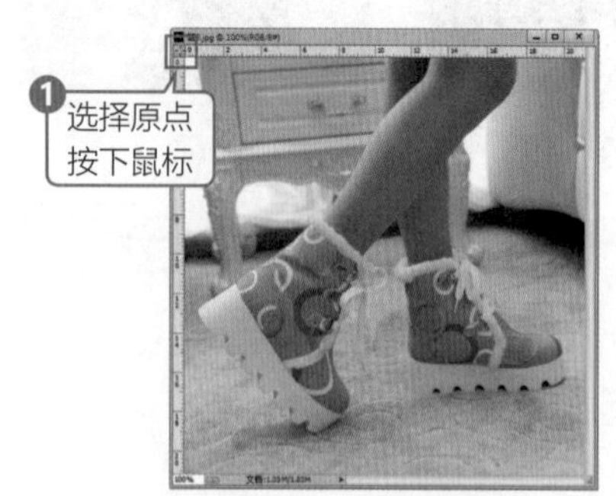

图 1-34　选择原点

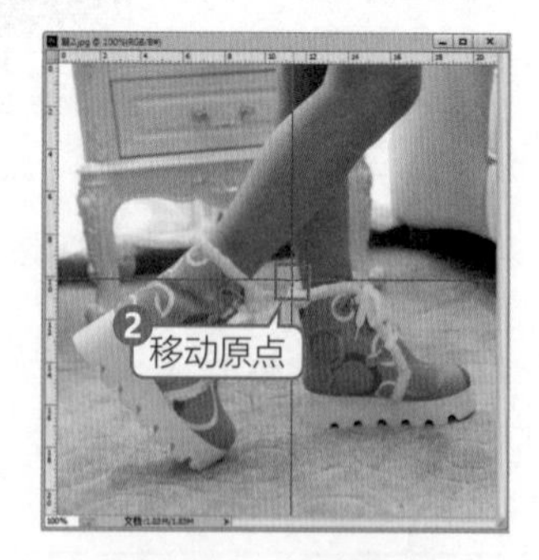

图 1-35　拖动原点

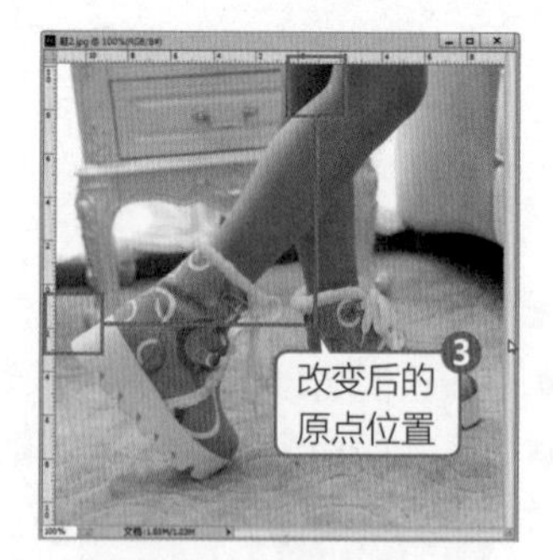

图 1-36　改变原点后

> **技　巧**
>
> 如果想让标尺返回到默认状态，只要用鼠标在标尺相交的位置双击即可；如果要使标尺原点对齐标尺上的刻度，只要在拖曳时按住 Shift 键即可。

提　示

如果想改变标尺的显示单位，只要执行菜单“编辑”/“首选项”/“单位与标尺”命令或在标尺处双击鼠标，打开“单位与标尺”首选项对话框，在该对话框中可以对标尺进行自定义设置。

1.5.5 设置网格

网格是由一连串的水平和垂直点所组成，经常被用来协助绘制图像和对齐窗口中的任意对象。默认状态下网格是不可见的。执行菜单“视图”/“显示”/“网格”命令或按快捷键 Ctrl+'，可以显示与隐藏非打印的网格，如图 1-37 所示。

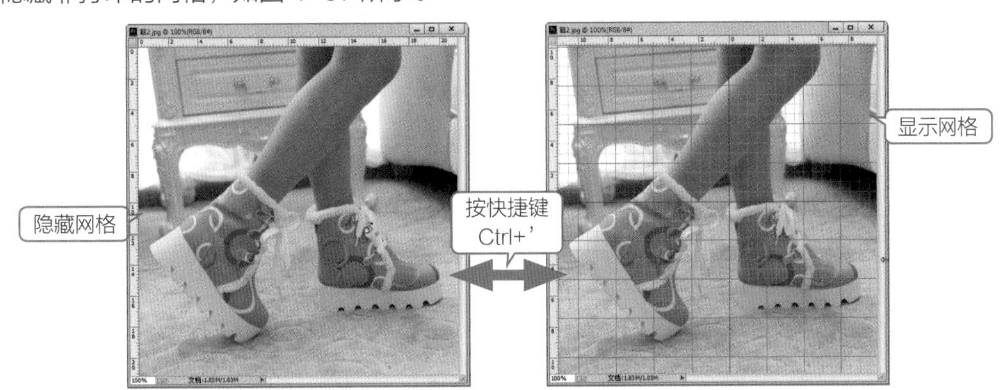

图 1-37　显示与隐藏网格

上机实战　改变网格的显示颜色

STEP 1 打开一张自己喜欢的图片，执行菜单“视图”/“显示”/“网格”命令或按快捷键 Ctrl+'，显示默认时的网格❶，如图 1-38 所示。

STEP 2 执行菜单“编辑”/“首选项”/“参考线”或“网格和切片”命令，打开“参考线”“网格和切片”首选项对话框，在“网格”选项区中设置“颜色”为“浅红色”❷，如图 1-39 所示。

STEP 3 设置完毕后单击“确定”按钮，改变网格的颜色❸，如图 1-40 所示。

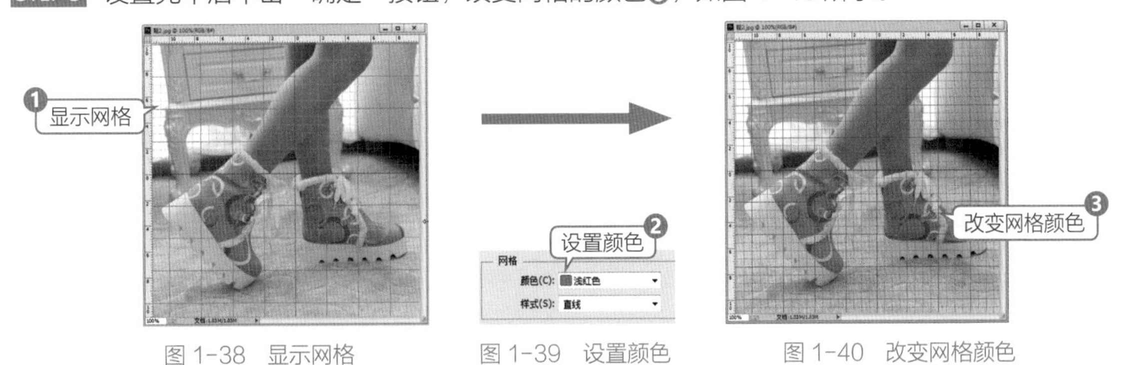

图 1-38　显示网格　　图 1-39　设置颜色　　图 1-40　改变网格颜色

1.5.6 创建与编辑参考线

参考线是浮在整个图像上但不能被打印的直线，可以移动、删除或锁定参考线，参考线主要用来协助对齐和定位对象。

上机实战 创建与删除参考线

STEP 1 执行菜单“视图”/“新建参考线”命令，弹出“新建参考线”对话框，设置“取向”为“水平”❶、“位置”为 15 厘米❷，单击“确定”❸按钮，如图 1-41 所示。

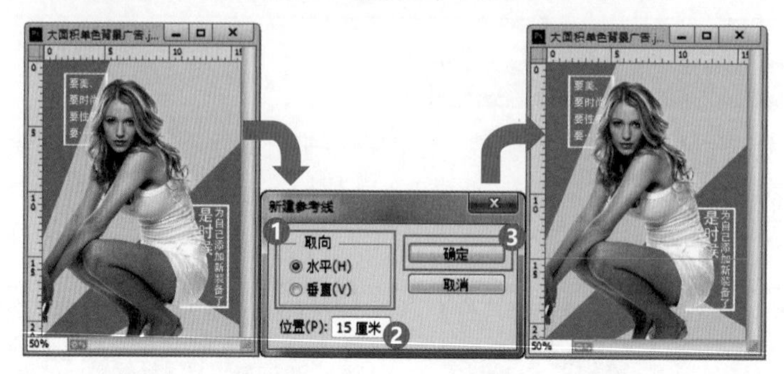

图 1-41 新建水平参考线

STEP 2 在标尺上❶按下鼠标向工作区内部拖动，同样可以创建参考线❷，如图 1-42 所示。

图 1-42 拖出参考线

技 巧

如果要删除图像中的所有参考线，只要执行菜单“视图”/“清除参考线”命令，就可以将图像中的所有参考线删除；如果要删除一条或几条参考线，只要使用 (移动工具) 拖动要删除的参考线到标尺处即可。

提 示

图像中的参考线只有在标尺存在的前提下才可以使用。

- **显示与隐藏参考线：** 执行菜单“视图”/“显示”/“参考线”命令，可以完成对参考线的显示与隐藏。
- **锁定与解锁参考线：** 执行菜单“视图”/“锁定参考线”命令，可以完成对参考线的锁定与解锁。
- **智能参考线：** 执行菜单“视图”/“显示”/“智能参考线”命令，可以在文档中显示智能参考线。智能参考线可以自动显示当前移动图像与其他图像相交时的参考线，如图 1-43 所示。

图 1-43　显示智能参考线

1.6　练习与习题

1. 练习

(1) 新建空白文档，置入其他格式图片。

(2) 找一张照片，通过“画布大小”命令制作描边效果。

2. 习题

(1) 在 Photoshop 中打开素材的快捷键是什么？

A. Alt+Q　　B. Ctrl+O

C. Shift+O　　D. Tab+O

(2) Photoshop 的属性栏又称为什么？

A. 工具箱　　B. 工作区

C. 选项栏　　D. 状态栏

(3) 剪切命令的快捷键是什么？

A. Alt+Ctrl+C　　B. Alt+Ctrl+R

C. Ctrl+V　　D. Ctrl+X

(4) 显示与隐藏标尺的快捷键是什么？

A. Alt+Ctrl+C　　B. Ctrl+R

C. Ctrl+V　　D. Ctrl+X

第 2 章

选区的创建与编辑

选区是 Photoshop 中非常重要的一项内容，通过选区可以将需要的区域进行选取并对其进行相应的编辑操作。本章主要为大家介绍 Photoshop 中选区的一些知识内容，其中包括什么是选区、创建规则几何选区、创建不规则选区、创建智能选区、选区的编辑与应用、对已建选区的调整和通过命令创建选区。

2.1 什么是选区

选区是指通过工具或者相应命令在图像上创建的选取范围。创建选取范围后，可以将选区内的区域进行隔离，以便复制、移动、填充或调整色调。因此，要对图像进行编辑，首先要了解在 Photoshop CC 中创建选区的方法和技巧。

在设置选区时，特别要注意 Photoshop 软件是以像素为基础的，而不是以矢量为基础的。矢量编修图形时可以直接选择某个区域而不通过选区或图层。而在 Photoshop 中，画布是以彩色像素或透明像素填充的。当在工作图层中对图像的某个区域创建选区后，该区域的像素将会处于被选取状态，此时对该图层进行相应编辑时被编辑的范围将会只局限于选区内。选区可以是连续和不连续两种状态存在，如图 2-1 所示。

图 2-1　选区

2.2 创建规则几何选区

在 Photoshop CC 中用来创建规则选区的工具被集中在选框工具组中，其中包括可以创建矩形的 (矩形选框工具)、创建正圆与椭圆的 (椭圆选框工具)，以及用来创建长或宽为一个像素的 (单行选框工具) 和 (单列选框工具)。

2.2.1 矩形选框工具

(矩形选框工具) 主要应用在对选区要求不太严格的图像中。创建时只要在图像上选择一点按住鼠标向对角处拖动，松开鼠标后便可以创建一个矩形选区，如图 2-2 所示。

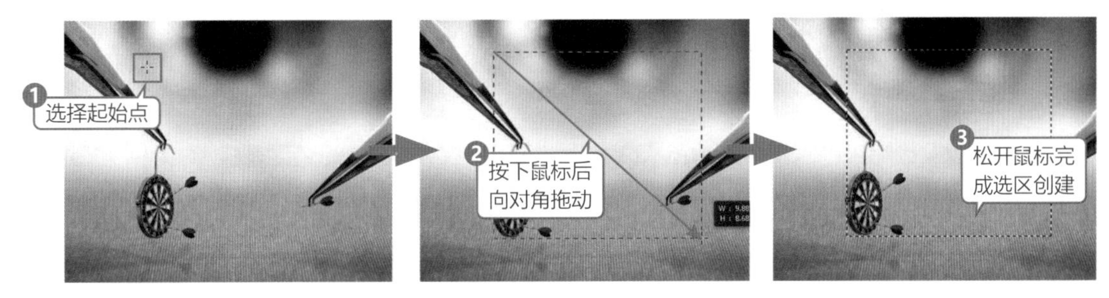

图 2-2　创建矩形选区过程

技　巧

绘制矩形选区的同时按住 Shift 键，可以绘制出正方形选区。

在工具箱中选择 (矩形选框工具) 后，属性栏中会显示针对该工具的一些选项设置，如图 2-3 所示。

图 2-3　矩形选框工具属性栏

其中的各项含义如下。

- **选区模式：** 包括 (新选区)、 (添加到选区)、 (从选区中减去) 和 (与选区相交)。
- **羽化：** 羽化可以将选择区域的边界进行柔化处理，其取值范围是 0~255 像素。数值越大，填充或删除选区内的图像时边缘就越模糊。如图 2-4 所示是“羽化”分别为 0 像素、10 像素和 30 像素时填充黑色后的效果。

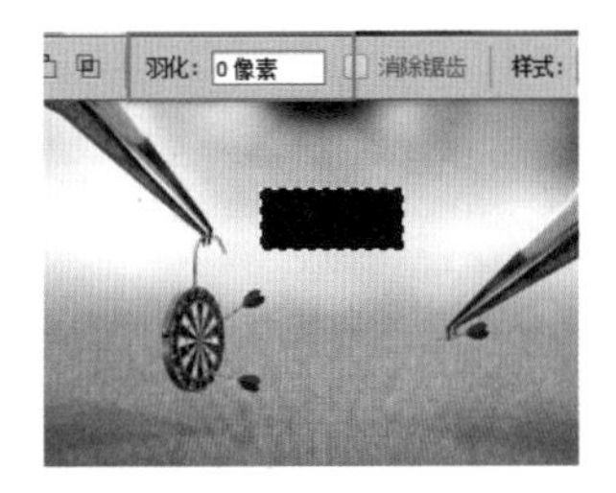
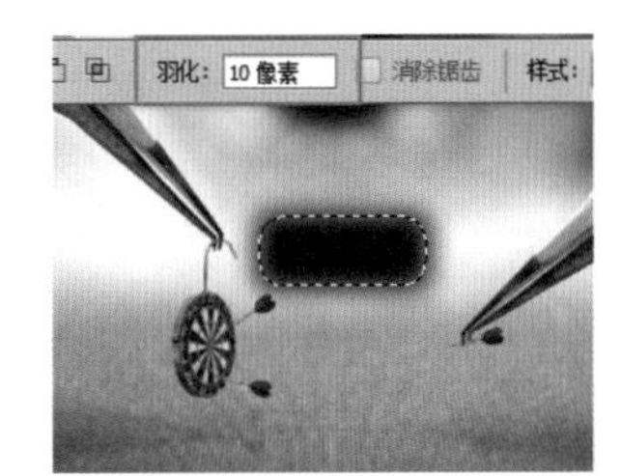
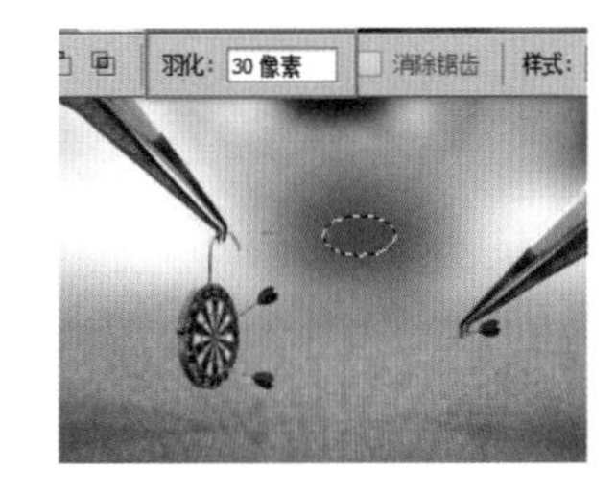

图 2-4　不同羽化值的填充效果

- **消除锯齿：** 平滑选区边缘，不能应用于矩形选框工具。
- **样式：** 用来规定绘制矩形选区的形状，包括正常、固定长宽比和固定大小。
  - 正常：选区的标准状态，也是最常用的一种状态。拖曳鼠标可以绘制任意的矩形。
  - 固定长宽比：用于输入矩形选区的长宽比例。默认状态下比例为 1 ： 1。
  - 固定大小：通过输入矩形选区的长宽大小，可以绘制精确的矩形选区。
- **调整边缘：** 用来对已绘制的选区进行精确调整。绘制选区后单击该按钮，即可打开“调整边缘”对话框，具体内容请参考本章 2.6 节。

上机实战　创建不同模式的选区

1. 新选区

创建选区时如果文档中已经存在选区的话，后来的选区会将之前的选区替换掉，如图 2-5 所示。

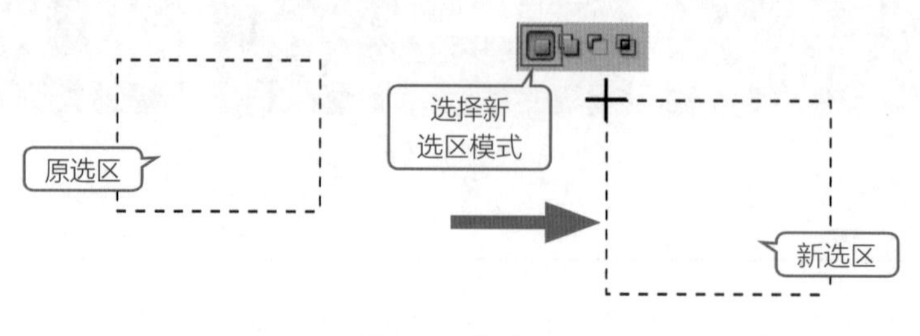

图 2-5　新选区

2. 添加到选区

在已存在选区的文档中拖动鼠标绘制新选区，如果与原选区相交，则组合成新的选区，如图 2-6 所示；如果选区不相交，则新创建另一个选区，如图 2-7 所示。

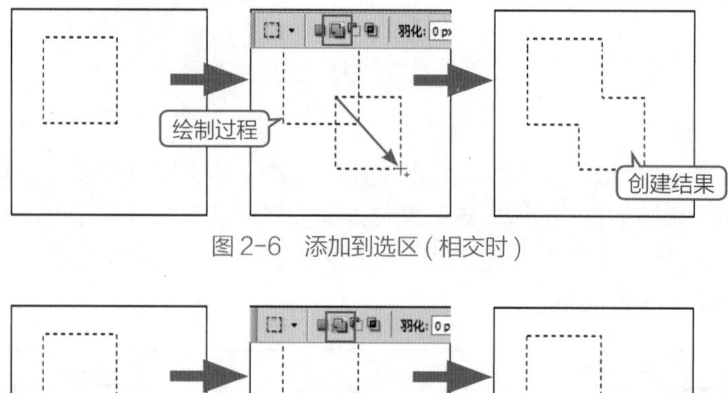

图 2-6　添加到选区 (相交时)

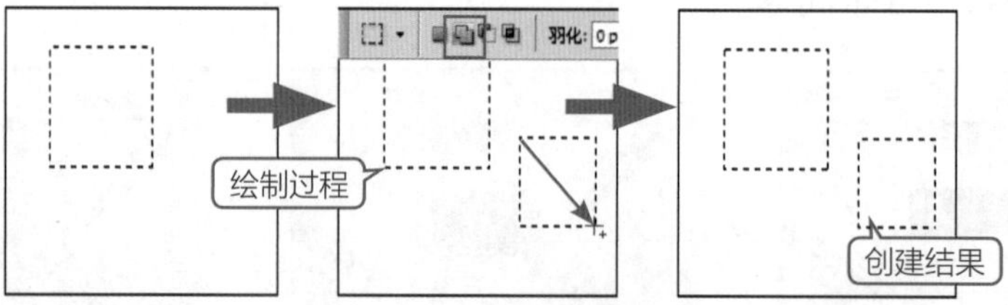

图 2-7　添加到选区 (不相交时)

技　巧

当在已经存在选区的图像中创建第二个选区时，按住 Shift 键进行绘制时，会自动完成添加到选区功能，相当于单击属性栏中的 (添加到选区) 按钮。

3. 从选区中减去

在已存在选区的图像中拖动鼠标绘制新选区，如果选区相交，则合成的选区会删除相交的区域，如图 2-8 所示；如果选区不相交，则不能绘制出新选区。

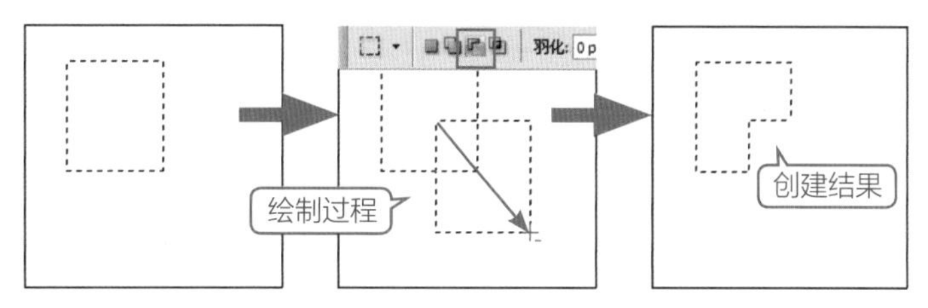

图 2-8　从选区中减去

技　巧

当在已经存在选区的图像中创建第二个选区时，按住 Alt 键进行绘制时，会自动完成从选区中减去功能，相当于单击属性栏中的 (从选区中减去) 按钮。

4. 与选区相交

在已存在选区的图像中拖动鼠标绘制新选区，如果选区相交，则合成的选区会只留下相交的部分，如图 2-9 所示；如果选区不相交，则不能绘制出新选区。

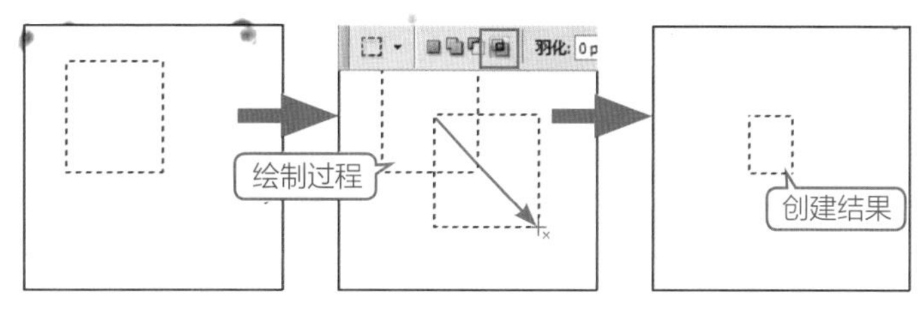

图 2-9　与选区相交

技　巧

当在已经存在选区的图像中创建第二个选区时，按住 Alt+Shift 键进行绘制时，会自动完成与选区相交功能，相当于单击属性栏中的 (与选区相交) 按钮。

2.2.2 椭圆选框工具

 (椭圆选框工具) 可以绘制椭圆或正圆的选区。使用方法与 (矩形选框工具) 大致相同，如图 2-10 所示为创建椭圆选区的过程。

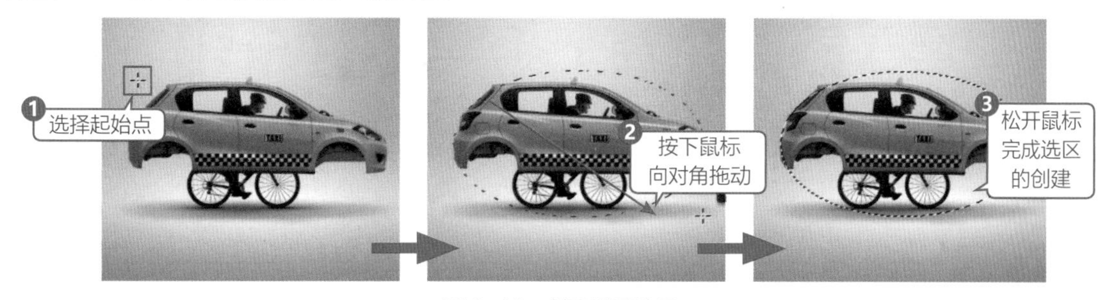

图 2-10　创建椭圆选区

技 巧

选择起始点后，绘制椭圆选区的同时按住 Shift 键，可以绘制正圆选区；选择起始点后，按住 Alt 键可以以起始点为中心向外创建椭圆选区；选择起始点后，按住 Alt+Shift 键可以以起始点为中心向外创建正圆选区。

◯（椭圆选框工具）的属性栏与⬚（矩形选框工具）的属性栏大致相同，此时属性栏中的“消除锯齿”复选框被激活，如图 2-11 所示。

图 2-11 椭圆选框工具属性栏

其中的选项含义如下。

消除锯齿： Photoshop 中的图像是由像素组成的，而像素实际上是正方形的色块，所以在进行圆形选取或其他不规则选取时就会产生锯齿边缘。而消除锯齿的原理就是在锯齿之间填入中间色调，这样就从视觉上消除了锯齿现象，如图 2-12 所示。

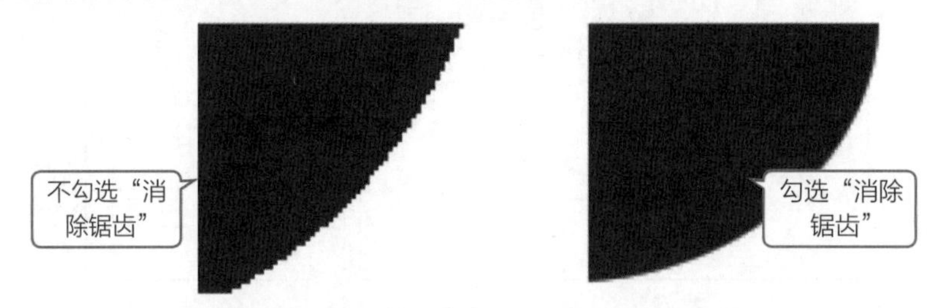

图 2-12 消除锯齿时的对比图

2.2.3 创建单行与单列选区

在 Photoshop 中，使用（单行选框工具）可以创建一个像素宽的横线选区，使用（单列选框工具）可以创建一个像素宽的竖线选区。使用方法非常简单，默认状态下在工具箱中选择（单行选框工具）或（单列选框工具），在图像上选择要创建选区的位置后，只要单击鼠标即可创建单行或单列选区，如图 2-13 和图 2-14 所示。

图 2-13 创建单行选区

图 2-14 创建单列选区

技 巧

使用（单行选框工具）或（单列选框工具）创建选区时，“羽化”只能设置为 0 像素。

2.3 创建不规则选区

在 Photoshop 中所谓的不规则选区指的是随意性强，不被局限在几何形状内，可以是鼠标任意创建的单个或多个选区。在 Photoshop 中可以用来创建不规则选区的工具被放置在套索工具组中。

2.3.1 创建任意形状的选区

（套索工具）可以在图像中创建任意形状的选区，通常用来创建不太精细的选区，这正符合套索工具操作灵活、使用简单的特点。使用该工具创建选区的方法非常简单，就像用铅笔绘画一样，只要围绕图像拖动鼠标，终点与起点相交时松开鼠标即可创建选区，如图 2-15 所示。

图 2-15　创建任意形状的选区

技　巧

使用（套索工具）创建选区的过程中，如果起始点与终点不相交时松开鼠标，系统会以直线对其进行连接，自动封闭创建选区。

提　示

选择（套索工具）后，属性栏中的"消除锯齿"复选框会被激活。该工具的属性栏与（矩形选框工具）相比没有特有选项。

2.3.2 按图像创建不规则选区

使用（多边形套索工具）可以在图像中绘制不规则的多边形选区，并且创建的选区还很精确。创建方法是在图像上选择一点❶后单击，拖动鼠标指针到另一点后单击❷，依此类推直到终点与起始点相交时❸，双击鼠标完成选区的创建，如图 2-16 所示。

技　巧

使用（多边形套索工具）绘制选区时，按住 Shift 键可沿水平、垂直或与之成 45° 角的方向绘制选区；在终点没有与起始点重叠时，双击鼠标或按住 Ctrl 键的同时单击鼠标，即可创建封闭选区。

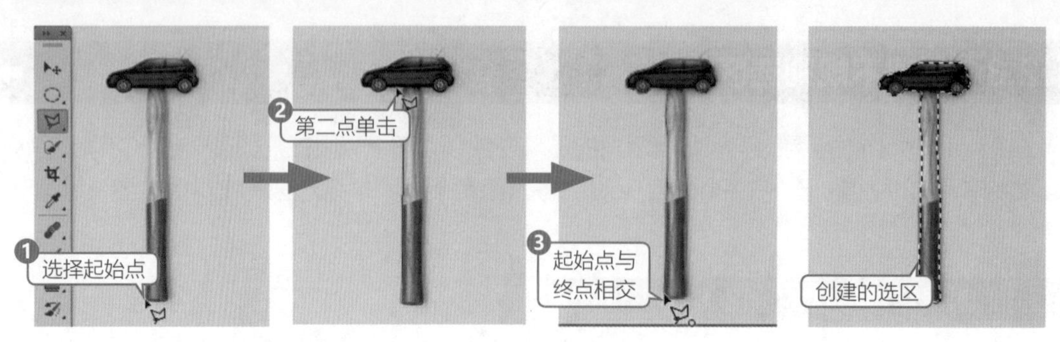

图 2-16　创建多边形选区

上机实战　使用多边形套索工具抠图

STEP 1 打开“创意猫”素材，在工具箱中选择（多边形套索工具）❶，设置属性栏中的“羽化”为 1px❷，如图 2-17 所示。

STEP 2 在创意猫耳朵处单击❸创建起点，沿创意猫边缘拖动鼠标到一段距离后单击，依此类推，在猫尾巴处单击❹创建选取点，如图 2-18 所示。

图 2-17　选择工具并设置羽化

图 2-18　创建多边形选区过程

STEP 3 移动终点到与起点相交时❺，双击鼠标创建选区，如图 2-19 所示。

STEP 4 选区创建完毕后，使用（移动工具）或按住 Ctrl 键拖动选区内的图像，发现抠图成功，如图 2-20 所示。

图 2-19　创建选区　　图 2-20　抠图

2.3.3 自动吸附创建多边形选区

（磁性套索工具）能自动捕捉具有反差颜色的对比边缘，并基于此边缘来创建选区，因此非常适合选择背景复杂但对象边缘对比度强烈的图像。选择起始点后，在图像边缘拖动鼠标即会自动创建选区，如图 2-21 所示。

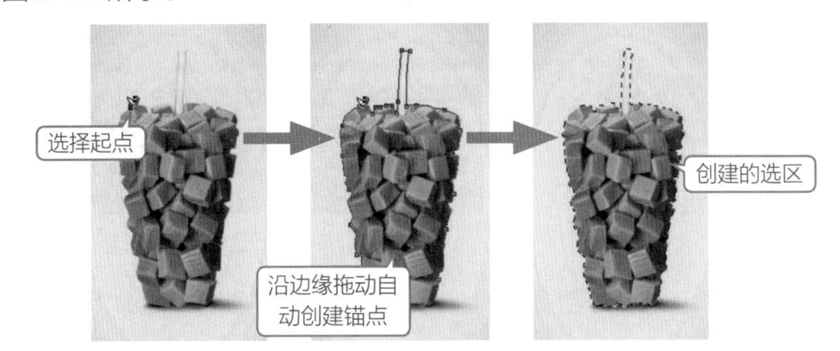

图 2-21 自动吸附创建多边形选区

在工具箱中选择（磁性套索工具）后，属性栏中会显示针对该工具的一些属性设置，如图 2-22 所示。

图 2-22 磁性套索工具属性栏

其中的各项含义如下。

- **宽度：**用于设置磁性套索工具在选取图像时的探查距离。输入的数值越大，探查的图像边缘范围就越广。可输入的数值范围是 1~256。
- **对比度：**用于设置磁性套索工具的敏感度。数值越大，边缘与周围环境的要求就越高，选区就会越不精确。可输入的数值范围是 1%~100%。
- **频率：**用来显示使用磁性套索工具时会出现的固定选区的标记，确保选区不被变形。输入的数值越大，标记就越多，套索的选区范围就越精确。可输入的数值范围是 1~100。
- **钢笔压力：**使用绘图板创建选区时，就单击此按钮，系统会自动根据绘图笔的压力来改变宽度。

技 巧

使用（磁性套索工具）创建选区时，单击鼠标也可以创建矩形标记点，用于确定精确选区；按 Delete 键或 BackSpace 键，可按照顺序撤销矩形标记点；按 Esc 键可去掉未完成的选区。

技 巧

使用（磁性套索工具）创建选区时，按住 Alt 键拖动鼠标会自动转换成套索工具，松开鼠标会自动转换成多边形套索工具，松开 Alt 键单击鼠标会转换成磁性套索工具。

上机实战 使用磁性套索工具进行抠图

STEP 1 执行菜单“文件”/“打开”命令或按快捷键 Ctrl+O，打开“创意象”素材，如图 2-23 所示。

STEP 2 在工具箱中选择（磁性套索工具），在属性栏中设置“宽度”为 5px、“对比度”为 5%、

“频率”为 57 ❶，如图 2-24 所示。

图 2-23　素材

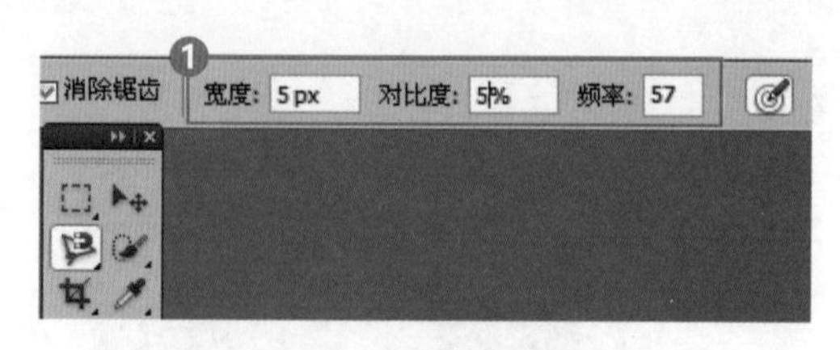

图 2-24　设置属性

STEP 3 使用（磁性套索工具）在创意象的头顶处单击鼠标创建起始点❷，之后在创意象的边缘拖动鼠标❸，如图 2-25 所示。

STEP 4 围绕创意象的边缘拖动鼠标到起始点，此时鼠标指针下方会出现一个小圆圈❹，单击鼠标即可完成选区的创建，如图 2-26 所示。

图 2-25　拖动过程　　图 2-26　创建选区

STEP 5 选区创建完毕后，使用（移动工具）或按住 Ctrl 键拖动选区内的图像，发现抠图成功，如图 2-27 所示。

图 2-27　移动抠图

2.4　创建智能选区

智能选区是指通过计算而得到的单个或多个选区。在 Photoshop 中可以用来创建智能选区的工具被放置在魔棒工具组中。

2.4.1 魔棒工具

（魔棒工具）可以为图像中颜色相同或相近的像素创建选区。在实际工作中使用（魔棒工具）在图像的某个颜色像素上单击鼠标，系统会自动创建该像素的选区，如图 2-28 所示。

图 2-28　使用魔法棒工具创建选区

上机实战　使用魔棒工具抠图

STEP 1 执行菜单“文件”/“打开”命令或按快捷键 Ctrl+O，打开“创意果汁”素材，如图 2-29 所示。

STEP 2 在工具箱中选择 （魔棒工具）❶，在属性栏中单击 （添加到选区）按钮，设置“容差”为 30，勾选“连续”复选框❷，在素材图像的背景处单击❸，如图 2-30 所示。

STEP 3 此时会发现比选取颜色略暗的颜色区域没有被选取，在背景的其他区域单击继续创建选区，如图 2-31 所示。

图 2-29　素材

图 2-30　设置属性

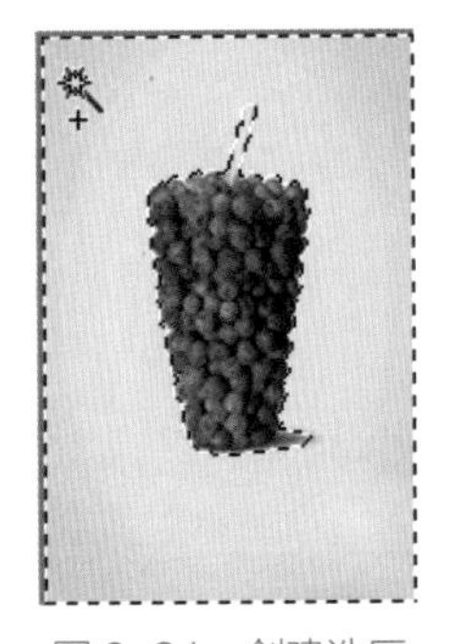
图 2-31　创建选区

STEP 4 执行菜单“图层”/“新建”/“背景图层”命令，将“背景”图层转换成普通图层，按 Delete 键清除选区内容，效果如图 2-32 所示。按快捷键 Ctrl+D 去掉选区，完成抠图效果，如图 2-33 所示。

图 2-32　清除选区内容

图 2-33　抠图效果

2.4.2 快速选择工具

（快速选择工具）可以快速在图像中对需要选取的部分建立选区，通常用来快速创建较为精确的选区。使用方法非常简单，只要选择该工具后，使用鼠标指针在图像中拖动，即可将鼠标经过的相似像素的部分创建成选区，如图 2-34 所示。

图 2-34　快速选择工具创建选区

提　示

如果要选取较小的图像时，可以将画笔直径按照图像的大小进行适当调整，这样可以选取得更加精确。

在工具箱中选择(快速选择工具)后，属性栏中会显示针对该工具的一些选项设置，如图 2-35 所示。

图 2-35　快速选择工具属性栏

其中的各项含义如下。

- **画笔：**用来设置创建选区的笔触、直径、硬度和间距等。
- **选区模式：**用来对选取方式进行运算，包括(新选区)、(添加到选区)和(从选区中减去)。
  - ★ 新选区：选择该项后对图像进行选取时，松开鼠标后会自动转换成(添加到选区)功能。再选择该项，可以创建另一个新选区或使用鼠标将选区进行移动，如图 2-36 所示。
  - ★ 添加到选区：选择该项时，可以在图像中创建多个选区，相交时可以将两个选区合并，如图 2-37 所示。
  - ★ 从选区中减去：选择该项时，拖动鼠标经过的位置会将创建的选区减去，如图 2-38 所示。

图 2-36　新选区

图 2-37　添加到选区

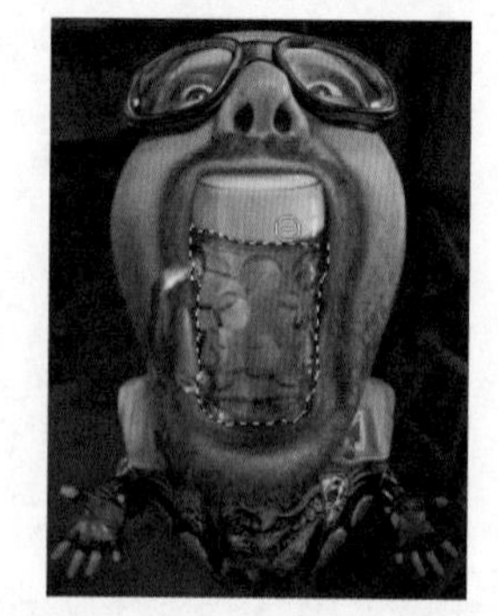

图 2-38　从选区中减去

- **对所有图层取样：**勾选该复选框后，取样针对的图像包含图层时，可以把图层忽略。
- **自动增强：**勾选该复选框，可以增强选区的边缘。

技　巧

使用（快速选择工具）创建选区时，按住 Shift 键可以自动添加到选区，功能与属性栏中的（添加到选区）按钮一致；按住 Alt 键可以自动从选区中减去选取部分的选区，功能与属性栏中的（从选区中减去）按钮一致。

上机实战　使用快速选择工具为人物抠图

STEP 1 执行菜单“文件”/“打开”命令或按快捷键 Ctrl+O，打开“小朋友”素材，如图 2-39 所示。

STEP 2 选择（快速选择工具）❶，在属性栏中设置画笔的“大小”为 20 像素、“硬度”为 70% ❷，勾选“自动增强”复选框❸，在人物头部❹按下鼠标创建选区，如图 2-40 所示。

图 2-39　素材

图 2-40　设置工具属性并开始创建选区

STEP 3 使用（快速选择工具），在整个人物上拖动创建选区，效果如图 2-41 所示。

图 2-41　创建选区

STEP 4 此时发现头部左侧的部分也被创建了选区，如果想将图像中天空部分的选区减去，那么首先要在属性栏中单击（从选区中减去）按钮❺，将画笔的“大小”设置为 50 像素❻，使用（快速选择工具）在天空上拖动❼，如图 2-42 所示。

STEP 5 此时发现选区被创建完成，打开“草地”素材后，使用（移动工具）将选区内的图像拖动到“草地”文档中，效果如图 2-43 所示。

图 2-42　减去天空中的选区

图 2-43　抠图后

2.5　编辑与应用选区

在 Photoshop CC 中可以对创建的选区进行单独设置，例如复制、粘贴、变换、填充及描边等操作。

2.5.1　复制与粘贴、剪切与粘贴

在图像中创建选区后，执行菜单“编辑”/“复制”命令或“编辑”/“剪切”命令，可以将选区内的图像进行复制保留到剪贴板中，再通过执行菜单“编辑”/“粘贴”命令将选区内的图像粘贴，此时被选取的区域会自动生成新的图层并取消选区。应用“复制”与“粘贴”命令，被复制的区域还会存在，如图 2-44 所示。应用“剪切”与“粘贴”命令，剪切后的区域将会不存在，如果在背景图层中执行该命令，被剪切的区域会使用工具箱中的背景色填充，如图 2-45 所示。

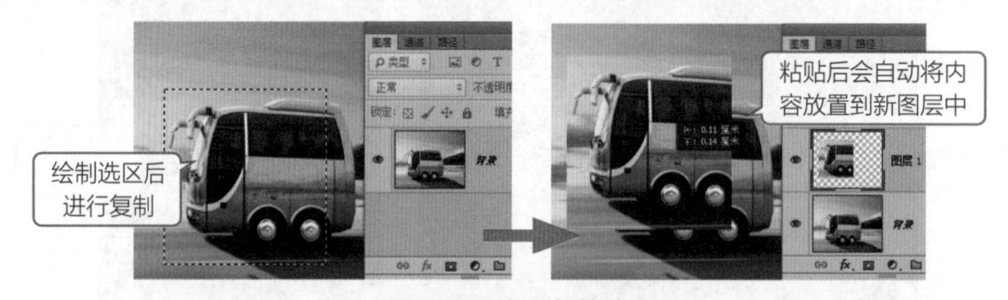

图 2-44　复制与粘贴

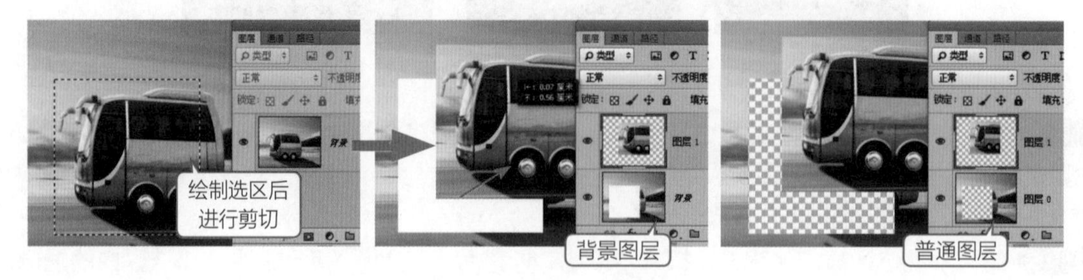

图 2-45　剪切与粘贴

提　示

“复制”“剪切”“粘贴”选区内容命令可以应用到不同文件或不同的图层中，它们的快捷键分别为 Ctrl+C、Ctrl+X、Ctrl+V。

提　示

在 2.4.2 节“使用快速选择工具为人物抠图”中创建选区后，可以通过“复制”与“粘贴”命令来替换背景。

2.5.2 填充选区

创建选区后，通过“填充”命令可以为创建的选区填充前景色、背景色、图案等。执行菜单“编辑”/“填充”命令，即可打开“填充”对话框，如图 2-46 所示。

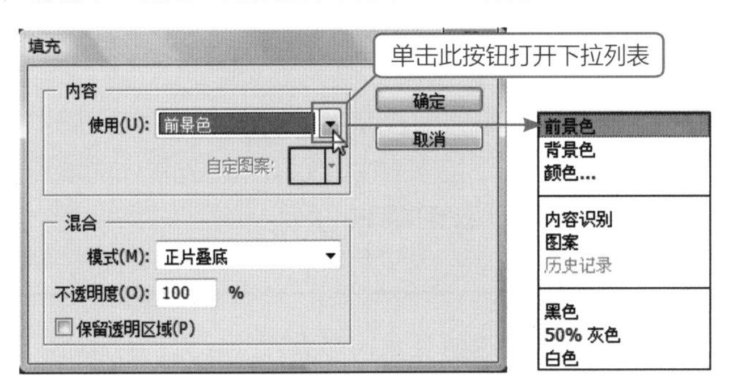

图 2-46　“填充”对话框

其中的各项含义如下。

- **内容：**用来填充前景色、背景色或图案的区域。
- **使用：**在下拉列表中选择填充选项，其中“内容识别”选项主要是用来对图像中的多余部分进行快速修复（例如草丛中的杂物、背景中的人物等），修复效果如图 2-47 所示。

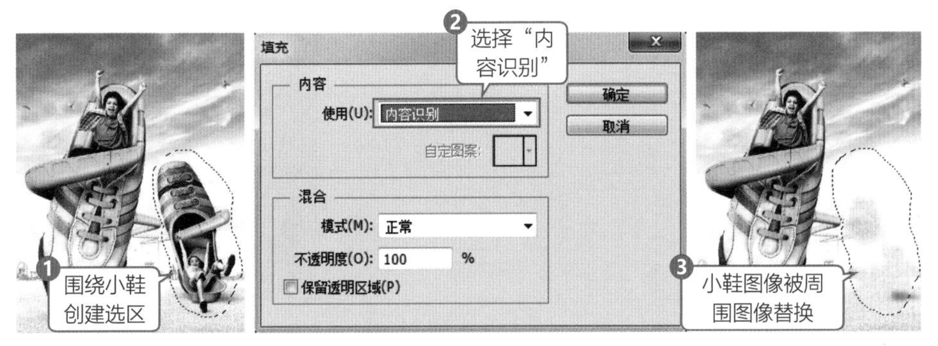

图 2-47　内容识别

- **自定图案：**用于填充图案，在“使用”下拉列表中选择“图案”时该选项被激活，在“自定图案”中可以选择填充的图案。选择此项后，对话框中会多出“脚本图案”复选框，该功能可以通过对背景区域的像素分析进行特定的填充，如图 2-48 所示。

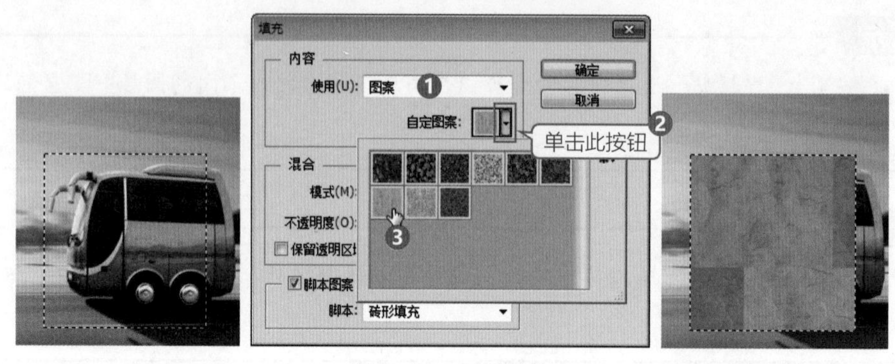

图 2-48　自定图案

- **混合：**用来设置填充内容与源图像的混合模式及不透明度等。
- **模式：**用来设置填充内容与源图像的混合模式，在下拉列表中可以选择相应的混合模式。
- **不透明度：**用于设置填充内容的不透明度。
- **保留透明区域：**勾选该复选框，填充时只对选区或图层中有像素的部分起作用，空白处不会被填充。
- **脚本图案：**勾选该复选框，下面的脚本会被激活，填充方法是按照脚本内容将当前选择的图案进行脚本分析后进行图案填充。在下拉列表中我们可以看到具体的填充样式，其中包括砖形填充、十字线织物、随机填充、螺线和对称填充。

提　示

如果图层中或选区中的图像存在透明区域，那么在“填充”对话框中“保留透明区域”复选框将会被激活。

上机实战　填充选区

STEP 1 新建一个空白文档，使用 （椭圆选框工具）在文档中绘制一个椭圆选区，如图 2-49 所示。

STEP 2 在工具箱中设置前景色为“蓝色”，背景色为“绿色”，如图 2-50 所示。

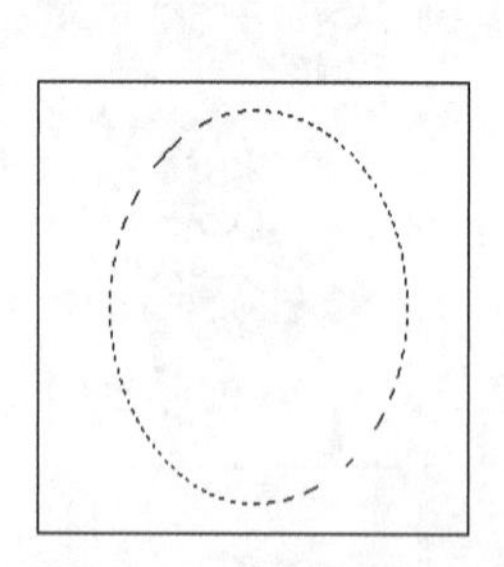

图 2-49　创建椭圆选区

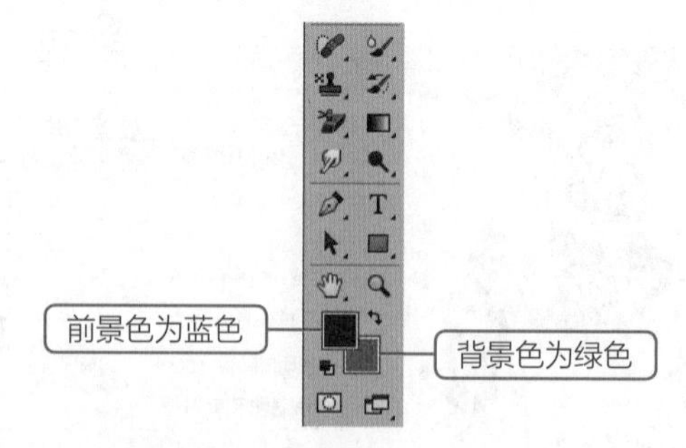

图 2-50　设置前景色与背景色

STEP 3 执行菜单“编辑”/“填充”命令，打开如图 2-51 所示的“填充”对话框。

STEP 4 在“使用”下拉列表中分别选择前景色、背景色和 50% 灰色，单击“确定”按钮，得到如图 2-52 和图 2-53 所示的效果。

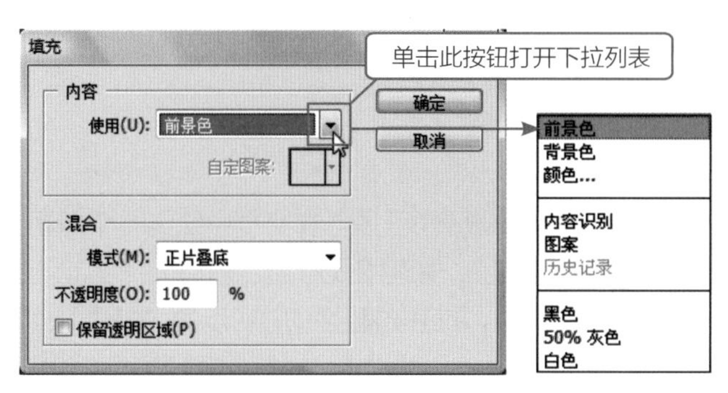

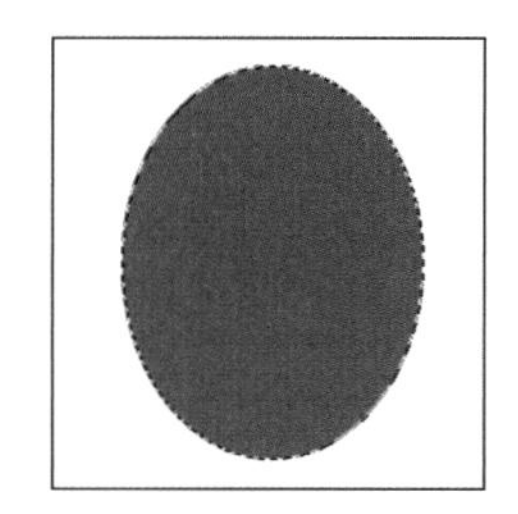

图 2-51　“填充”对话框

图 2-52　填充前景色与背景色

图 2-53　填充 50% 灰色

技　巧

在图层中或选区内填充时，按快捷键 Alt+Delete 可以快速填充前景色；按快捷键 Ctrl+Delete 可以快速填充背景色。

2.5.3 描边选区

创建选区后，通过“描边”命令可以为创建的选区建立内部、居中或居外的描边，描边颜色默认与工具箱中的“前景色”一致，也可以自定义描边颜色。执行菜单“编辑”/“描边”命令，打开如图 2-54 所示的“描边”对话框。

图 2-54　“描边”对话框

其中的各项含义如下。

- **描边**：设置描边的颜色与宽度。
- **宽度**：设置描边的宽度。
- **颜色**：设置描边的颜色，单击后面的颜色图标，可以在打开的“拾色器”对话框中设置描边的颜色。

* **位置：**设置描边所在的位置。

上机实战 描边选区

STEP 1 新建一个空白文档，使用（椭圆选框工具）在文档中绘制一个椭圆选区，如图 2-55 所示。

STEP 2 在工具箱中设置前景色为“蓝色”，如图 2-56 所示。

STEP 3 执行菜单“编辑”/“描边”命令，打开如图 2-57 所示的“描边”对话框。

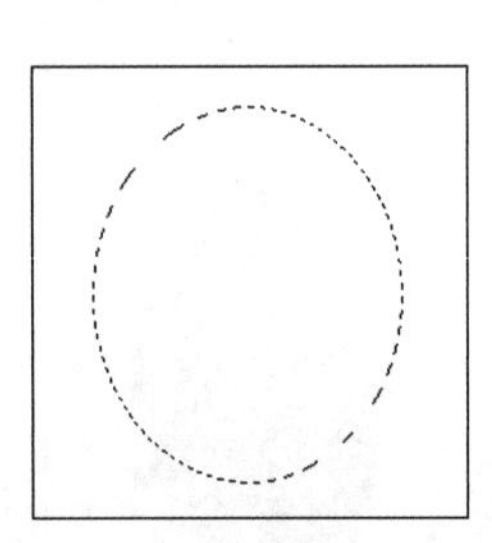

图 2-55　创建椭圆选区

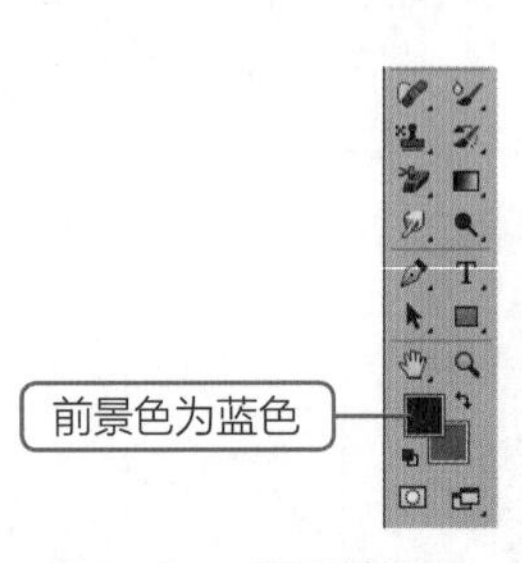

图 2-56　设置前景色

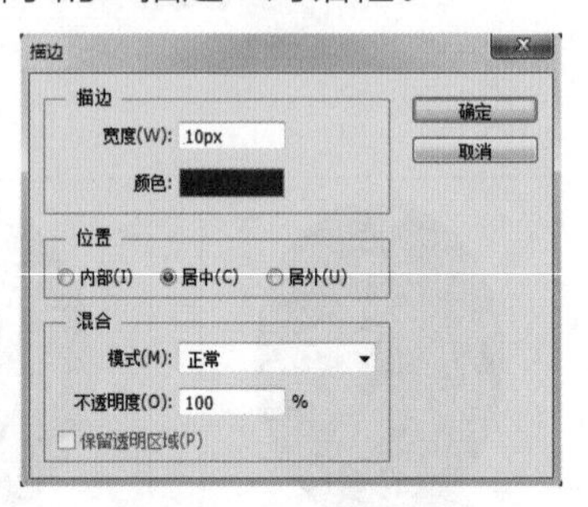

图 2-57　“描边”对话框

STEP 4 在“位置”选项区中分别选择内部、居中或居外，单击“确定”按钮，得到如图 2-58 至图 2-60 所示的效果。

图 2-58　内部描边

图 2-59　居中描边

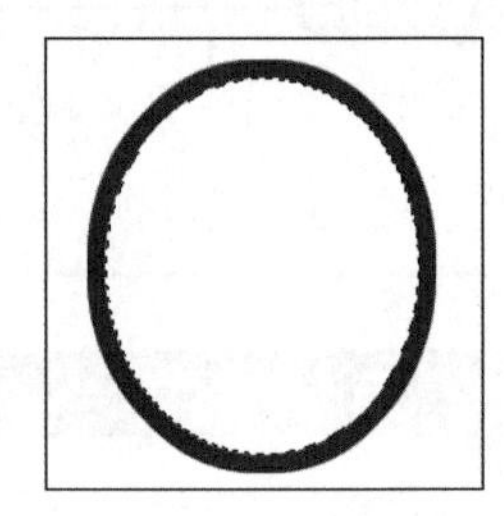

图 2-60　居外描边

上机实战 为图像进行保留透明区域的描边方法

STEP 1 执行菜单“文件”/“打开”命令或按快捷键 Ctrl+O，打开“创意牙刷”素材，使用（多边形套索工具）在图像中创建一个三角形的选区，如图 2-61 所示。

STEP 2 执行菜单“编辑”/“描边”命令，打开“描边”对话框，在“描边”选项区中设置“宽度”为 10px、“颜色”为“红色”❶；在“位置”选项区中选择“内部”单选按钮❷，再勾选“保留透明区域”复选框❸，如图 2-62 所示。

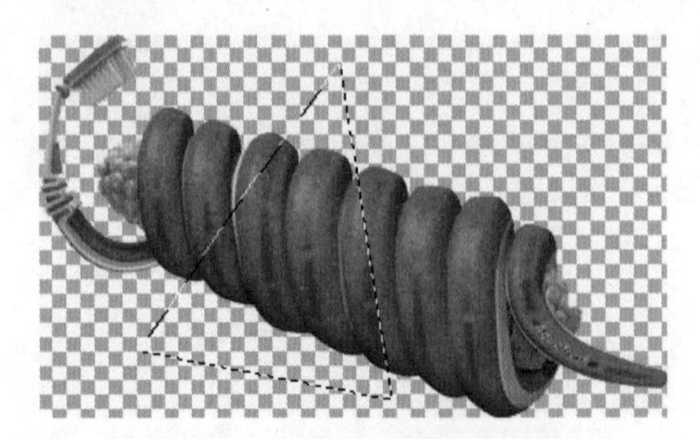

图 2-61　在素材中创建选区

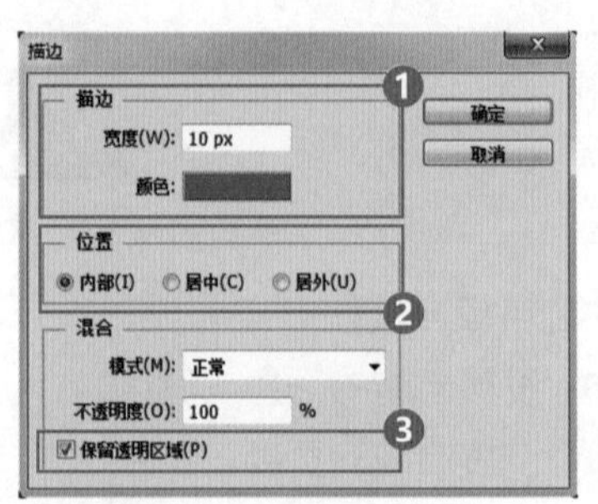

图 2-62　“描边”对话框

STEP 3 设置完毕后单击“确定”按钮，效果如图 2-63 所示，会发现在图像中没有像素的选区部分没有被描边。

STEP 4 按快捷键 Ctrl+Z 返回上一步，再执行菜单“编辑”/“描边”命令，打开“描边”对话框，与第 2 步的设置相同，但是不勾选“保留透明区域”复选框❹，如图 2-64 所示。

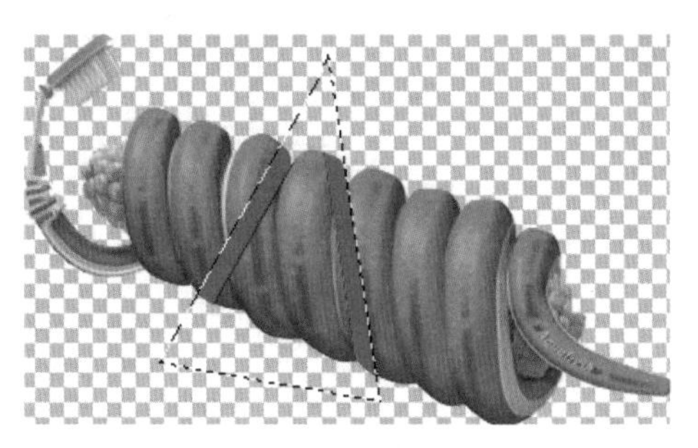

图 2-63　描边后效果 1

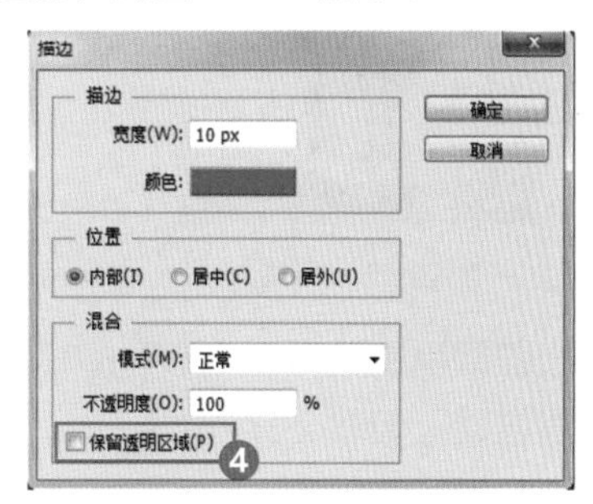

图 2-64　“描边”对话框

STEP 5 设置完毕后单击“确定”按钮，效果如图 2-65 所示，此时发现选区都被描边了。

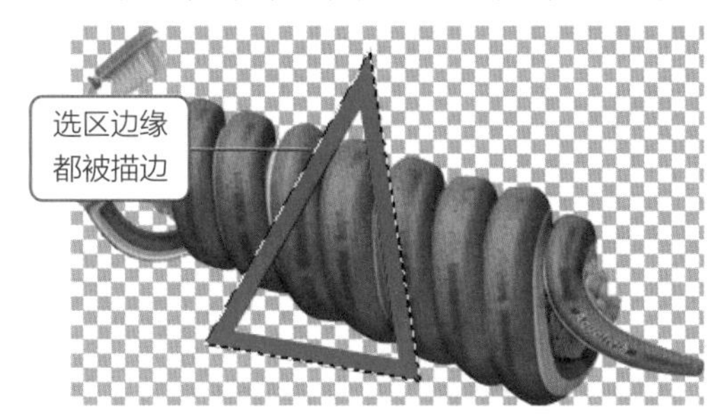

图 2-65　描边后效果 2

2.5.4 变换选区、变换选区内容和内容识别比例

在 Photoshop 中“变换选区”与“变换选区内容”是不同的，一个是针对创建选区的蚂蚁线进行变换；一个是针对选区内容进行变换。内容识别变换可以自动根据选区内图像的像素而进行有选择的变换。

1. 变换选区

“变换选区”命令可以直接改变创建选区的蚂蚁线的形状，而不会对选区内容进行变换。在图像中创建选区后，执行菜单“选择”/“变换选区”命令，此时会调出选区变换框，拖动控制点即可对创建的选区进行变换。再执行菜单“编辑”/“变换”命令调出变换框，在变换框内单击鼠标右键，在弹出的快捷菜单中可以选择具体的变换样式，如图 2-66 所示。分别选择缩放、旋转、斜切、扭曲和透视命令，再拖动变换控制点改变选区形状，得到如图 2-67 至图 2-71 所示的效果。

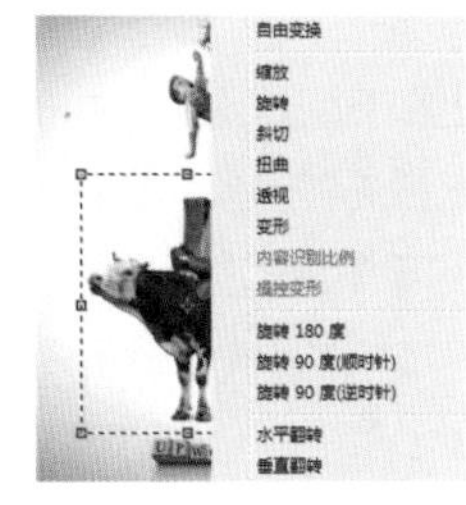

图 2-66　变换样式

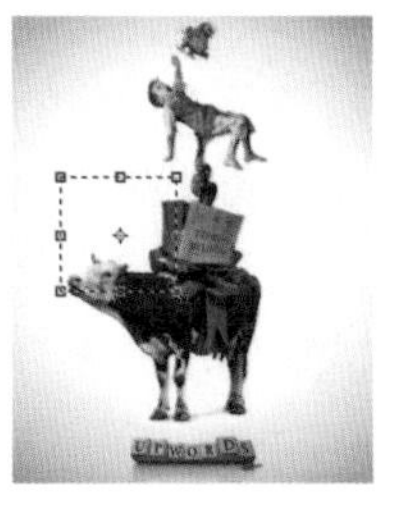

图 2-67　缩放

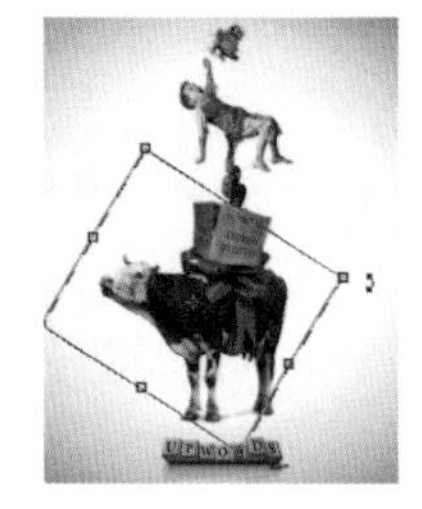

图 2-68　旋转

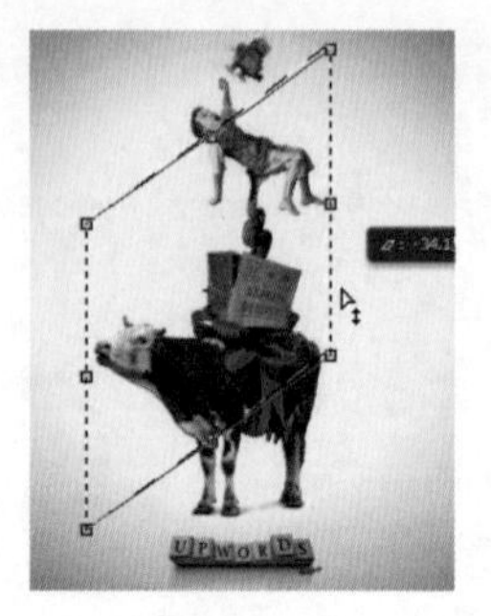

图 2-69 斜切

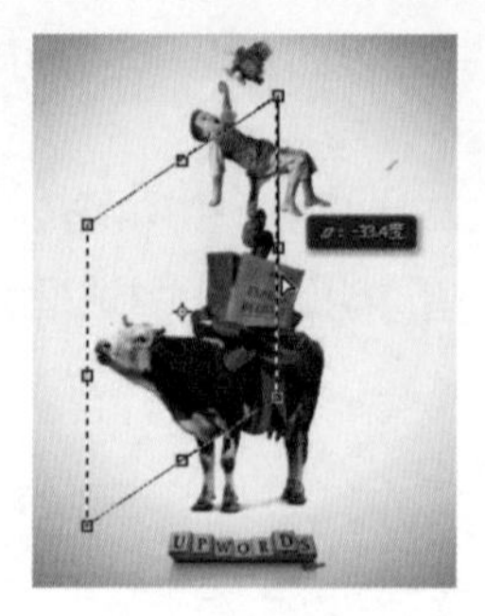

图 2-70 扭曲

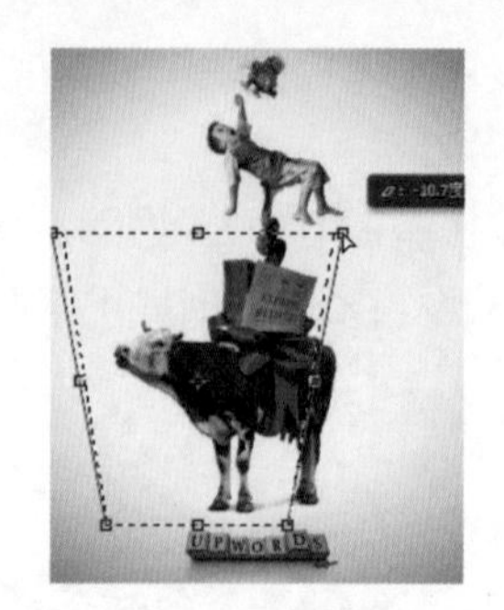

图 2-71 透视

在弹出的菜单中选择“变形”命令时，可以对选区执行“变形”变换，此时属性栏会变成“变形”对应的选项，如图 2-72 所示。

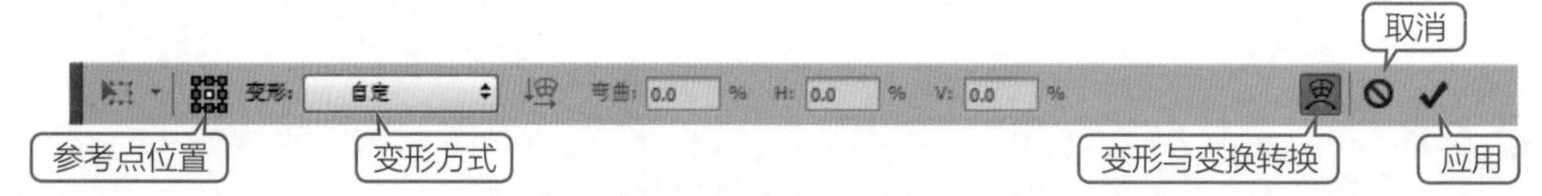

图 2-72 变形属性栏

其中的各项含义如下。

- **参考点位置：**用来设置变换与变形的中心点。
- **变形：**用来设置变形方式，单击右边的三角形按钮可以打开下拉列表，在其中可以选择相应的变形方式，如图 2-73 所示。选择“自定”时，可以通过拖动控制点来对选区进行直接变形，如图 2-74 所示。选择其他变形方式时，可以通过在属性栏中的“弯曲”“水平扭曲”与“垂直扭曲”选项来确定变形效果，也可以拖动控制点来完成，如图 2-75 和图 2-76 所示。

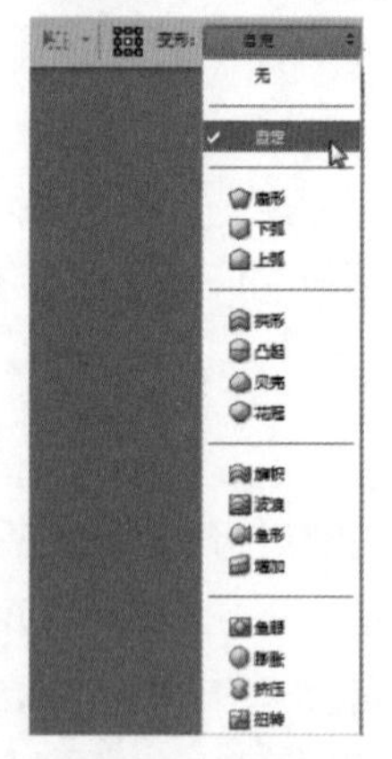

图 2-73 变形方式

图 2-74 自定

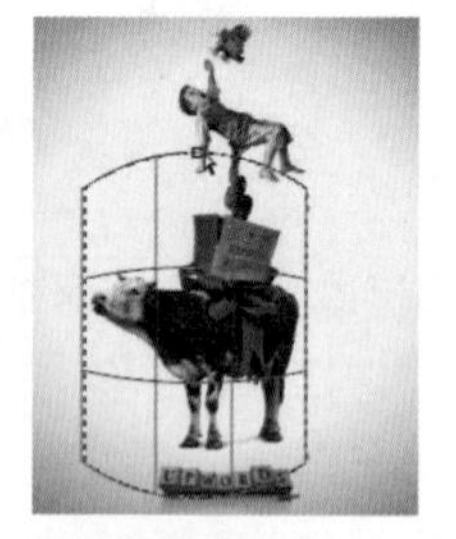

图 2-75 凸起

图 2-76 挤压

2. 变换选区内容

“变换选区内容”指的是可以改变创建选区内图像的形状。在图像中创建选区后，执行菜单“编辑”/“变换”命令或按快捷键 Ctrl+T 调出变换框，在变换框内单击鼠标右键，在弹出的快捷菜单中可以选择具体的变换样式，选择“旋转”与“透视”命令，如图 2-77 和图 2-78 所示。选择“旗帜”与“鱼眼”命令，如图 2-79 和图 2-80 所示。

图 2-77　旋转

图 2-78　透视

图 2-79　旗帜

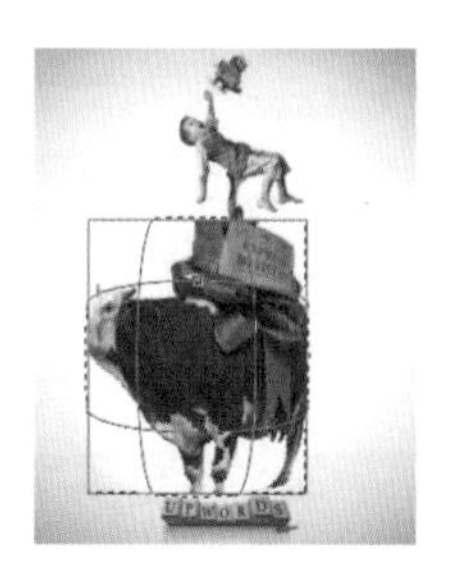

图 2-80　鱼眼

提　示

"变换选区"与"变换选区内容"的属性设置是相同的。

3. 内容识别比例

"内容识别比例"命令可以根据变换框的变换，来改变选区内特定区域像素的变换效果。应用该命令后，系统会自动根据图像的特点来对图像进行变换处理。在图像中创建选区后，执行菜单"编辑"/"内容识别比例"命令，调出变换框。使用鼠标拖动控制点，将图像变窄，此时大家会发现，图像中的鼻子和香水基本没有发生变换，被变换的只有背景像素，如图 2-81 所示。

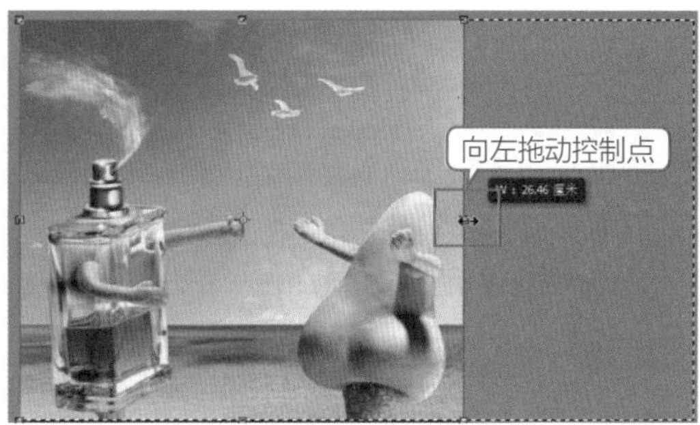

图 2-81　内容识别比例

2.5.5 扩大选取与选取相似

在 Photoshp 中可以通过"扩大选取"和"选取相似"命令对创建的选区进行进一步设置。"扩大选取"命令可以将选区扩大到与当前选区相连的相同像素，如图 2-82 所示；"选取相似"命令可以将图像中与选区相同像素的所有像素都添加进选区，如图 2-83 所示。

图 2-82　扩大选取

图 2-83　选取相似

技 巧

在使用“扩大选取”或“选取相似”命令编辑选区时，选取范围的大小与（魔棒工具）属性栏中的“容差”设置有关，“容差”越大，选区的选取范围就会越广。

2.5.6 反选选区

在 Photoshp 中创建选区后，很多情况下要对选区外面的区域进行编辑，这时只要执行菜单“选择”/“反向”命令或按快捷键 Ctrl+Shift+I，即可将选区反选，如图 2-84 所示。

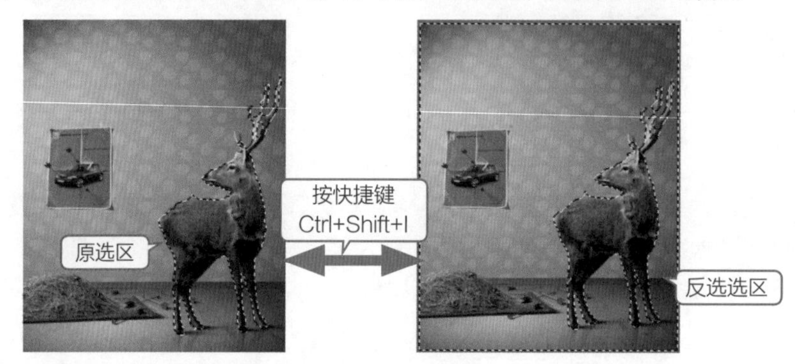

图 2-84　反选选区

2.5.7 移动选区与移动选区内容

在 Photoshp 中通常会遇到对创建的选区进行位置的改变或对选区内容进行移动。移动选区指的是只对创建选区的蚂蚁线进行移动，而选区内的图像不会移动；移动选区内容指的是创建选区后，使用（移动工具）拖动即可将选区内的图像进行移动。

上机实战 移动选区位置

STEP 1 在 Photoshop 中打开一张自己喜欢的图片。使用（快速选择工具）创建一个选区，如图 2-85 所示。

STEP 2 创建选区后，在属性栏中单击（新选区）按钮或其他选区工具属性栏中的（新选区）按钮后，此时按下鼠标拖动即可将选区移动，如图 2-86 所示。

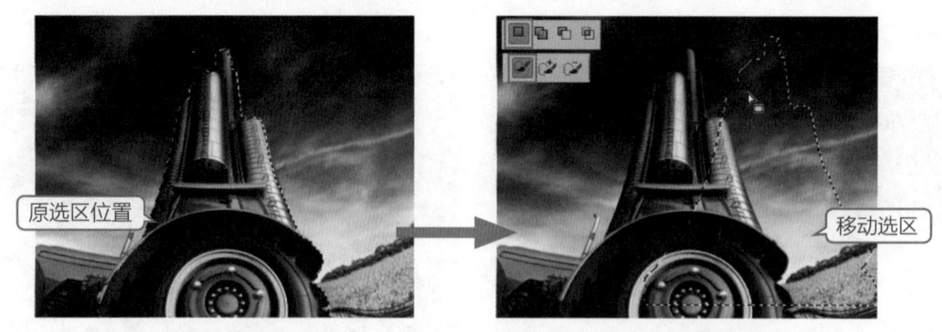

图 2-85　新建选区　　图 2-86　移动选区

上机实战　移动选区内容

STEP 1 在 Photoshop 中打开一张自己喜欢的图片，使用（快速选择工具）创建一个选区，如图 2-87 所示。

STEP 2 创建选区后，在工具箱中选择（移动工具），按下鼠标拖动即可将选区内的图像移动，如图 2-88 所示。

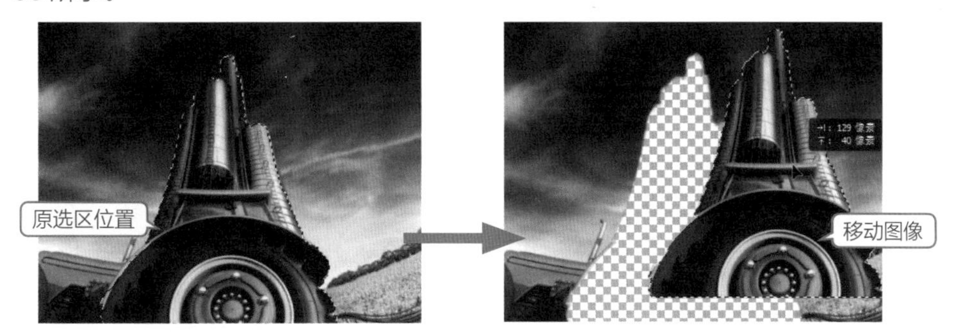

图 2-87　新建选区　　　　图 2-88　移动选区内容

技　巧

使用选区工具创建选区后，当鼠标指针变成形状时，可以直接按下鼠标拖动选区到任意地方，或者直接按键盘上的方向键移动选区；按住 Ctrl 键当鼠标指针变成形状时，拖动选区可以将选区内的图像移动。

2.6　调整已创建的选区 

在 Photoshop 中可以通过调整边缘、收缩、扩展和边界等命令对选区进行调整。

2.6.1　调整边缘

“调整边缘”命令可以对已经创建的选区进行半径、对比度、平滑和羽化等调整。创建选区后，执行菜单“选择”/“调整边缘”命令，打开“调整边缘”对话框，如图 2-89 所示。

其中的各项含义如下。

- **调整半径工具：**用来手动扩展选区范围，按住 Alt 键变为收缩选区范围。
- **视图模式：**用来设置调整时图像的显示效果。
- **视图：**单击三角形按钮，即可显示所有的预览模式。
- **显示半径：**显示按照半径定义的调整区域。
- **显示原稿：**显示图像的原始选区。
- **边缘检测：**用来对图像选区边缘进行精细查找。
- **智能半径：**使检测范围自动适应图像边缘。
- **半径：**用来设置调整区域的大小。
- **调整边缘：**对创建的选区进行调整。
- **平滑：**控制选区的平滑程度，数值越大越平滑。
- **羽化：**控制选区的柔和程度，数值越大，调整的图像边缘越模糊。

- **对比度**：用来调整选区边缘的对比程度，结合半径或羽化来使用，数值越大，模糊度就越小。
- **移动边缘**：数值变大，选区变大；数值变小，选区变小。
- **输出**：对调整的区域进行输出，可以是选区、蒙版、图层或新建文档等。
- **净化颜色**：用来对图像边缘的颜色进行删除。
- **数量**：用来控制移去边缘颜色区域的大小。
- **输出到**：设置调整后的输出效果，可以是选区、蒙版、图层或新建文档等。
- **记住设置**：在“调整边缘”中始终使用以上的设置。

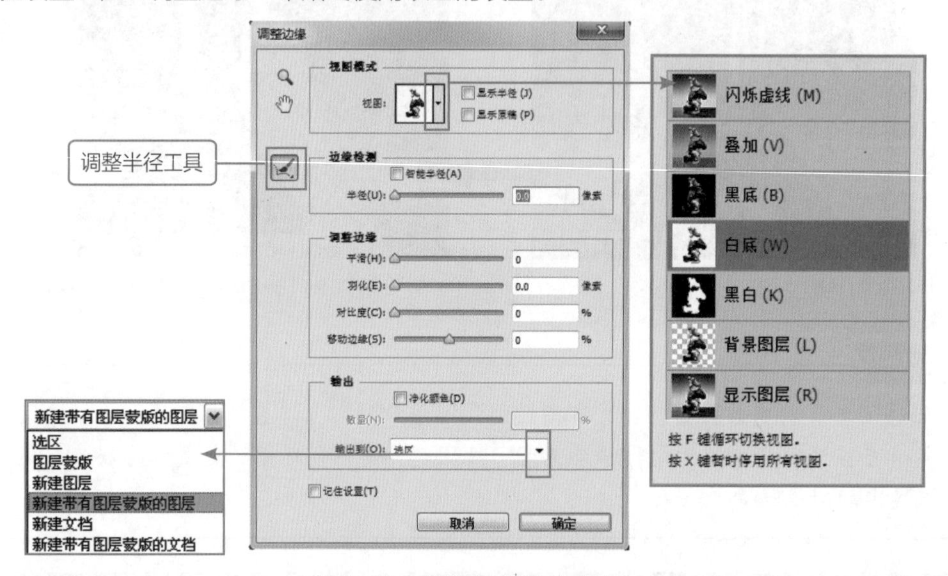

图 2-89 “调整边缘”对话框

> **技 巧**
>
> 在“调整边缘”对话框中，按住 Alt 键，对话框中的“取消”按钮会自动变成“复位”按钮，这样可以自动将调整的数值恢复到默认值。

使用“调整边缘”命令可以对选区进行非常精细的调整，如图 2-90 所示。

图 2-90 调整边缘

2.6.2 边界

“边界”命令可以在原选区的基础上向内外两边扩大选区，扩大后的选区范围会形成新的选区。

创建选区后，执行菜单“选择”/“修改”/“边界”命令，打开如图 2-91 所示的“边界选区”对话框。

图 2-91　“边界选区”对话框

其中的选项含义如下。

宽度：用来设置重新生成边界选区的宽度。

创建选区后，在“边界选区”对话框中设置“宽度”为 30 像素，如图 2-92 所示。

图 2-92　边界选区

2.6.3 平滑

“平滑”命令可以平滑选区的边角，使矩形选区更接近圆角矩形选区。创建选区后，执行菜单“选择”/“修改”/“平滑”命令，即可打开“平滑”对话框。

2.6.4 扩展与收缩

“扩展”命令可以扩大选区并平滑边缘；“收缩”命令可以缩小选区。创建选区后，执行菜单“选择”/“修改”/“扩展或收缩”命令，即可打开“扩展选区”或“收缩选区”对话框。

2.6.5 羽化

“羽化”命令可以对选区进行柔化处理，对选区内容进行编辑时，边缘会得到模糊效果。创建选区后，执行菜单“选择”/“修改”/“羽化”命令，打开如图 2-93 所示的“羽化选区”对话框。

图 2-93　“羽化选区”对话框

其中的选项含义如下。

羽化半径：用来设置选区边缘的柔和程度，数值越大，边缘越柔和。

创建选区后，在“羽化选区”对话框中设置“羽化半径”为 50 像素，填充白色，效果如图 2-94 所示。

图 2-94　羽化选区

2.7 通过命令创建选区

在 Photoshop 中使用“色彩范围”命令可以根据图像中指定的颜色自动生成选区。如果图像中已经存在选区，那么色彩范围只局限在选区内。执行菜单“选择”/“色彩范围”命令，打开如图 2-95 和图 2-96 所示的“色彩范围”对话框。

图 2-95 “色彩范围”对话框 1

图 2-96 “色彩范围”对话框 2

提 示

“色彩范围”命令不能应用于 32 位 / 通道的图像。

对话框中的各项含义如下。

- **选择：** 用来设置创建选区的方式。
- **检测人脸：** 自动对像素对比较为强烈的边缘进行选取，更加有效地对人物脸部肤色进行选取，该选项只有选择“本地化颜色簇”后才会被激活。
- **本地化颜色簇：** 用来设置进行连续选择，勾选该复选框，被选取的像素呈现放射状扩散相连的选区。
- **颜色容差：** 用来设置被选颜色的范围。数值越大，选取的同样颜色范围越广。只有设置“选择”为“取样颜色”时，该选项才会被激活。
- **范围：** 用来设置（吸管工具）点选的范围，数值越大，选区的范围越广。只有使用（吸管工具）单击图像后，该选项才会被激活。
- **选择范围 / 图像：** 用来设置预览框中显示的是选择区域还是图像。
- **选区预览：** 用来设置图像中预览选区的方式，包括“无”“灰度”“黑色杂边”“白色杂边”和“快速蒙版”。
  - 无：不设置预览方式，如图 2-97 所示。
  - 灰度：以灰度方式显示预览，选区为白色，如图 2-98 所示。
  - 黑色杂边：选区显示为原图像，非选区区域以黑色覆盖，如图 2-99 所示。
  - 白色杂边：选区显示为原图像，非选区区域以白色覆盖，如图 2-100 所示。
  - 快速蒙版：选区显示为原图像，非选区区域以半透明蒙版颜色显示，如图 2-101 所示。

图 2-97　无

图 2-98　灰度

图 2-99　黑色杂边

图 2-100　白色杂边

图 2-101　快速蒙版

- **载入：** 可以将之前的选区效果应用到当前文件中。
- **存储：** 将制作好的选区效果进行存储，以备后用。
- **（吸管工具）：** 使用（吸管工具）在图像上单击，可以设置由蒙版显示的区域。
- **（添加到取样）：** 使用（添加到取样）在图像上单击，可以将新选取的颜色添加到选区内。
- **（从取样中减去）：** 使用（从取样中减去）在图像上单击，可以将新选取的颜色从选区中删除。
- **反相：** 勾选该复选框，可以将选区反转。

上机实战　应用"色彩范围"命令创建选区

STEP 1 执行菜单"文件"/"打开"命令或按快捷键 Ctrl+O，打开"摩托"素材，如图 2-102 所示。

STEP 2 执行菜单"选择"/"色彩范围"命令，打开"色彩范围"对话框，选择"选择范围""本地化颜色簇"，设置"颜色容差"为 131❶，使用（吸管工具）❷在图像中的红色部分单击❸，如图 2-103 所示。

图 2-102　素材

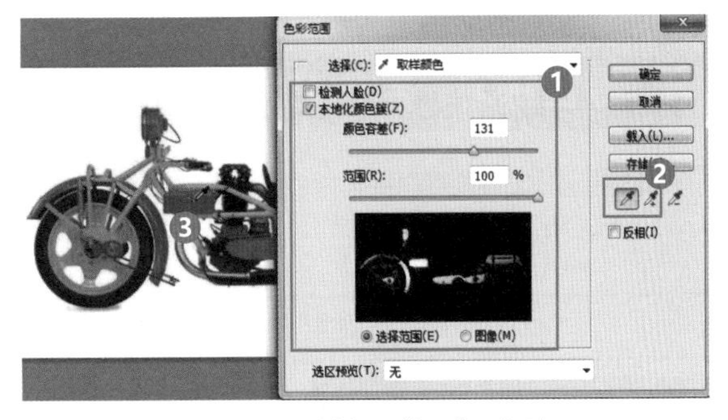

图 2-103　"色彩范围"对话框

STEP 3 单击（添加到取样）按钮❹，在摩托的黄色部分单击❺，如图 2-104 所示。

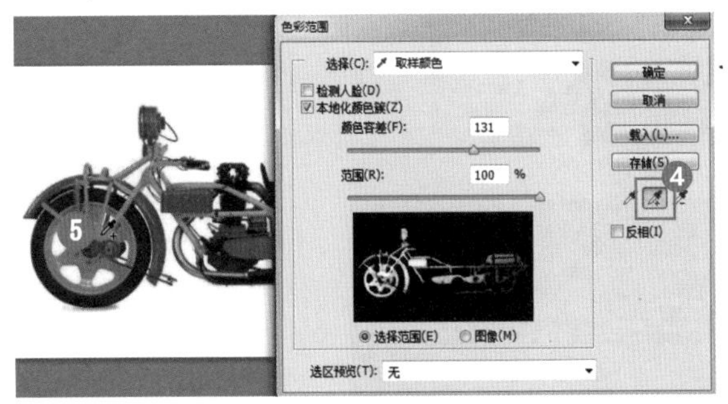

图 2-104　添加选区 1

STEP 4 使用（添加到取样）继续在灰色的车座上单击❻，如图 2-105 所示。

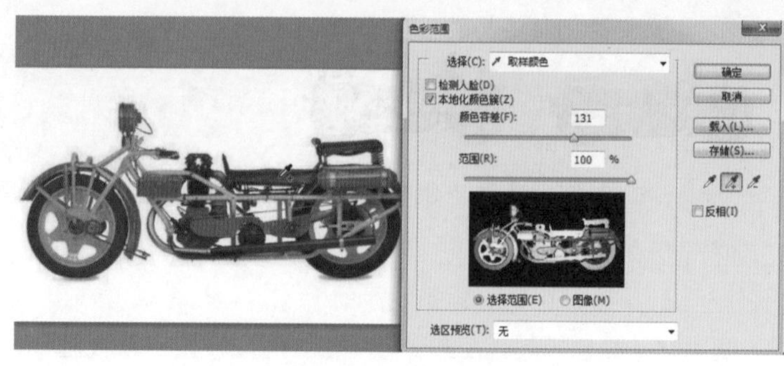

图 2-105　添加选区 2

STEP 5 设置完毕后单击“确定”按钮，效果如图 2-106 所示。

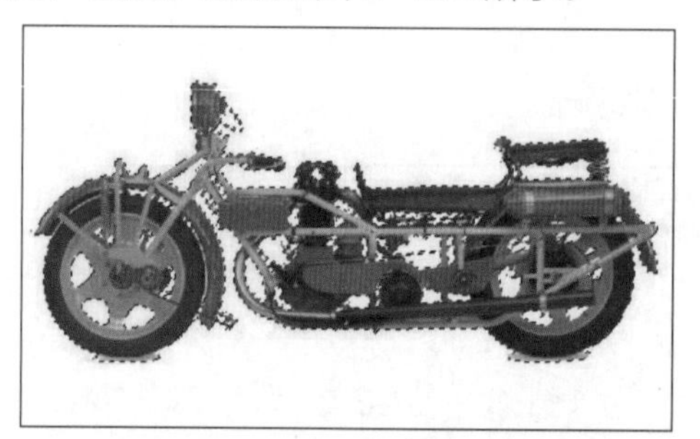

图 2-106　创建的选区

2.8　综合练习：制作艺术照片

由于篇幅所限，本章实例只介绍技术要点和制作流程，具体的操作步骤大家可以根据本书附带的多媒体视频来学习。

实例效果图	技术要点
	✱ 使用（快速选择工具）创建选区 ✱ 打开“填充”对话框，选择填充的图案 ✱ 设置混合模式为“饱和度”

制作流程：

STEP 1 打开素材，使用 (快速选择工具) 创建不规则选区。

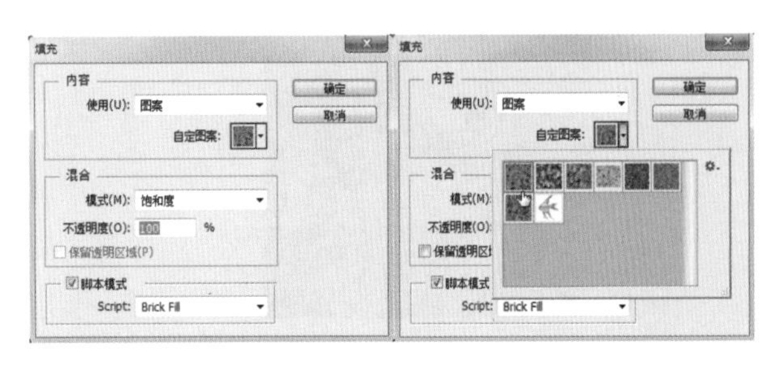

STEP 2 选区创建完毕后，打开“填充”对话框，选择“蓝色雏菊”，设置混合模式。

STEP 3 填充完毕后去掉选区。

2.9 综合练习：为人物发丝进行抠图

实例效果图	技术要点
	★ 使用 (快速选择工具) 创建选区 ★ 打开“调整边缘”对话框，调整发丝

制作流程：

STEP 1 使用快速选择工具创建选区。

STEP 2 使用调整半径工具在发丝边缘处拖动。

STEP 3 在发丝边缘拖动。

STEP 4 使用擦除半径工具恢复调整过渡区域。

STEP 5 设置完毕后单击“确定”按钮，调出选区。

STEP 6 移动选区内容。

STEP 7 将选区的图形拖曳到新背景中。

2.10　综合练习：填充自定义图案

实例效果图	技术要点
	✱ 将素材定义为图案 ✱ 打开“填充”对话框 ✱ 设置填充脚本

制作流程：

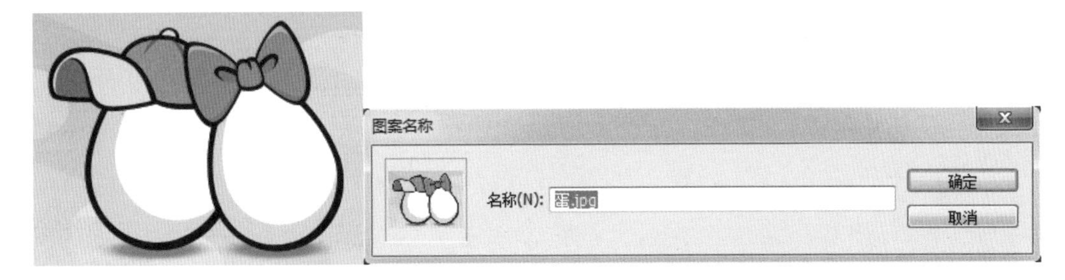

STEP 1 打开素材，定义为图案。

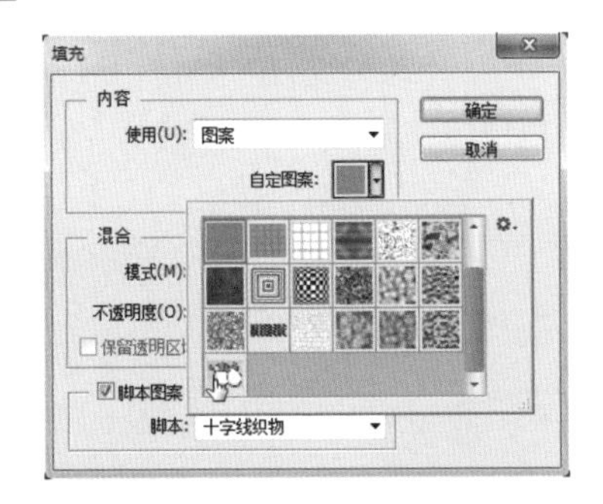

STEP 2 选择定义的图案，设置填充脚本。

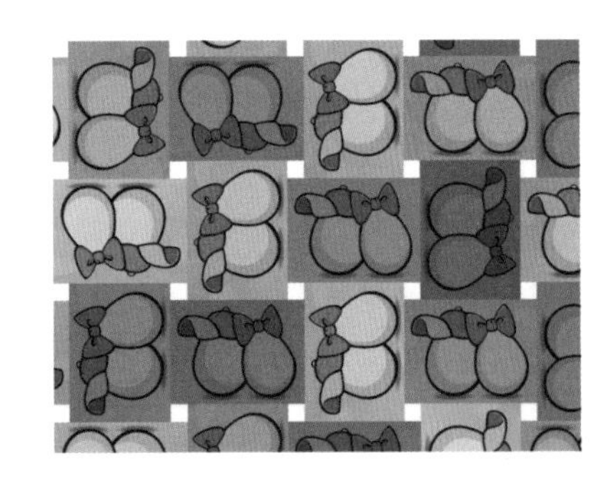

STEP 3 填充后完成制作。

2.11　练习与习题

1. 练习

使用快速选择工具创建图像的选区。

2. 习题

(1) 将选区进行反选的快捷键是什么？

A. Ctrl+A　　B. Ctrl+Shift+I

C. Alt+Ctrl+R　　D. Ctrl+ I

(2) 打开“调整边缘”对话框的快捷键是什么？

A. Ctrl+U　　B. Ctrl+Shift+I

C. Alt+Ctrl+R　　D. Ctrl+E

(3) 可以通过拖曳的方式创建选区的工具有哪些？

A. 套索工具　　B. 快速选择工具

C. 魔棒工具　　D. 移动工具

(4) 使用以下哪个命令可以选择现有选区或整个图像内指定的颜色或颜色子集？

A. 色彩平衡　　B. 色彩范围

C. 可选颜色　　D. 调整边缘

(5) 使用以下哪个工具可以选择图像中颜色相似的区域？

A. 移动工具　　B. 魔棒工具

C. 快速选择工具　　D. 套索工具

第 3 章

修饰与美化图像的工具

画笔与图像的编修工具在 Photoshop CC 中非常重要，画笔工具、铅笔工具可以在图像或文档中绘制画笔笔触，被绘制的笔触之前是不存在的；图像的编修工具可以在原有图像基础上对其进行加工，将瑕疵部位修复或擦除。本章主要为大家介绍 Photoshop 软件中画笔与图像的编修工具，其中包括画笔工具组中的工具、编修图像的工具、仿制与记录工具和用于填充和擦除的工具，让大家快速了解画笔与编修图像方面的知识。

3.1 画笔工具组应用

Photoshop CC 的画笔工具组中包含画笔工具、铅笔工具、颜色替换工具和混合器画笔工具，其中不但有在图像或文档中应用不同笔触进行绘制的工具，还有在图像中应用不同笔触进行编辑的工具。

3.1.1 画笔工具

（画笔工具）可以将预设的笔触图案直接绘制到当前的图像中或新建的图层内。该工具常用于绘制预设的画笔图案或绘制不太精确的线条。使用方法与现实中的画笔较相似，只要在文档中按下鼠标进行拖动便可以进行绘制，被绘制的笔触颜色以前景色为准，如图 3-1 所示。

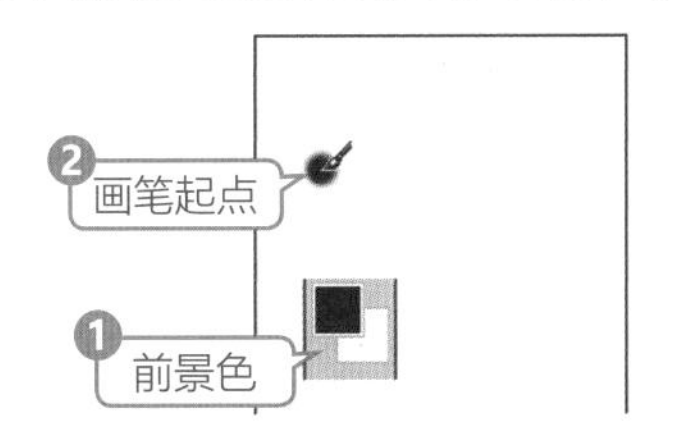

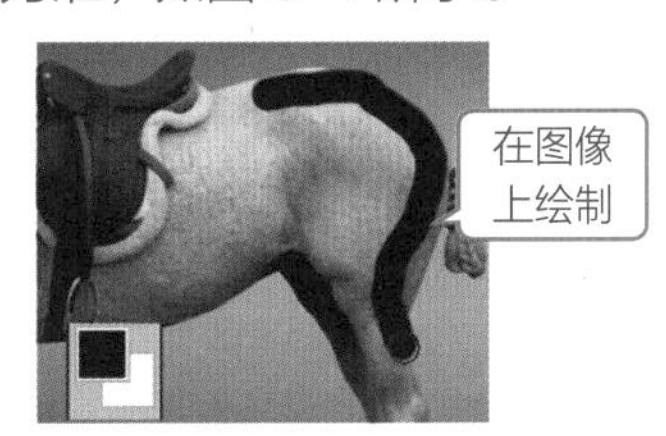

图 3-1　画笔绘制过程

技　巧

使用（画笔工具）绘制线条时，按住 Shift 键可以以水平、垂直的方式绘制直线。使用该工具编辑图像时，一般都是用在编辑蒙版或通道中。

在工具箱中选择（画笔工具）后，属性栏会自动变为该工具所对应的选项设置，如图3-2所示。其中的各项含义如下。

- **大小：**用来设置画笔的大小。
- **硬度：**用来设置画笔的柔和度，数值越小，画笔边缘越柔和，取值范围是 1%~100%。

- ✱ **弹出菜单：**单击可以打开下拉菜单，在其中可以对画笔拾色器进行更好的管理，比如替换画笔预设等。
- ✱ **新预设：**将当前调整的画笔添加到画笔预设中进行存储。

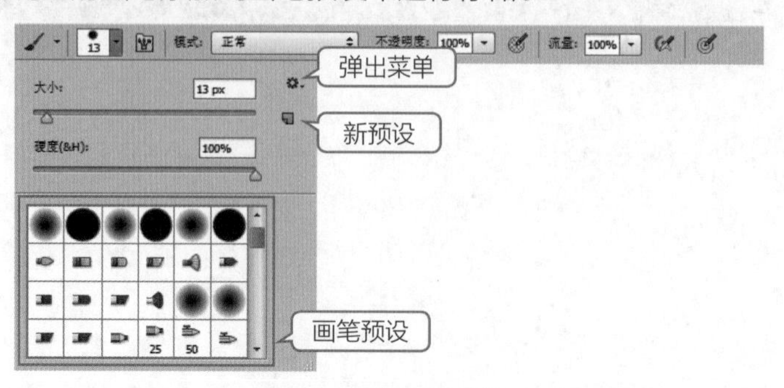

图 3-2　画笔工具属性栏

技　巧

在使用（画笔工具）绘制或编辑图像时，设置不同的不透明度或流量，产生的效果也是不同的，如图 3-3 所示的效果就是不透明度与流量的对比图。

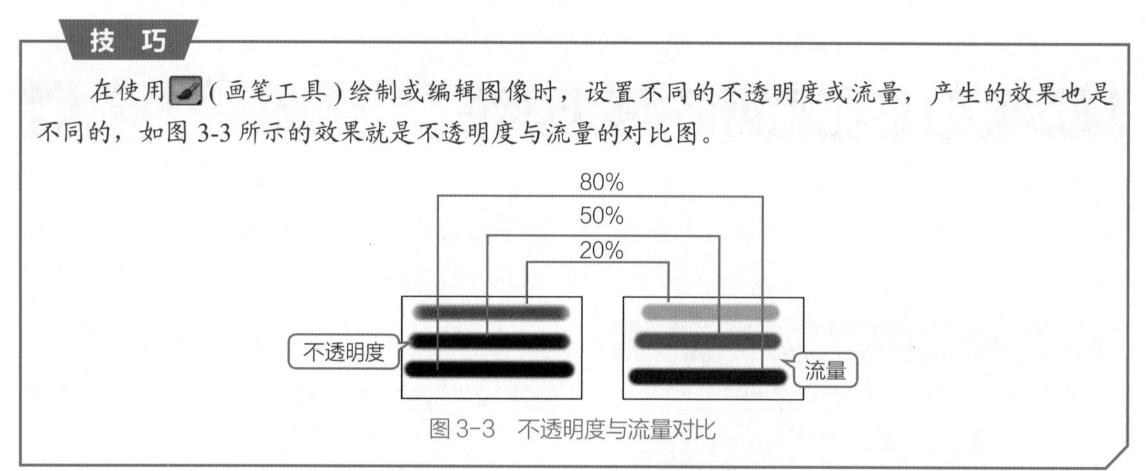

图 3-3　不透明度与流量对比

上机实战　调整笔触之间的距离

STEP 1 执行菜单“文件”/“新建”命令，新建一个白色的空白文档。

STEP 2 在工具箱中选择（画笔工具），按 F5 键打开“画笔”面板，选择“画笔笔尖形状”选项❶，在右边选择一个画笔笔触❷，设置“大小”为 95 像素❸，“间距”为 25% ❹，如图 3-4 所示。

STEP 3 使用（画笔工具）在文档中绘制，得到如图 3-5 所示的效果。

STEP 4 设置“间距”为 120% ❺，如图 3-6 所示。

STEP 5 使用（画笔工具）在文档中绘制，得到如图 3-7 所示的效果。

STEP 6 设置“间距”为 200% ❻，如图 3-8 所示。

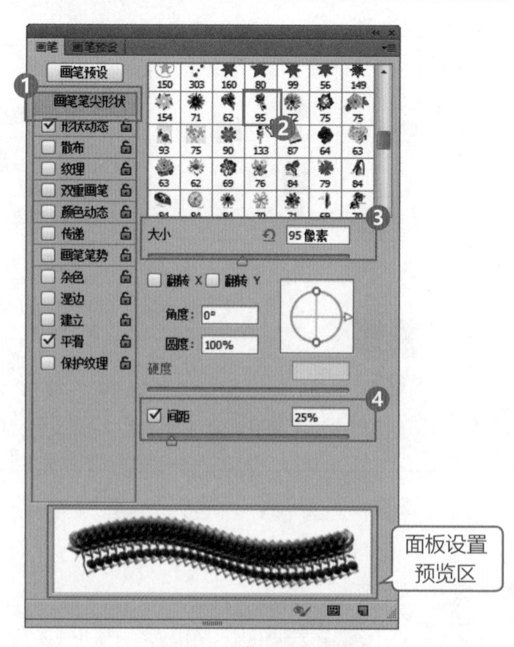

图 3-4　“画笔”面板

STEP 7 使用（画笔工具）在文档中绘制，得到如图 3-9 所示的效果。

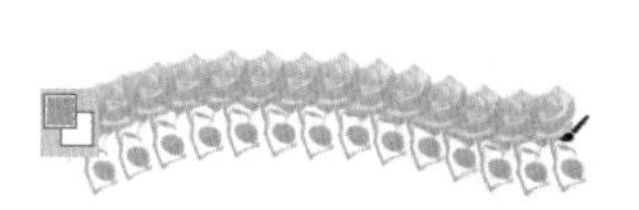

图 3-5　画笔绘制效果 1

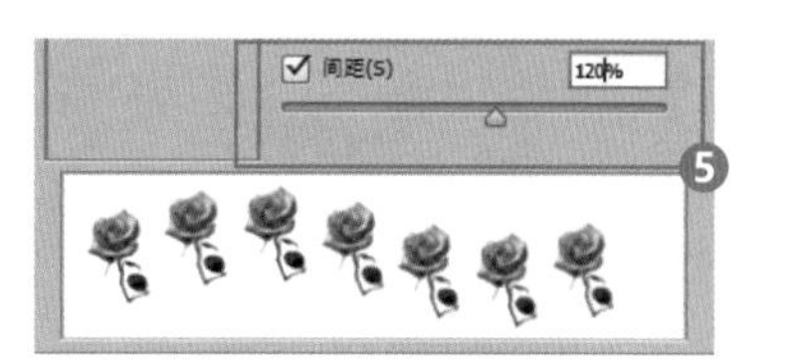

图 3-6　设置间距 1

图 3-7　画笔绘制效果 2

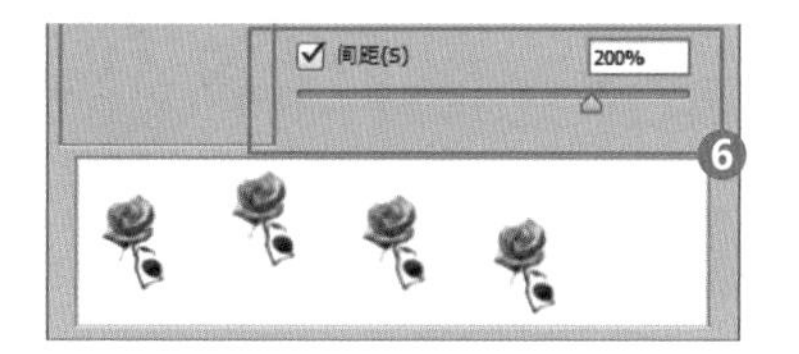

图 3-8　设置间距 2

图 3-9　画笔绘制效果 3

技　巧

使用（画笔工具）绘制或编辑图像时，还可以将自定义的图像区域定义成画笔笔触来进行绘制和编辑，方法是绘制选区后执行菜单“编辑”/“定义画笔预设”命令。

3.1.2 铅笔工具

（铅笔工具）的使用方法与（画笔工具）大致相同。该工具能够真实地模拟铅笔绘制出的曲线，铅笔绘制的图像边缘较硬且有棱角。

在工具箱中选择（铅笔工具）后，属性栏会自动变为该工具所对应的选项设置，如图 3-10 所示。

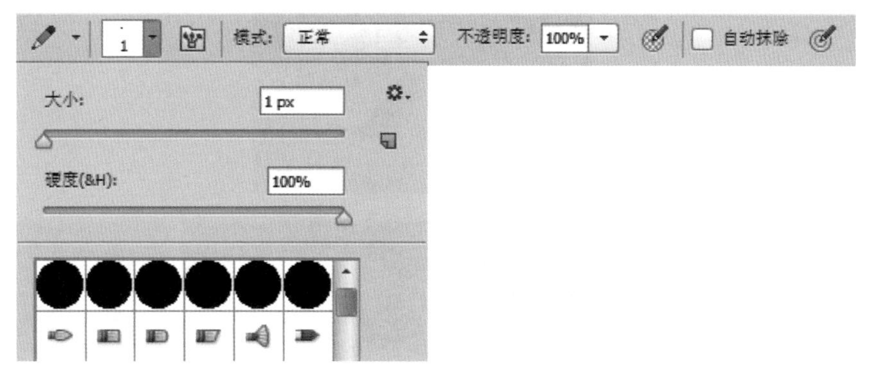

图 3-10　铅笔工具属性栏

其中的选项含义如下。

自动抹除：自动抹除是铅笔工具的特殊功能。勾选该复选框，如果在与前景色一致的颜色区域中拖动鼠标，所拖动的痕迹将以背景色填充；如果在与前景色不一致的颜色区域中拖动鼠标，所拖动的痕迹将以前景色填充，如图 3-11 所示。

图 3-11 勾选“自动抹除”复选框

3.1.3 颜色替换工具

（颜色替换工具）可以十分轻松地将图像中的颜色替换成前景色。该工具一般常用于快速替换图像中的局部颜色，只需设置前景色后在图像上绘制即可替换颜色。

在工具箱中选择（颜色替换工具）后，属性栏会自动变为该工具所对应的选项设置，如图 3-12 所示。

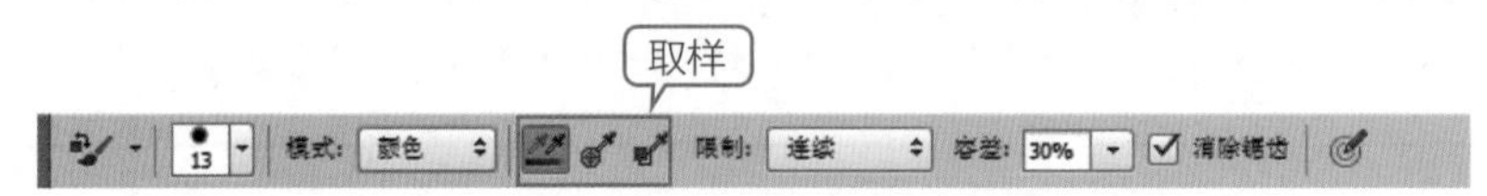

图 3-12 颜色替换工具属性栏

其中的各项含义如下。

- **模式：** 用来设置替换颜色时的混合模式，包括色相、饱和度、颜色和明度，如图 3-13 所示的是前景色设置为“蓝色”时的替换混合效果。

图 3-13 替换颜色的混合效果

- **取样：** 用来设置替换图像颜色的方式，包括连续、一次和背景色板。
  - 连续：可以将鼠标经过的所有颜色作为选取色，并对其进行替换。
  - 一次：在需要替换的颜色上按下鼠标，此时选取的颜色将自动以前景色进行替换，只要不松手即可一直在图像上替换该颜色区域。
  - 背景色板：只能替换与背景色一样的颜色区域。

- **限制：** 用来设置擦除时的限制条件，包括不连续、连续和查找边缘。
  - 不连续：可以在选定的色彩范围内多次重复替换。
  - 连续：在选定的色彩范围内只可以进行一次替换，也就是说必须在选定颜色后连续替换。
  - 查找边缘：替换颜色时可以更好地保留图像边缘的锐化程度。
- **容差：** 用来设置替换颜色的准确度，数值越大，擦除的颜色范围就越广，可输入的数值范围是 0%~100%。

提　示

在使用（颜色替换工具）替换图像中的颜色时，如果有没被替换的部位，只要将属性栏中的“容差”设置得大一些，就可以完成一次性替换。

上机实战　替换模特的鞋子颜色

STEP 1 执行菜单“文件”/“打开”命令或按快捷键 Ctrl+O，打开“鞋子”素材，如图 3-14 所示。

STEP 2 在工具箱中选择（颜色替换工具）❶，设置“前景色”为绿色 (R:100, G:216, B:0) ❷，在属性栏中单击（一次取样）按钮，设置“限制”为“连续”、“模式”为“色相”、“容差”为 37% ❸，如图 3-15 所示。

图 3-14　素材

图 3-15　设置颜色替换工具

STEP 3 设置相应的画笔大小后在鞋子的粉色区域上按下鼠标❹，如图 3-16 所示。

STEP 4 在整个鞋子上进行涂抹，如图 3-17 所示。

STEP 5 此时会发现还有没被替换的部分，松开鼠标后，到没有被替换的部位，按下鼠标继续拖动，在另一只鞋上以同样的方法进行颜色替换，效果如图 3-18 所示。

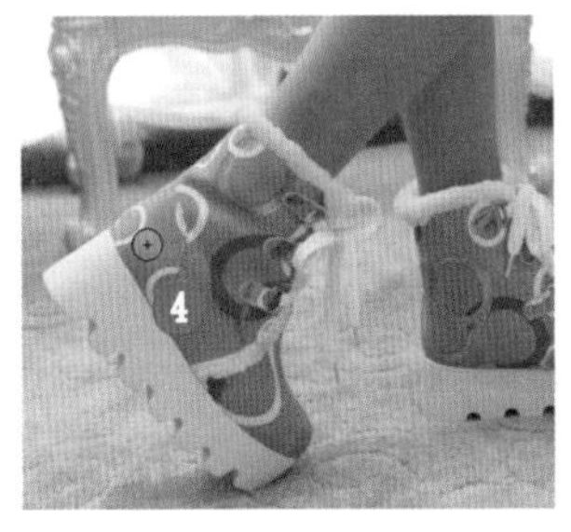

图 3-16　选择替换点

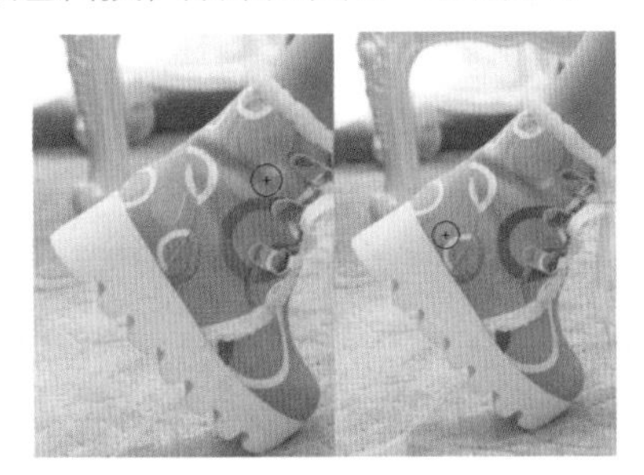

图 3-17　替换过程

图 3-18　最终效果

3.1.4 混合器画笔工具

（混合器画笔工具）可以通过不同的画笔笔触对照片或图像进行轻松描绘，使其产生具有实际绘画的艺术效果。该工具不需要你具有绘画的基础就能绘制出艺术的画作，从而圆你的画家梦。使用方法与现实中的画笔较相似，只要选择相应的画笔笔触后，在文档中按下鼠标进行拖动便可以进行绘制。该工具如果使用绘图板效果会变得更好。

在工具箱中选择（混合器画笔工具）后，属性栏会自动变为该工具所对应的选项设置，如图 3-19 所示。

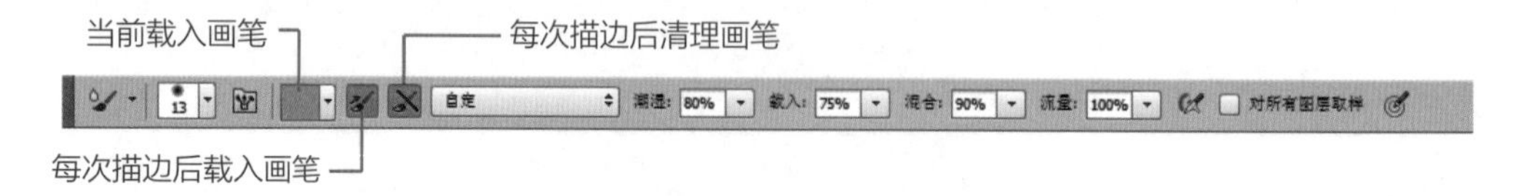

图 3-19　混合器画笔工具属性栏

其中的各项含义如下。

- **当前载入画笔：**用来设置使用时载入的画笔，包括载入画笔、清理画笔和只载入纯色，如图 3-20 所示。

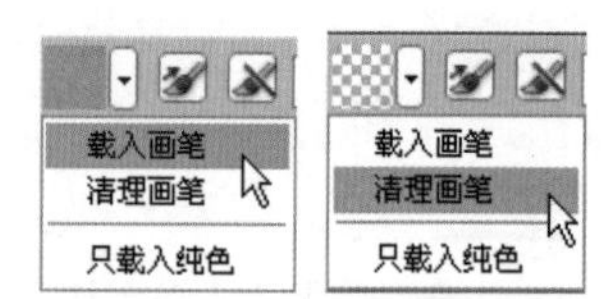

图 3-20　当前载入画笔

- **每次描边后载入画笔：**每次绘制完成松开鼠标后，系统自动载入画笔，如图 3-21 所示。
- **每次描边后清理画笔：**每次绘制完成松开鼠标后，系统自动将之前的画笔清除。
- **有用的混合画笔组合：**用来设置不同的混合预设效果，其中包括如图 3-22 所示的选项。

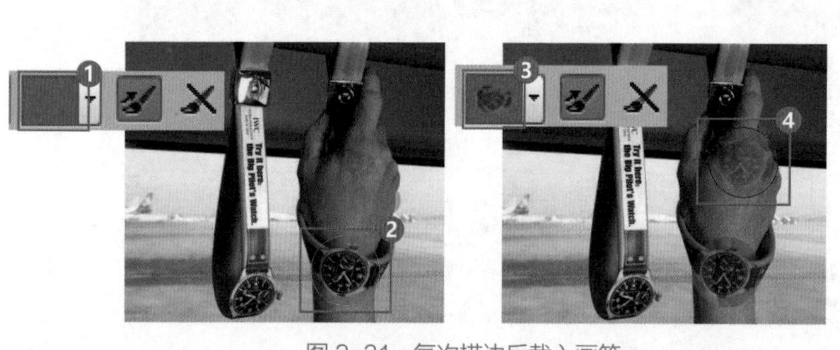

图 3-21　每次描边后载入画笔

图 3-22　有用的混合画笔组合

- **潮湿：**用来设置画布拾取的油彩量，数字越大，油彩越浓。
- **载入：**用来设置画笔上的油彩量。
- **混合：**用来设置绘画时颜色的混合比。
- **流量：**用来设置绘画时的画笔流动速率。
- **对所有图层取样：**勾选该复选框，画笔会自动在多个图层中起作用。

3.2　编修图像的工具

在 Photoshop CC 中编修图像的方法非常多。本节主要讲解对图像的编修工具，这些工具被

分别放置到了“修复工具组”“模糊工具组”和“减淡工具组”中。

3.2.1 污点修复画笔工具

（污点修复画笔工具）一般常用于快速修复图片或照片。使用（污点修复画笔工具）可以十分轻松地将图像中的瑕疵修复。该工具的使用方法非常简单，只要将鼠标指针移到要修复的位置，按下鼠标拖动即可对图像进行修复，原理是将修复区周围的像素与之相融合来完成修复结果。

在工具箱中选择（污点修复画笔工具）后，属性栏会自动变为该工具所对应的选项设置，如图 3-23 所示。

图 3-23　污点修复画笔工具属性栏

其中的各项含义如下。

- **工具预设：** 用来显示已经添加到预设区的工具。
- **画笔选取器：** 单击右边的倒三角按钮会打开选取器，在其中可以编辑画笔的大小、硬度、间距等。
- **模式：** 用来设置修复时的混合模式。选择“正常”，则修复图像像素的纹理、光照、透明度和阴影与所修复图像边缘的像素相融合；选择“替换”，则图像边缘的像素会替换修复区域；选择“正片叠底”“滤色”“变暗”“变亮”“颜色”或“明度”，则修复后的图像与原图会进行相应的混合（具体可参考第 5 章中的图层混合模式）。
- **近似匹配：** 如果没有为污点建立选区，则样本自动采用污点外部四周的像素；如果在污点周围绘制选区，则样本采用选区外围的像素。
- **创建纹理：** 使用选区中的所有像素创建一个用于修复该区域的纹理。如果纹理不起作用，请尝试再次拖过该区域。
- **内容识别：** 该选项为智能修复功能，使用工具在图像中涂抹，鼠标经过的位置，系统会自动使用画笔周围的像素将经过的位置进行填充修复。

提　示

使用（污点修复画笔工具）修复图像时，最好将画笔调整得比污点大一些，如果修复区域边缘的像素反差较大，建议在修复周围先创建选区范围再进行修复。

上机实战　修除图像中的污渍

STEP 1 执行菜单“文件”/“打开”命令或按快捷键 Ctrl+O，打开“小朋友”素材，从素材中可以非常清楚地看到两片污渍，如图 3-24 所示。

STEP 2 选择（污点修复画笔工具），在属性栏中设置画笔的“直径”为 27、“模式”为“正常”、“类型”为“内容识别”，在较大的污渍区域按住鼠标进行涂抹，如图 3-25 所示。

图 3-24　素材

图 3-25　设置工具并涂抹

STEP 3 使用鼠标在污渍上涂抹的范围尽量超过污渍本身，如图 3-26 所示。

STEP 4 松开鼠标，系统会自动以污渍边缘的像素修饰污渍区域，如图 3-27 所示。

图 3-26　在污渍上涂抹

图 3-27　修复后

3.2.2 修复画笔工具

（修复画笔工具）可以对被破坏的图片或有瑕疵的图片进行修复。使用该工具进行修复时，首先要进行取样（取样方法为按住 Alt 键在图像中单击），然后使用鼠标在被修复的位置上涂抹。使用样本像素进行修复的同时可以把样本像素的纹理、光照、透明度、阴影与所修复的像素相融合。该工具与（污点修复画笔工具）相比较，在修复图像时更具有可操作性，如图 3-28 所示为修复图像的过程。

图 3-28　修复瑕疵

在工具箱中选择（修复画笔工具）后，属性栏会自动变为该工具所对应的选项设置，如图 3-29 所示。

图 3-29　修复画笔工具属性栏

其中的各项含义如下。

- **取样：**必须按住 Alt 键单击取样，并使用当前取样点修复目标。
- **图案：**选择一种图案来修复目标。
- **对齐：**只能用一个固定位置的同一图像来修复。
- **样本：**选择复制图像时的源目标点，包括当前图层、当前图层和下面图层、所有图层 3 种。
  - 当前图层：正在处于工作中的图层。
  - 当前图层和下面图层：处于工作中的图层和其下面的图层。
  - 所有图层：将多图层文件看作单图层文件。
- **忽略调整图层：**单击该按钮，在修复时可以将调整图层的效果忽略，仿制后的效果还是会以原图出现，如图 3-30 所示。

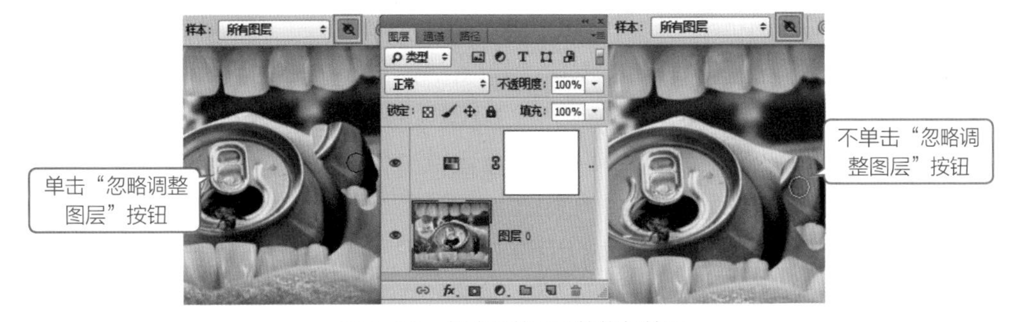

图 3-30　忽略调整图层的修复效果

- **"仿制源"面板：**单击该按钮，会打开"仿制源"面板，在面板中可以设置复制图像的缩放、旋转、位移等，还可以设置多个取样点，如图 3-31 所示。该面板还可以应用到（仿制图章工具）中。面板的各项含义如下。

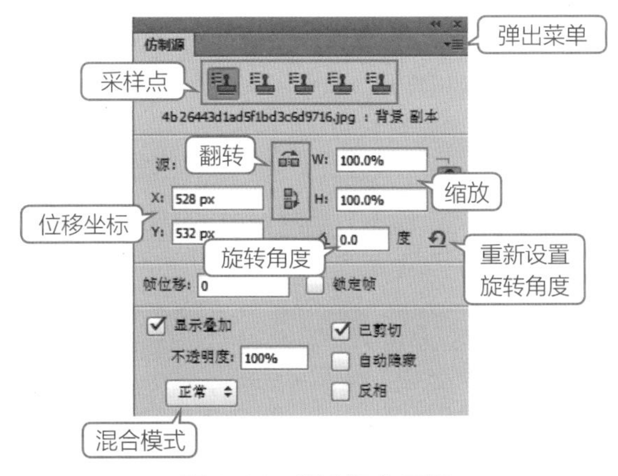

图 3-31　"仿制源"面板

- 采样点：用来取样克隆采样点，最多可以设置 5 个取样点。
- 位移坐标：用来表示取样点在图像中的坐标值。
- 帧位移：设置动画中帧的位移。

★ 锁定帧：将被仿制的帧锁定。
★ 显示叠加：勾选此复选框，在使用克隆源复制的同时会出现采样图像的图层。
★ 不透明度：克隆复制的同时会出现采样图像图层的不透明度。
★ 混合模式：设置克隆复制的图像与背景图像之间的混合模式，包括“正常”“变暗”“变亮”和“差值”。
★ 弹出菜单：单击该按钮，可以打开“仿制源”面板的菜单。
★ 翻转：将仿制的区域进行水平或垂直的翻转。
★ 缩放：用来表示取样点在图像中复制后的缩放大小。
★ 重新设置旋转角度：单击该按钮，可以将旋转的角度归零。
★ 旋转角度：在文本框中可以直接输入旋转的角度。
★ 已剪切：将图像剪切到当前画笔内显示。
★ 自动隐藏：勾选此复选框，复制时会将出现的叠加层隐藏，完成复制会显示叠加层。
★ 反相：勾选此复选框，会将出现的叠加层以负片效果显示。

上机实战 去掉照片中的水印

STEP 1 执行菜单“文件”/“打开”命令或按快捷键Ctrl+O，打开“海边”素材，如图 3-32 所示。

图 3-32 素材

STEP 2 选择（修复画笔工具），在属性栏中设置画笔“直径”为 30，“模式”为“正常”，选择“取样”单选按钮❶，按住 Alt 键在与水印相似的像素区域上面单击鼠标左键进行取样❷，如图 3-33 所示。

图 3-33 设置工具并取样

提 示

使用（修复画笔工具）修复图像，取样时最好按照被修复区域应该存在的像素，在附近进行取样，这样更能将图像修复得好一些。

STEP 3 取样完毕后，将鼠标指针移到水印文字上，按下鼠标左键拖动覆盖整个文字区域，修复过程如图 3-34 所示。

STEP 4 使用同样的方法，将浪花进一步修复，使图像看起来更加完美，效果如图 3-35 所示。

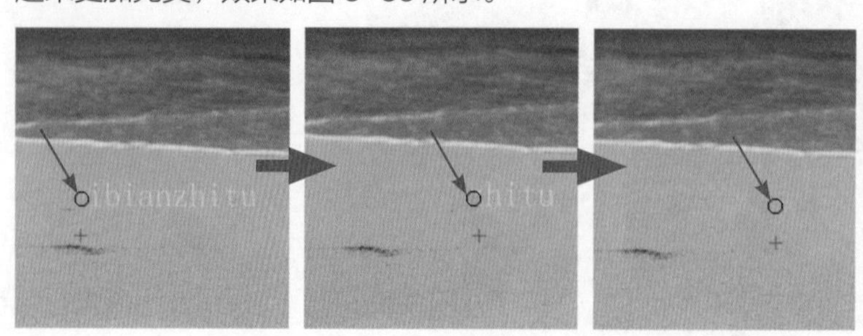
图 3-34 修复过程

图 3-35 修复后

3.2.3 修补工具

（修补工具）一般常用于快速修复瑕疵较少的图片。

（修补工具）修复的效果与（修复画笔工具）类似，只是使用方法不同，该工具的使用方法是通过创建的选区来修复目标或源，如图 3-36 所示。

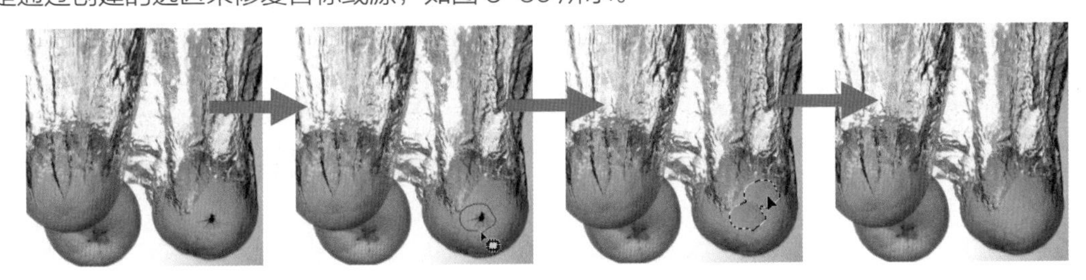

图 3-36　修补工具修复过程

在工具箱中选择（修补工具）后，属性栏会自动变为该工具所对应的选项设置，设置“修补”为“标准”和“内容识别”时属性栏会自动发生变化，如图 3-37 所示。

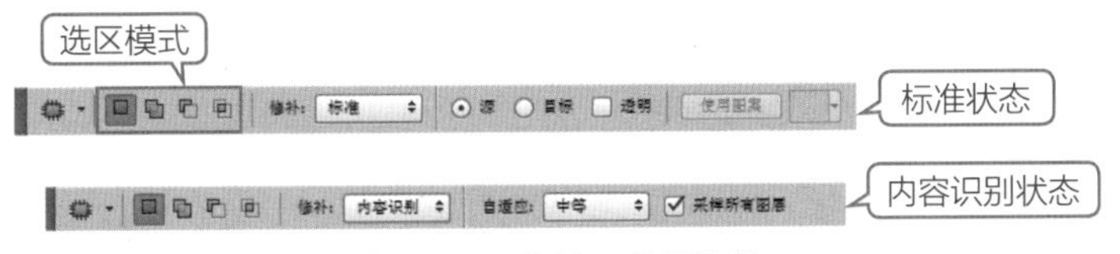

图 3-37　修补工具属性栏

其中的各项含义如下。

- **源：**指要修补的对象是现在选中的区域。
- **目标：**与“源”相反，要修补的是选区被移动后到达的区域，而不是移动前的区域。
- **透明：**如果不勾选该复选框，则被修补的区域与周围图像只在边缘上融合，而内部图像纹理保留不变，仅在色彩上与原区域融合；如果勾选该复选框，则被修补的区域除边缘融合外，还有内部的纹理融合，即被修补区域好像做了透明处理。
- **使用图案：**单击该按钮，被修补的区域将会以后面显示的图案来修补。
- **自适应：**用来设置修复图像边缘与原图的混合程度。

提　示

使用（修补工具）时，只有创建完选区后，“使用图案”选项才会被激活。

3.2.4 内容感知移动工具

（内容感知移动工具）一般常用在快速移动照片中的局部图像或复制局部。该工具的使用方法与（修补工具）相似，都是绘制选区后移动选区内的图像，不同的是该工具能够将选区内的图像移动到另一位置，移动后会自动与图像混合。

在工具箱中选择（内容感知移动工具）后，属性栏会自动变为该工具所对应的选项设置，如图 3-38 所示。

图 3-38　内容感知移动工具属性栏

其中的选项含义如下。

混合：用来设置当前选区内图像

的混合属性，包括“移动”和“扩展”。选择“移动”，能够将选区内的图像移动到另一位置；选择“扩展”，能够对选区内的图像进行复制，如图 3-39 所示。

图 3-39　混合

3.2.5 红眼工具 

（红眼工具）可以将数码相机在拍照过程中产生的红眼效果轻松去除并与周围的像素相融合。该工具的使用方法非常简单，只要在红眼上单击鼠标即可将红眼去掉，如图 3-40 所示。

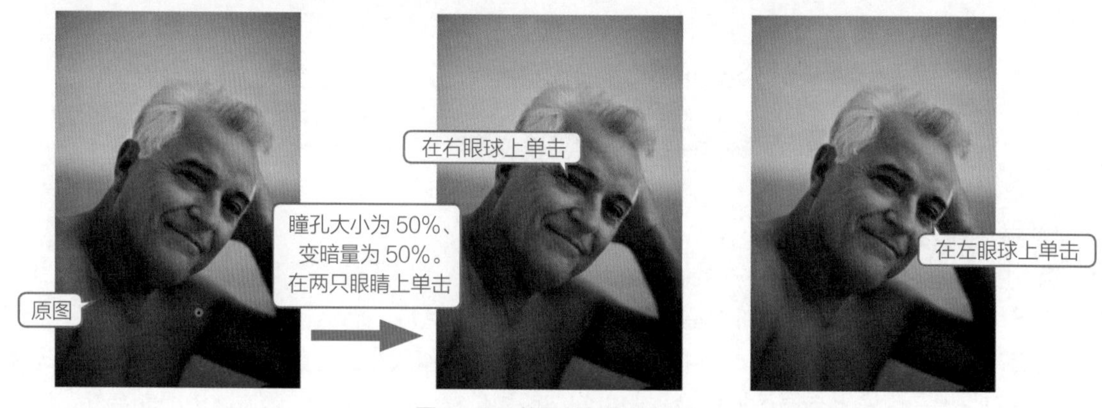

图 3-40　红眼工具修复过程

在工具箱中选择（红眼工具）后，属性栏会自动变为该工具所对应的选项设置，如图 3-41 所示。

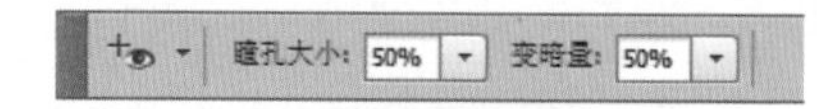

图 3-41　红眼工具属性栏

其中的各项含义如下。

- **瞳孔大小：**用来设置眼睛的瞳孔或中心的黑色部分的比例大小，数值越大黑色范围越广。
- **变暗量：**用来设置瞳孔的变暗量，数值越大越暗。

3.2.6 减淡工具与加深工具

（减淡工具）一般常用于为图片中的某部分像素加亮。该工具的使用方法是，在图像中拖动鼠标，鼠标经过的位置就会被加亮，如图 3-42 所示。（加深工具）正好与（减淡工具）相反，可以将图像中的亮度变暗，如图 3-43 所示。

图 3-42 加亮

图 3-43 变暗

（加深工具）与（减淡工具）具有相同的属性栏，下面以（减淡工具）的属性栏进行说明，如图 3-44 所示。

其中的各项含义如下。

图 3-44 减淡工具属性栏

- **范围：** 用于对图像进行减淡时的范围选取，包括"阴影""中间调"和"高光"。选择"阴影"时，加亮的范围只局限于图像的暗部；选择"中间调"时，加亮的范围只局限于图像的灰色调；选择"高光"时，加亮的范围只局限于图像的亮部。
- **曝光度：** 用来控制图像的曝光强度。数值越大，曝光强度就越明显。建议在使用减淡工具时将曝光度设置得尽量小一些。
- **保护色调：** 对图像进行减淡处理时，可以对图像中存在的颜色进行保护。

提 示

在使用（减淡工具）或（加深工具）对图像进行加亮或增暗的过程中，最好将"曝光度"设置得小一些。

3.2.7 模糊工具与锐化工具

（模糊工具）可以对图像中被拖动的区域进行柔化处理使其显得模糊。原理是降低像素之间的反差。一般常用来模糊图像。

（锐化工具）正好与（模糊工具）相反，可以增加图像的锐化度，使图像看起来更加清晰。原理是增强像素之间的反差。一般常用来将图像变得更加清晰。

以上两个工具只要在图像中拖动鼠标，鼠标经过的像素就会变得模糊或锐化，如图 3-45 所示。

图 3-45 模糊与锐化图像

(锐化工具)与(模糊工具)具有相同的属性栏，下面以(锐化工具)的属性栏进行说明，如图 3-46 所示。

图 3-46 锐化工具属性栏

其中的各项含义如下。

- **强度**：用于设置锐化工具对图像的锐化程度。设置的数值越大，清晰的效果就越明显。
- **对所有图层取样**：在多图层的图像中操作时，会自动将其看作一个图层并在整个图像中起作用。
- **保护细节**：在操作时对图像中的像素进行最小化的处理，并对其进行保护。

3.2.8 海绵工具

(海绵工具)可以精确地更改图像中某个区域的色相饱和度。当增加颜色的饱和度时，其灰度就会减少，使图像的色彩更加浓烈；当降低颜色的饱和度时，其灰度就会增加，使图像的色彩变为灰度值。一般常用在为图片中的某部分像素增加颜色或去除颜色。在图像中拖动鼠标，鼠标经过的位置就会被加色或去色，如图 3-47 所示。

图 3-47 海绵工具的加色与去色

在工具箱中选择(海绵工具)后，属性栏会自动变为该工具所对应的选项设置，如图 3-48 所示。

图 3-48 海绵工具属性栏

其中的各项含义如下。

- **模式**：用于对图像进行加色或去色，包括“降低饱和度”和“饱和”。
- **流量**：用来设置画笔流动的速率，针对该工具时指的是饱和度的速率。

- **自然饱和度：**从灰色调到饱和色调的调整，用于提升饱和度不够的图片，可以调整出非常优雅的灰色调。

技 巧

使用（减淡工具）或（加深工具）时，在键盘中输入相应的数字便可以改变“曝光度”。0 代表“曝光度”为 100%，1 代表“曝光度”为 1%，43 代表“曝光度”为 43%，以此类推，只要输入相应的数字就会改变“曝光度”，范围是 1%~100%。而（海绵工具）改变的是“流量”。

3.2.9 涂抹工具

（涂抹工具）在图像上涂抹产生的效果就像使用手指在未干的油漆内涂抹一样，会将颜色进行混合或产生水彩般的效果。一般常用来对图像的局部进行涂抹修整。该工具的使用方法是，在图像中拖动鼠标，鼠标经过的像素会跟随鼠标移动，如图 3-49 所示。

图 3-49　涂抹

在工具箱中选择（涂抹工具）后，属性栏会自动变为该工具所对应的选项设置，如图 3-50 所示。

图 3-50　涂抹工具属性栏

其中的各项含义如下。

- **强度：**用来控制涂抹区域的长短。数值越大，该涂抹点会越长。
- **手指绘画：**勾选此复选框，涂抹图片时的痕迹将会是前景色与图像的混合涂抹，如图 3-51 所示。

图 3-51　勾选“手指绘画”复选框

3.3 仿制与记录

在 Photoshop CC 中仿制图像可以将图像复制多个。通过历史记录画笔结合“历史记录”面板也可以对当前的图像进行修饰和润色。本节就带大家进一步了解仿制图章工具组、历史记录画笔工具组和“历史记录”面板的使用方法。

3.3.1 仿制图章工具

（仿制图章工具）可以十分轻松地将整个图像或图像中的一部分进行复制，一般常用在对图像中的某个区域进行复制。使用（仿制图章工具）复制图像时可以是同一文档中的同一图层，也可以是不同图层，还可以是在不同文档之间进行复制。该工具的使用方法与（修复画笔工具）的使用方法一致（取样方法都是按住 Alt 键），如图 3-52 所示。

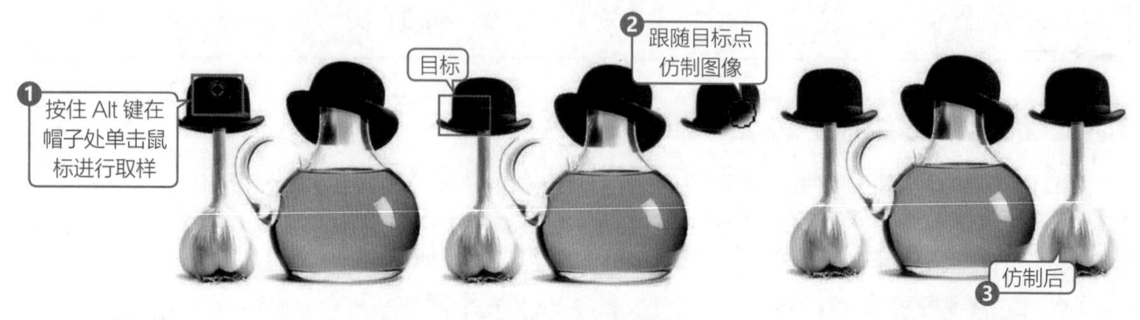

图 3-52　仿制过程

在工具箱中选择（仿制图章工具）后，属性栏会自动变为该工具所对应的选项设置，如图 3-53 所示。

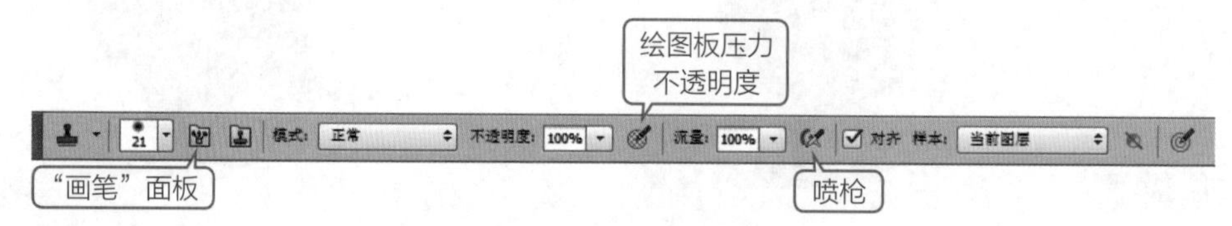

图 3-53　仿制图章工具属性栏

其中的各项含义如下。

- **“画笔”面板：**单击即可打开“画笔”面板，在其中可以更加细致地设置画笔笔触。
- **绘图板压力不透明度：**启动后使用绘图板绘制时，自动调节不透明度。
- **喷枪：**启动喷枪样式。

上机实战　缩小并翻转仿制图像

STEP 1 执行菜单“文件”/“打开”命令或按快捷键 Ctrl+O，打开“摩托”素材，如图 3-54 所示。在工具箱中选择（仿制图章工具），在“摩托”素材中按住 Alt 键在摩托油箱上进行取样，如图 3-55 所示。

图 3-54　素材

图 3-55　取样

STEP 2 执行菜单“窗口”/“仿制源”命令，打开“仿制源”面板，设置“缩放”为 50%❶，单击“水平翻转”按钮❷，如图 3-56 所示。

STEP 3 设置完毕后，选择仿制点按住鼠标进行仿制，效果如图 3-57 所示。

图 3-56 “仿制源”面板　　图 3-57 最终效果

3.3.2 图案图章工具

(图案图章工具)可以将预设的图案或自定义的图案复制到当前文档，通常用在快速仿制预设或自定义的图案，该工具的使用方法非常简单，只要选择图案后，在文档中按下鼠标拖动即可复制。

在工具箱中选择(图案图章工具)后，属性栏会自动变为该工具所对应的选项设置，如图 3-58 所示。

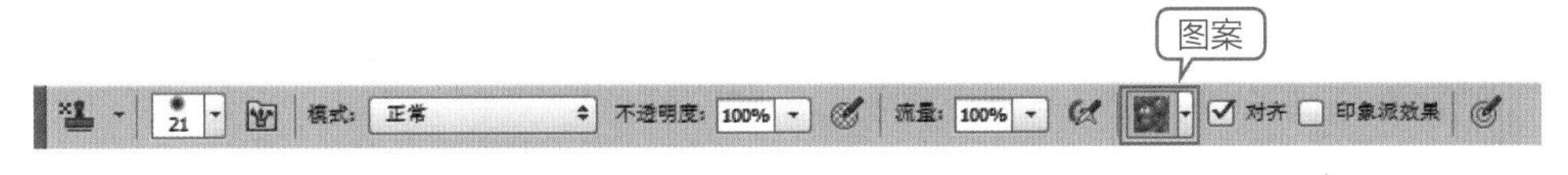

图 3-58 图案图章工具属性栏

其中的各项含义如下。

- **图案**：用来设置仿制时的图案，单击右边的倒三角形按钮，打开“图案拾色器”面板，在其中可以选择要被用来复制的源图案。
- **印象派效果**：使仿制的图案具有一种印象派绘画风格的效果，如图 3-59 所示。

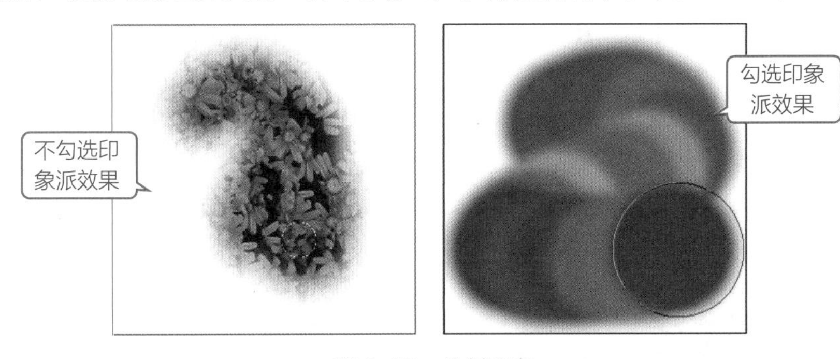

图 3-59 仿制图案

3.3.3 历史记录画笔工具

(历史记录画笔工具)结合“历史记录”面板可以很方便地恢复图像之前的任意操作。该工具常用在为图像恢复操作步骤，使用方法是在文档中按住鼠标进行涂抹，只是需要结合“历史记录”面板才能更方便地发挥该工具的功能，默认时会恢复到上一步效果。

在工具箱中选择（历史记录画笔工具）后，属性栏会自动变为该工具所对应的选项设置，如图 3-60 所示。

图 3-60　历史记录画笔工具属性栏

上机实战　凸显图像局部效果

STEP 1 执行菜单“文件”/“打开”命令或按快捷键 Ctrl+O，打开“美女与火车”素材，如图 3-61 所示。

STEP 2 执行菜单“图像”/“调整 / 去色”命令或按快捷键 Shift+Ctrl+U，将图像去掉颜色变为黑白效果，如图 3-62 所示。

图 3-61　素材

图 3-62　去色

STEP 3 使用（历史记录画笔工具）在美女穿的靴子上仔细地涂抹，涂抹过程中要根据图像区域改变画笔直径，鼠标经过的区域会恢复图像的颜色，恢复过程如图 3-63 所示。

图 3-63　恢复过程

3.3.4 历史记录面板

“历史记录”面板可以记录所有的制作步骤。执行菜单“窗口”/“历史记录”命令,即可打开“历史记录”面板，如图 3-64 所示。

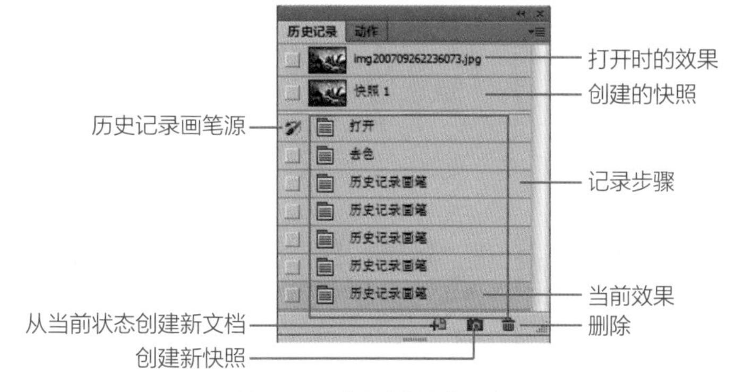

图 3-64　“历史记录”面板

其中的各项含义如下。

- **打开时的效果：**显示最初刚打开时的文档效果。
- **创建的快照：**用来显示创建快照的效果。
- **记录步骤：**用来显示操作中出现的命令步骤。直接选择其中的命令，就可以在图像中看到该命令得到的效果。

- **历史记录画笔源：**在面板前面的图标上单击，会出现画笔图标，此图标出现在什么步骤前面就表示该步骤为所有以下步骤的新历史记录源。此时结合（历史记录画笔工具）就可以将图像或图像的局部恢复到出现画笔图标时的步骤效果。
- **当前效果：**显示选取步骤时的图像显示效果。
- **从当前状态创建新文档：**单击此按钮，可以为当前操作出现的图像效果创建一个新的图像文件。
- **创建新快照：**单击此按钮，可以为当前操作出现的图像效果建立一个照片效果存在面板中。

> **提　示**
>
> 在“历史记录”面板中新建一个执行到此命令时的图像效果快照，可以保留此状态下的图像不受任何操作的影响。

- **删除：**选择某个记录步骤后，单击此按钮就可以将其删除，或直接拖动某个记录步骤到该按钮上，同样可以将其删除。

3.3.5 历史记录艺术画笔工具

（历史记录艺术画笔工具）结合“历史记录”面板可以很方便地恢复图像至任意操作步骤下的效果，并产生艺术效果。该工具常用在制作艺术效果图像，使用方法与（历史记录画笔工具）相同。

在工具箱中选择（历史记录艺术画笔工具）后，属性栏会自动变为该工具所对应的选项设置，如图 3-65 所示。

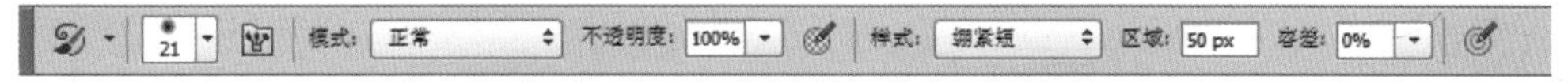

图 3-65　历史记录艺术画笔工具属性栏

其中的各项含义如下。

- **样式：**用来控制产生艺术效果的风格，具体效果如图 3-66 至图 3-75 所示。

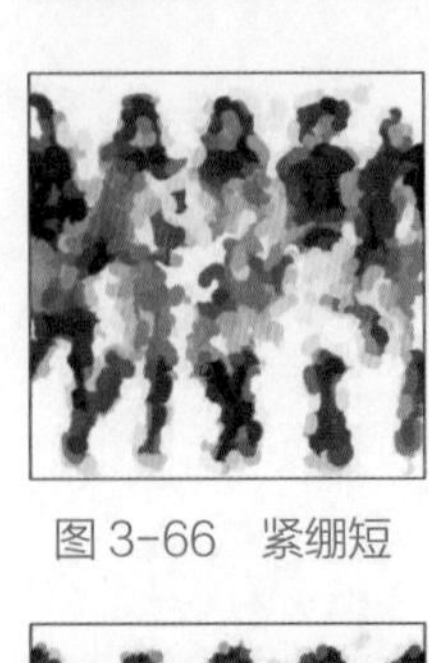

图 3-66　紧绷短　　图 3-67　紧绷中

图 3-68　紧绷长

图 3-69　松散中等

图 3-70　松散长

图 3-71　轻涂

图 3-72　紧绷卷曲

图 3-73　紧绷卷曲长

图 3-74　松散卷曲

图 3-75　松散卷曲长

- **区域：**用来控制产生艺术效果的范围。取值范围是 0~500，数值越大，范围越广。
- **容差：**用来控制图像的色彩保留程度。

3.4　用于填充与擦除的工具  

在 Photoshop 中用于填充与擦除的工具主要集中在渐变工具组与橡皮擦工具组中，其中用于填充的工具包括（渐变工具）和（油漆桶工具），用于擦除的工具包括（橡皮擦工具）、（背景橡皮擦工具）和（魔术橡皮擦工具）。

3.4.1　渐变工具

（渐变工具）可以在图像中或选区内填充一个逐渐过渡的颜色，可以是一种颜色过渡到另一种颜色，也可以是多个颜色之间的相互过渡，还可以是从一种颜色过渡到透明或从透明过渡到一种颜色。渐变样式千变万化，大体可分为五大类，包括线性渐变、径向渐变、角度渐变、对称渐变和菱形渐变。

通常情况下（渐变工具）可以为图像创建一个绚丽的渐变背景，也可以用于填充渐变色或创建渐变蒙版效果。

提　示

（渐变工具）不能在智能对象图层中进行填充。

在工具箱中选择（渐变工具）后，属性栏会自动变为该工具所对应的选项设置，如图 3-76 所示。

图 3-76　渐变工具属性栏

其中的各项含义如下。

- **渐变类型：**用于设置不同渐变样式填充时的颜色渐变，可以从前景色到背景色，也可以自定义渐变的颜色，或者是由一种颜色到透明，只要单击“渐变类型”图标右侧的倒三角形按钮，即可打开“渐变拾色器”面板，从中可以选择要填充的渐变类型，如图 3-77 所示。

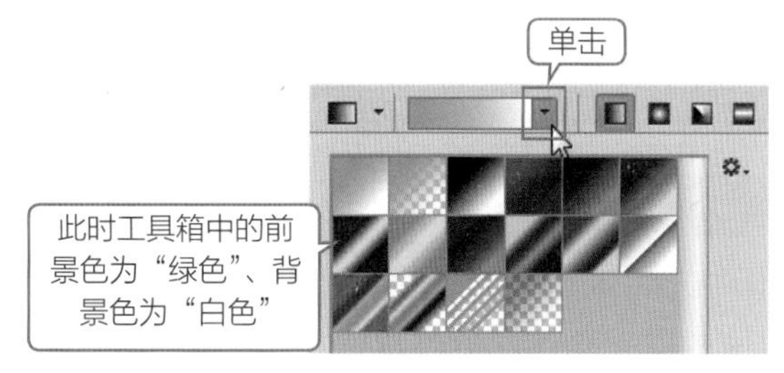

图 3-77　渐变拾色器

- **渐变样式：**用于设置填充渐变颜色的形式，包括线性渐变、径向渐变、角度渐变、对称渐变和菱形渐变。
- **线性渐变：**从起点到终点做线状渐变。单击（线性渐变）按钮，在页面中选择起点后按下并拖动鼠标到一定距离，松开鼠标后可填充线性渐变效果，如图 3-78 所示。

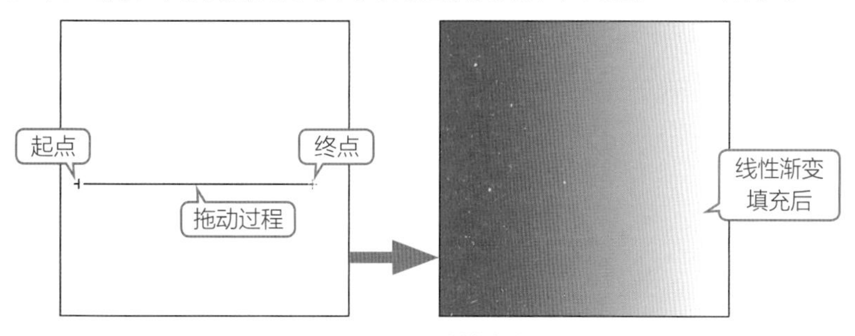

图 3-78　线性渐变

- **径向渐变：**从起点到终点做放射状渐变，如图 3-79 所示。
- **角度渐变：**以起点作为旋转点，并以起点到终点的拖动线为准做顺时针渐变填充，如图 3-80 所示。
- **对称渐变：**从起点到终点做对称直线渐变填充，如图 3-81 所示。
- **菱形渐变：**从起点到终点做菱形渐变填充，如图 3-82 所示。

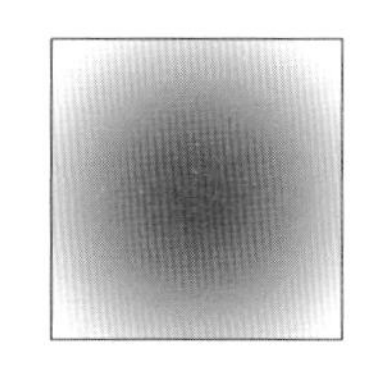

图 3-79　径向渐变

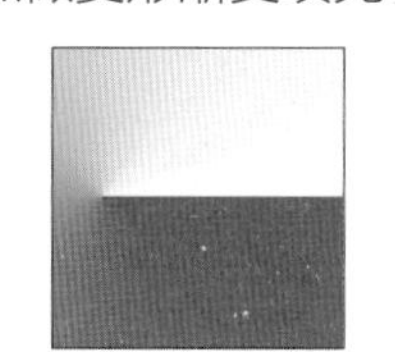

图 3-80　角度渐变

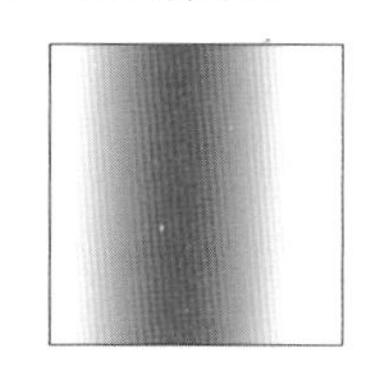

图 3-81　对称渐变

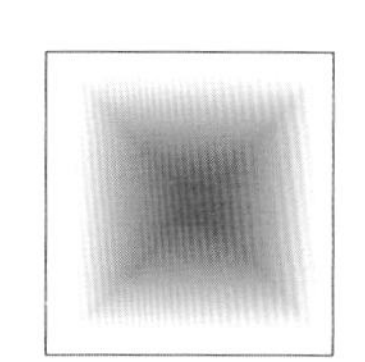

图 3-82　菱形渐变

- **模式：**用来设置填充渐变色与图像之间的混合模式。
- **不透明度：**用来设置填充渐变色的透明度。数值越小，填充的渐变色越透明，取值范围为 0%~100%。
- **反向：**勾选该复选框，可以将填充的渐变颜色顺序反转。
- **仿色：**勾选该复选框，可以使渐变颜色之间过渡更加柔和。

- **透明区域：**勾选该复选框，可以在图像中填充透明蒙版效果。

技　巧

“渐变类型”中的“从前景色到透明”选项，只有在属性栏中勾选“透明区域”复选框时，才会真正起到从前景色到透明的作用。如果勾选“透明区域”复选框，在使用“从前景色到透明”功能时，填充的渐变色会以当前工具箱中的前景色进行填充。

3.4.2 渐变编辑器

使用（渐变工具）进行填充时，很多时候都会想按照自己创造的渐变颜色进行填充，此时就会使用渐变编辑器对要填充的渐变颜色进行详细编辑。渐变编辑器的使用方法非常简单，只要选择（渐变工具）后，单击“渐变类型”颜色条就会打开“渐变编辑器”对话框，如图 3-83 所示。其中的各项含义如下。

- **预设：**显示当前渐变组中的渐变类型，可以直接选择。
- **名称：**当前选取渐变色的名称，可以自行定义渐变名称。
- **渐变类型：**在其下拉列表中包括“实底”和“杂色”。选择不同类型时参数和设置效果也会随之改变。选择“实底”时，参数设置的变化如图 3-84 所示。选择“杂色”时，参数设置的变化如图 3-85 所示。

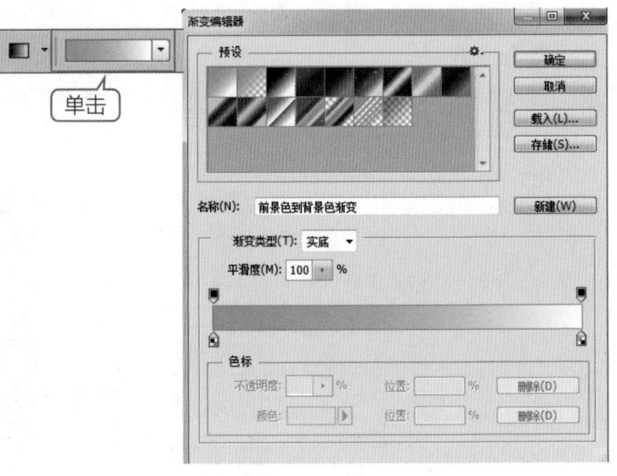

图 3-83 “渐变编辑器”对话框

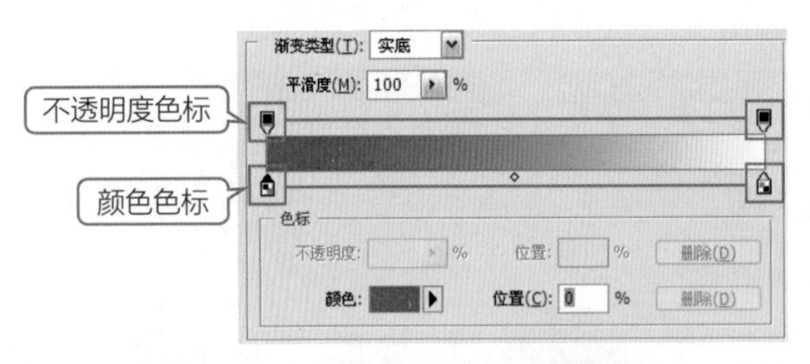

图 3-84 选择“实底”时的设置选项

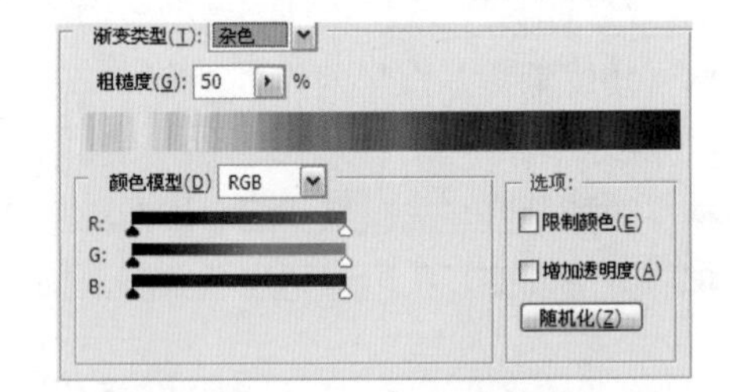

图 3-85 选择“杂色”时的设置选项

- **平滑度：**用来设置颜色过渡时的平滑均匀度。数值越大，过渡越平稳。
- **色标：**用来对渐变色的颜色与不透明度以及颜色和不透明度的位置进行控制。选择“颜色色标”时，可以对当前色标对应的颜色和位置进行设定；选择“不透明度色标”时，可以对当前色标对应的不透明度和位置进行设定。
- **粗糙度：**用来设置渐变颜色过渡时的粗糙程度。输入的数值越大，渐变填充就越粗糙，取值范围为 0%~100%。
- **颜色模型：**在下拉列表中可以选择的模型包括 RGB、HSB 和 LAB 三种，选择不同模型后，通过下面的颜色条来确定渐变颜色。

- **限制颜色：**可以降低颜色的饱和度。
- **增加透明度：**可以降低颜色的透明度。
- **随机化：**单击该按钮，可以随机设置渐变颜色。

上机实战　填充自定义渐变颜色

STEP 1 执行菜单“文件”/“新建”命令或按快捷键 Ctrl+N，在弹出的“新建”对话框中设置宽与高都为 10 厘米，分辨率为 100。选择（渐变工具），单击属性栏中的“渐变类型”颜色条，打开“渐变编辑器”对话框，可以参考图 3-83。

STEP 2 选择左边的“颜色色标”❶，再单击色标对应的“颜色”图标❷，打开“选择色标颜色”对话框，从中设置色标的颜色为 (R:0, G:36, B:255) ❸，如图 3-86 所示。

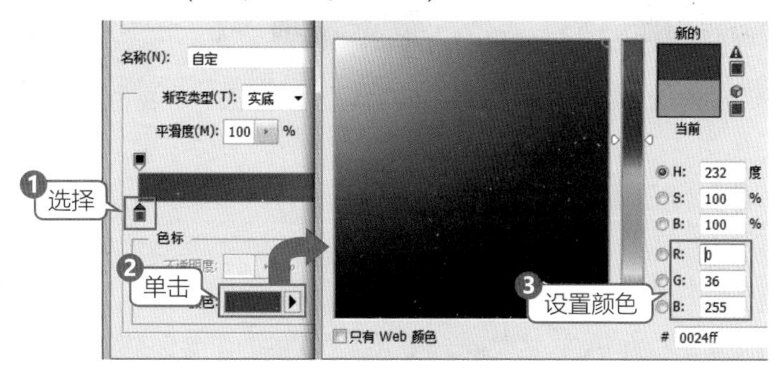

图 3-86　设置色标颜色

STEP 3 设置完毕后单击“确定”按钮，完成色标颜色设置。在颜色条的下方单击❹，会自动弹出一个新色标❺，将其设置为“绿色”❻，如图 3-87 所示。

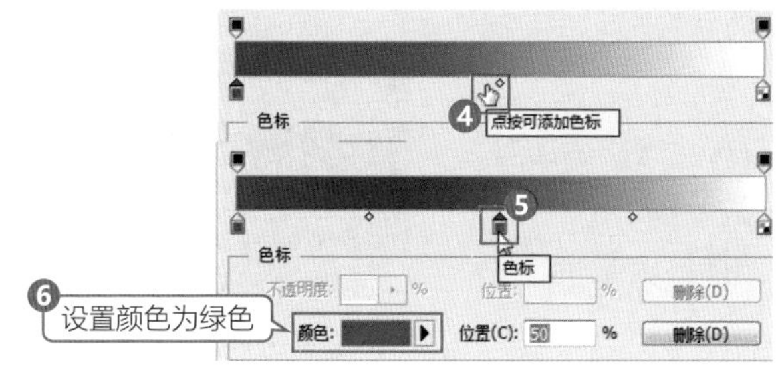

图 3-87　设置新色标

> **技　巧**
>
> 在渐变条的上面单击鼠标会增加“不透明度”色标，在渐变条的下面单击鼠标会增加“颜色”色标。使用鼠标拖曳色标可以直接更改位置，向上或向下拖曳可以将选取的色标清除。

STEP 4 使用同样的方法将右边的“颜色色标”设置为“黄色”，如图 3-88 所示。设置完毕后单击“渐变编辑器”对话框中的“确定”按钮，此时被设置的渐变色便会成为属性栏中的渐变条❼，选择“径向渐变”❽，在新建的文档中从中心向外拖动鼠标即可填充渐变色，如图 3-89 所示。

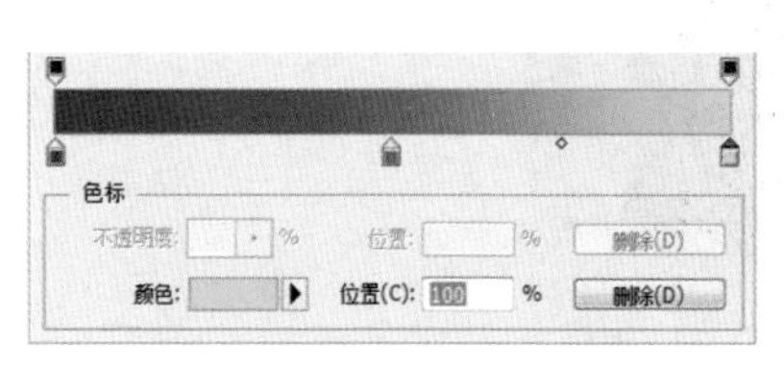

图 3-88　设置右边的色标

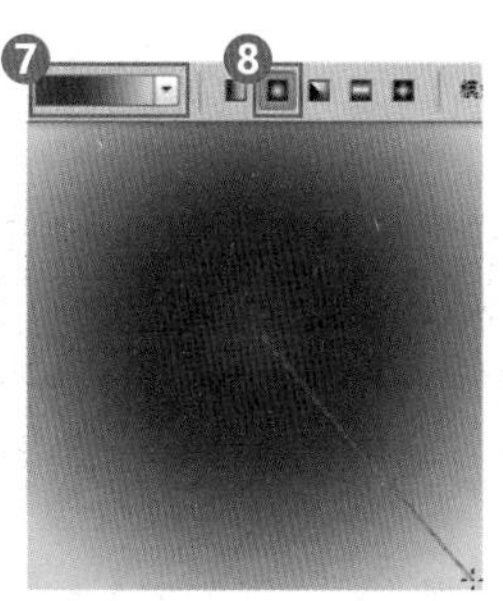

图 3-89　填充渐变色

> **提　示**
>
> 在“渐变编辑器”对话框中设置好的渐变颜色，可以通过单击“新建”按钮，将其添加到“渐变拾色器”中。

3.4.3 油漆桶工具

(油漆桶工具)可以将图层、选区或图像颜色相近的区域填充前景色或者图案。该工具常用于快速对图像进行前景色或图案填充。使用方法非常简单，只要使用该工具在图像上单击就可以填充前景色或图案，如图 3-90 所示。

图 3-90　油漆桶工具填充

在工具箱中选择(油漆桶工具)后，属性栏会自动变为该工具所对应的选项设置，如图 3-91 所示。

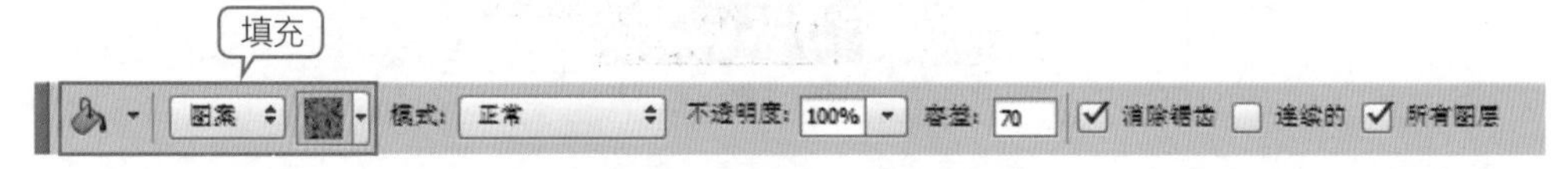

图 3-91　油漆桶工具属性栏

其中的各项含义如下。

- **填充**：为图层、选区或图像设置填充类型，包括前景色和图案。
  - 前景色：与工具箱中的前景色保持一致，填充时会以前景色进行填充。
  - 图案：以预设的图案作为填充对象，只有选择该选项时，后面的图案拾色器才会被激活，填充时只要单击倒三角形按钮，即可在打开的“图案拾色器”中选择要填充的图案，如图 3-92 所示。

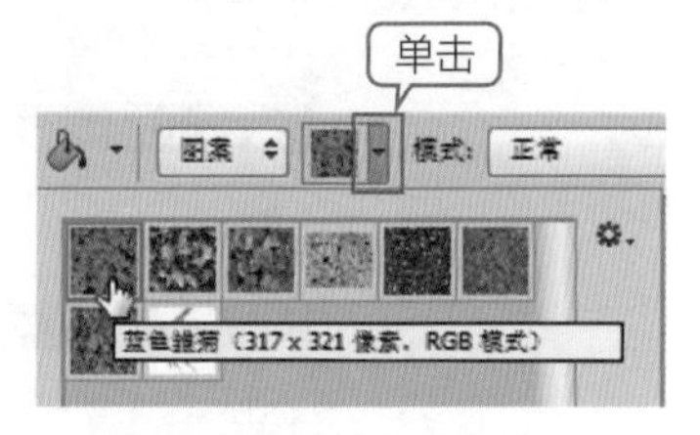

图 3-92　图案填充选项

- **容差**：用于设置填充时的填充范围。输入的数值越小，选取的颜色范围就越接近；输入的数值越大，选取的颜色范围就越广。
- **连续的**：用于设置填充时的连贯性，如图 3-93 所示为勾选“连续的”复选框与不勾选“连续的”复选框时的填充效果。

图 3-93　填充

技　巧

如果在图层中填充但又不想填充透明区域，只要在“图层”面板中锁定该图层的透明区域就行了。

3.4.4 橡皮擦工具

（橡皮擦工具）可以将图像中的像素擦除。该工具的使用方法非常简单，只要选择（橡皮擦工具）后，在图像上按下鼠标拖动，即可将鼠标经过的位置擦除，并以背景色或透明色来显示被擦除的部分，如图 3-94 所示。

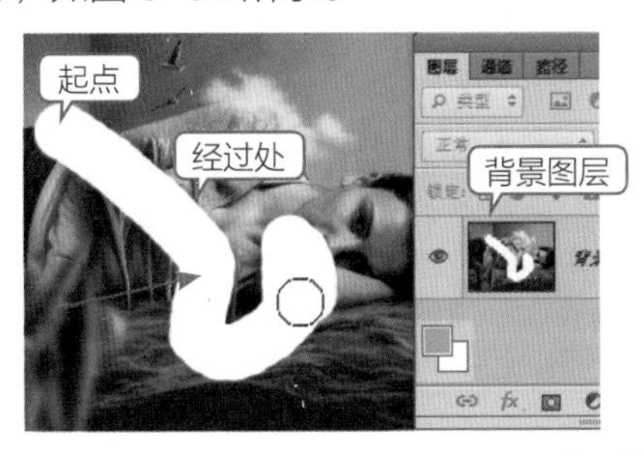

图 3-94　使用橡皮擦工具擦除图像

提　示

如果在背景图层或被锁定透明像素的图层中擦除，像素会以背景色填充橡皮擦经过的位置。

技　巧

使用通过笔触类进行修饰或绘画的工具时，按住 Alt 键的同时按住鼠标右键在图像上水平拖动会更改笔触的大小，向左会减小笔触，向右会加大笔触。

在工具箱中选择（橡皮擦工具）后，属性栏会自动变为该工具所对应的选项设置，如图 3-95 所示。

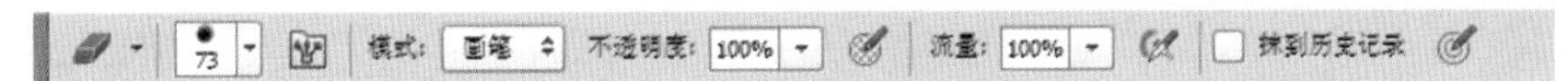

图 3-95　橡皮擦工具属性栏

其中的各项含义如下。

- **模式:** 用来设置橡皮擦的擦除方式，包括画笔、铅笔和块。擦除效果如图 3-96 至图 3-98 所示。

图 3-96　画笔擦除

图 3-97　铅笔擦除

图 3-98　块擦除

抹到历史记录： 结合“历史记录”面板可以任意按照之前的操作步骤进行擦除。

技 巧

使用（橡皮擦工具）时，按住 Shift 键，可以以直线的方式擦除；按住 Ctrl 键，可以暂时将橡皮擦工具换成移动工具；按住 Alt 键，系统会将擦除的地方在鼠标经过时自动还原。

3.4.5 背景橡皮擦工具

（背景橡皮擦工具）可以在图像中擦除指定颜色的图像像素，鼠标经过的位置将会变为透明区域，会自动将“背景”图层转换成可编辑的普通图层。一般常用于擦除指定图像中的颜色区域，也可以为图像去掉背景，如图 3-99 所示。

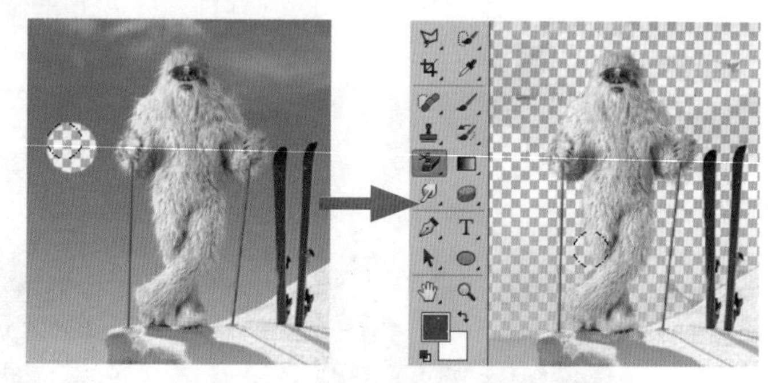

图 3-99 使用背景橡皮擦工具擦除背景

在工具箱中选择（背景橡皮擦工具）后，属性栏会自动变为该工具所对应的选项设置，如图 3-100 所示。

图 3-100 背景橡皮擦工具属性栏

其中的选项含义如下。

保护前景色： 勾选该复选框，图像中与前景色一致的颜色将不会被擦除掉。

上机实战 不同取样时擦除图像背景的方法

1. 取样：连续

STEP 1 执行菜单“文件”/“打开”命令或按快捷键 Ctrl+O，打开“牛仔裤”素材，如图 3-101 所示。

STEP 2 选择（背景橡皮擦工具）❶，在属性栏中单击“取样”中的“连续”按钮❷，使用鼠标在打开的素材上进行涂抹❸，此时功能就相当于橡皮擦，擦除后的效果如图 3-102 所示。

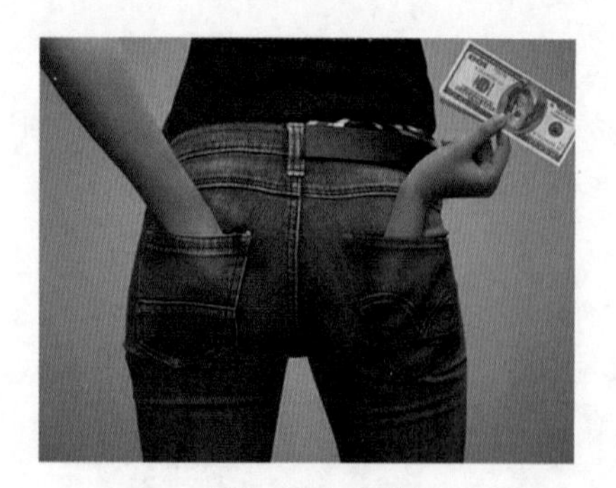

图 3-101 素材

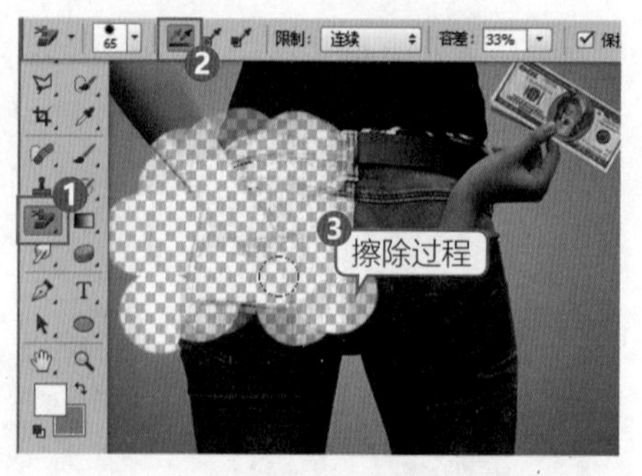

图 3-102 擦除

提　示

在擦除的过程中，使用 (背景橡皮擦工具) 在“背景”图层中擦除时，会自动将背景变为普通图层。

2. 取样：一次

STEP 3 恢复素材原貌。

STEP 4 选择 (背景橡皮擦工具) ❶，在属性栏中单击“取样”中的“一次”按钮 ❷，选择要擦除的颜色范围，将鼠标移动到该区域按下鼠标❸，在整个图像中涂抹会发现只有与第一次取样相近的色彩会被擦除，效果如图 3-103 所示。

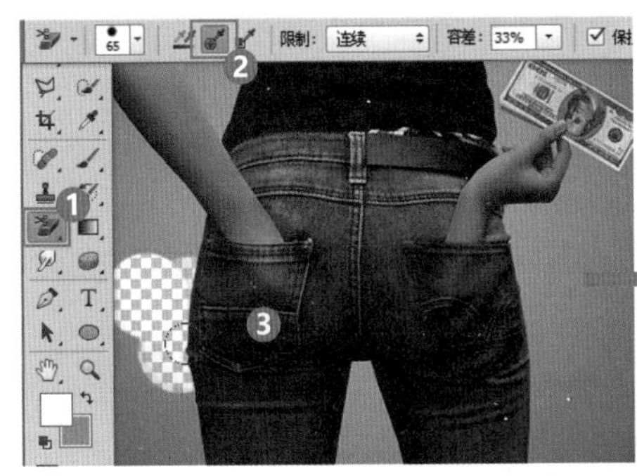

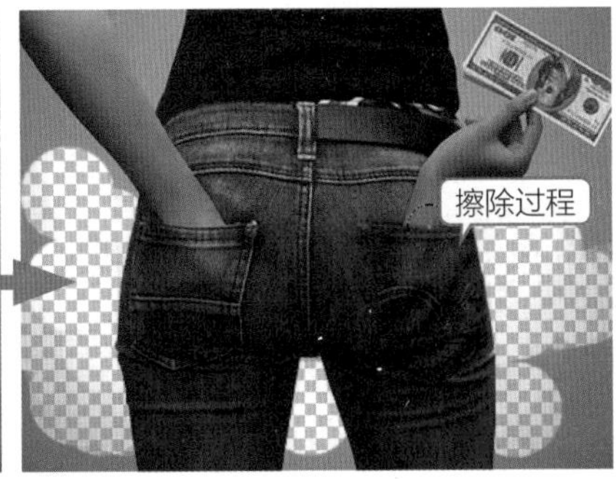

图 3-103　选择一次取样时的擦除效果

3. 取样：背景色板

STEP 5 恢复素材原貌。

STEP 6 选择 (背景橡皮擦工具) ❶，在属性栏中单击“取样”中的“背景色板”按钮 ❷，设置工具箱中的背景色为要擦除的颜色，这里将背景色设置为图像中人物衣服的白色❸，使用鼠标在打开的素材上进行涂抹，擦除后的效果如图 3-104 所示。

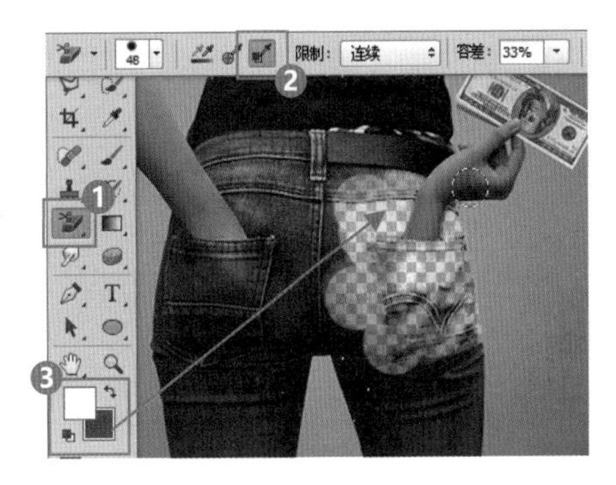

图 3-104　选择背景色板取样时的擦除效果

3.4.6 魔术橡皮擦工具

 (魔术橡皮擦工具) 可以快速擦除与选取点像素相近的范围。一般常用在快速去掉图像的背景。该工具的使用方法非常简单，只要选择要清除的颜色范围，单击即可将其清除，如图 3-105 所示。

图 3-105　使用魔术橡皮擦工具擦除背景

在工具箱中选择（魔术橡皮擦工具）后，属性栏会自动变为该工具所对应的选项设置，如图 3-106 所示。

图 3-106　魔术橡皮擦工具属性栏

3.5　综合练习：修复破损照片

由于篇幅所限，本章中的实例只介绍技术要点和制作流程，具体的操作步骤大家可以根据本书附带的多媒体视频来学习。

实例效果图	技术要点
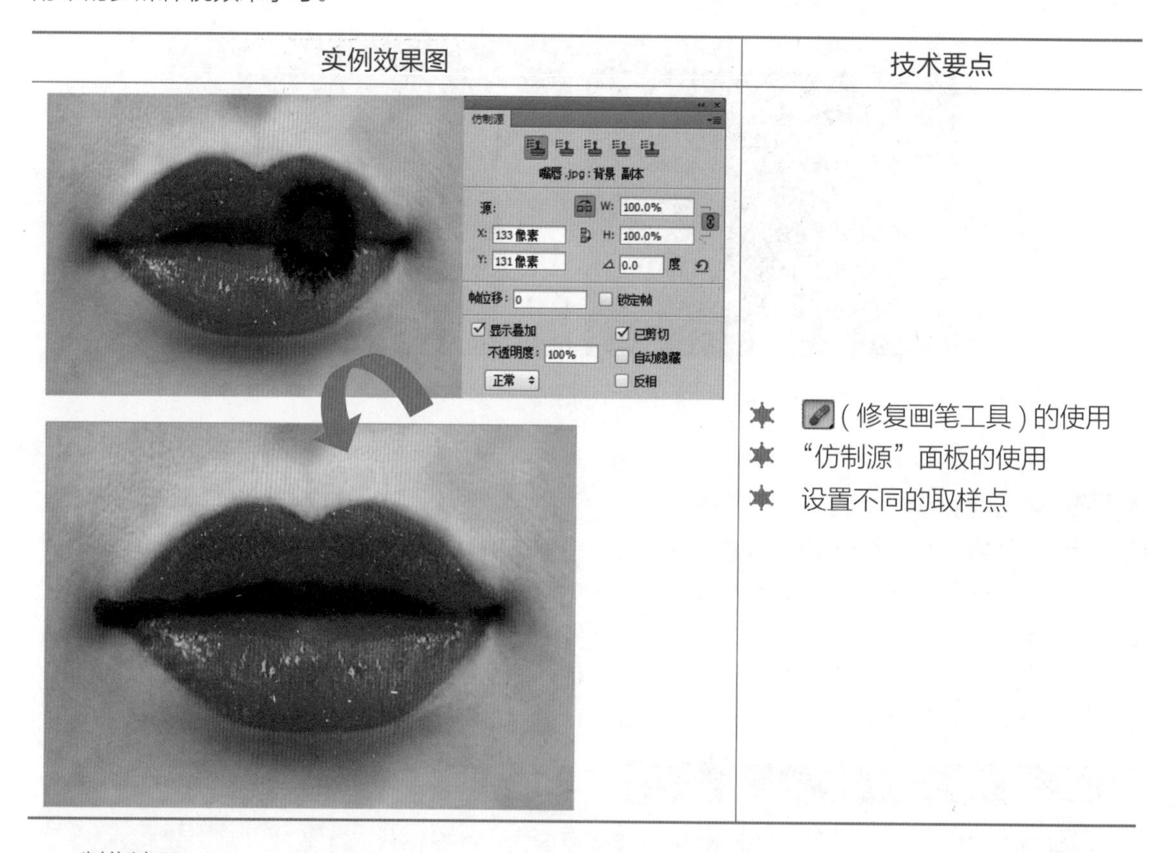	✷（修复画笔工具）的使用 ✷ “仿制源”面板的使用 ✷ 设置不同的取样点

制作流程：

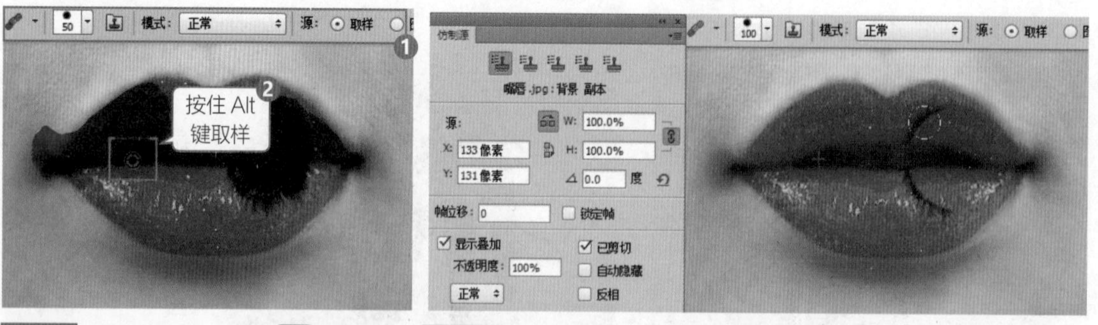

STEP 1 打开素材，使用（修复画笔工具）取样。

STEP 2 设置仿制源，进行水平翻转仿制。

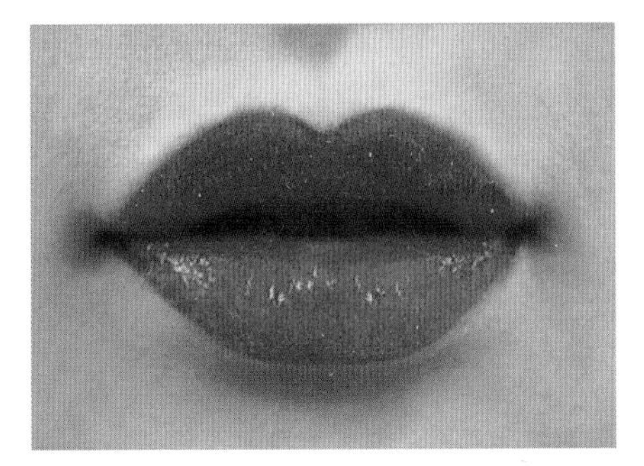

STEP 3 多设置仿制源，对图像进行修复。

3.6 综合练习：自定义画笔并绘制

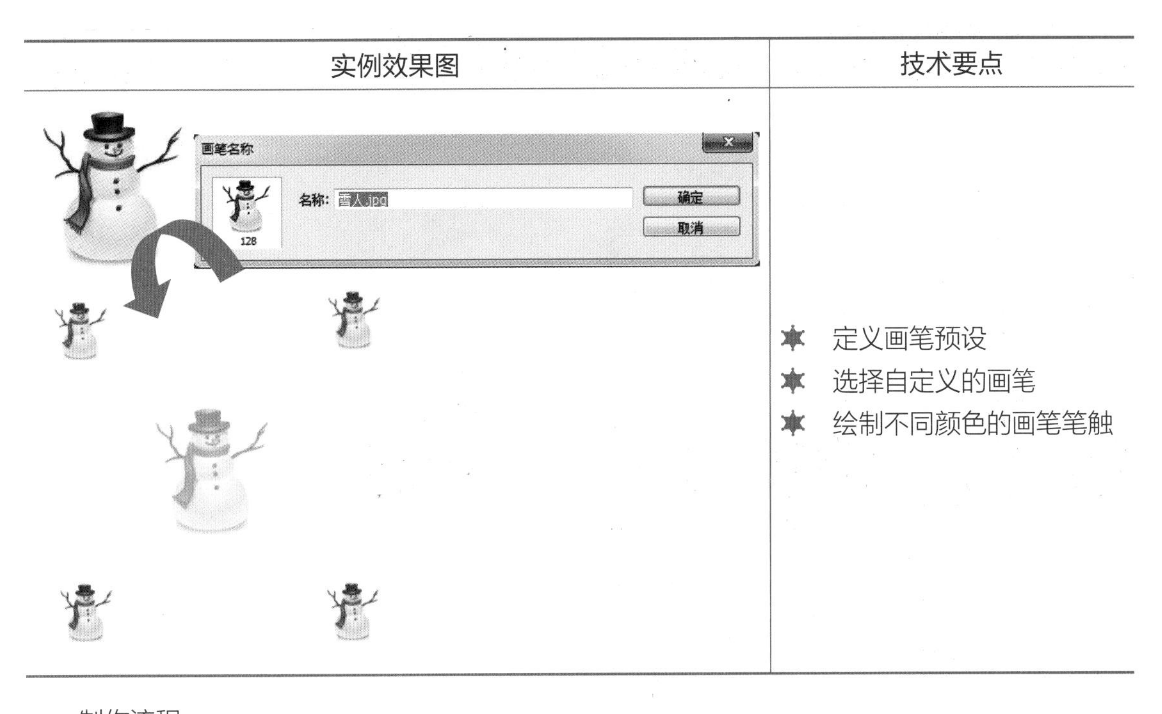

实例效果图	技术要点
	✱ 定义画笔预设 ✱ 选择自定义的画笔 ✱ 绘制不同颜色的画笔笔触

制作流程：

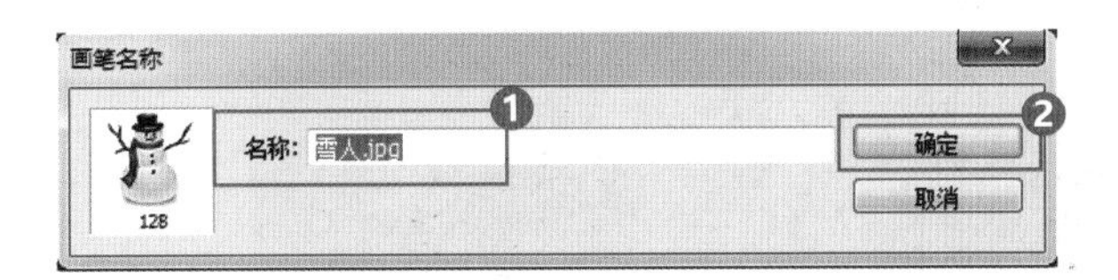

STEP 1 打开素材，定义画笔预设。

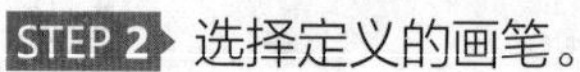

STEP 2 选择定义的画笔。

STEP 3 绘制不同颜色的画笔笔触。

3.7 综合练习：对照片进行美容处理

实例效果图	技术要点
	★ 使用（污点修复画笔工具）修除大一点的雀斑 ★ “高斯模糊”命令的使用 ★ （历史记录画笔工具）的使用 ★ “历史记录”面板的使用

制作流程：

STEP 1 打开素材，使用（污点修复画笔工具）修除大一点的雀斑。

STEP 2 应用“高斯模糊”命令。

STEP 3 选择（历史记录画笔工具），设置属性以及“历史记录”面板。

STEP 4 得到最终效果。

3.8　练习与习题

1. 练习

使用“海绵工具”对素材局部进行去色处理。

2. 习题

(1) 下面哪个工具绘制的线条较硬？

A. 铅笔工具　　　　B. 画笔工具

C. 颜色替换工具　　D. 图案图章工具

(2)“减淡工具”和下面的哪个工具是基于调节照片特定区域的曝光度的传统摄影技术，可用于使图像区域变亮或变暗？

A. 渐变工具　　　　B. 加深工具

C. 锐化工具　　　　D. 海绵工具

(3) 自定义的图案可以用于以下哪个工具？

A. 油漆桶工具　　　B. 修补工具

C. 图案图章工具　　D. 画笔工具

第 4 章

图像校正及调整的运用

通过“调整”菜单中的命令，可以为图像进行调色和修整。本章主要介绍 Photoshop 中关于图像调整的知识，其中包括图像颜色的基本原理、颜色的基本设置、图像的修正基础、快速调整、图像色调调整、图像颜色调整、图像亮度调整以及像素颜色大幅度变化。

4.1 颜色的基本原理

了解如何创建颜色以及如何将颜色相互关联，可以让你在 Photoshop 中更有效地工作。只有你对基本颜色理论有所了解，才能将作品生成一致的结果，而不是偶然获得某种效果。在创建颜色的过程中，大家可以依据加色原色 (RGB)、减色原色 (CMYK) 和色轮来完成最终效果。

加色原色是指三种色光 (红色、绿色和蓝色)，当按照不同的组合将这三种色光添加在一起时，可以生成可见色谱中的所有颜色。添加等量的红色、绿色和蓝色光可以生成白色。完全缺少红色、绿色和蓝色光将导致生成黑色。计算机的显示器是使用加色原色来创建颜色的设备，如图 4-1 所示。

减色原色是指一些颜料，当按照不同的组合将这些颜料添加在一起时，可以创建一个色谱。与显示器不同，打印机使用减色原色 (青色、洋红色、黄色和黑色颜料) 并通过减色混合来生成颜色。使用“减色”这个术语是因为这些原色都是纯色，将它们混合在一起后生成的颜色都是原色的不纯版本。例如，橙色是通过将洋红色和黄色进行减色混合创建的，如图 4-2 所示。

如果你是第一次调整颜色分量，在处理色彩平衡时手头有一个标准色轮图表会很有帮助。可以使用色轮来预测一个颜色分量的改变是如何影响其他颜色的，并了解这些改变如何在 RGB 和 CMYK 颜色模型之间转换。

例如，通过增加色轮中相反颜色的数量，可以减少图像中某一颜色的数量，反之亦然。在标准色轮上，处于相对位置的颜色被称为补色。同样，通过调整色轮中两个相邻的颜色，甚至将两个相邻的颜色调整为其相反的颜色，可以增加或减少一种颜色。

在 CMYK 图像中，可以通过减少洋红色的数量或增加其互补色的数量来减淡洋红色，洋红色的互补色为绿色 (在色轮上位于洋红色的相对位置)。在 RGB 图像中，可以通过删除红色和蓝色或通过添加绿色来减少洋红。所有这些调整都会得到一个包含较少洋红的整体色彩平衡，如图 4-3 所示。

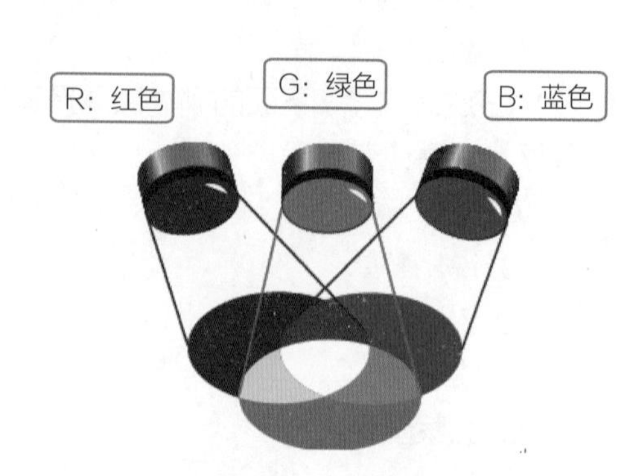

图 4-1 加色原色 (RGB 颜色)

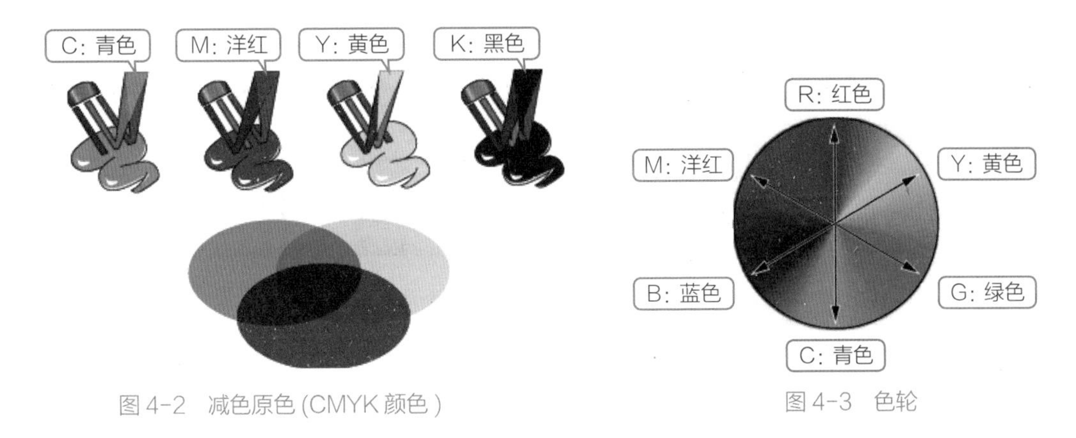

图 4-2　减色原色（CMYK 颜色）

图 4-3　色轮

4.2　颜色的基本设置

在 Photoshop 中设置颜色是非常重要的一个环节，其可以完全掌握一个作品的生死，结合加色原色、减色原色与色轮，可以更有效地进行工作。那么如何才能更好地设置颜色呢？本节就为大家详细讲解通过“色板”面板和“颜色”面板设置颜色的方法。

4.2.1　颜色面板

“颜色”面板可以显示当前前景色和背景色的颜色值。使用“颜色”面板中的滑块，可以利用几种不同的颜色模型来编辑前景色和背景色。也可以从显示在面板底部的四色曲线图中的色谱选取前景色或背景色。执行菜单“窗口”/“颜色”命令，即可打开“颜色”面板，如图 4-4 所示。

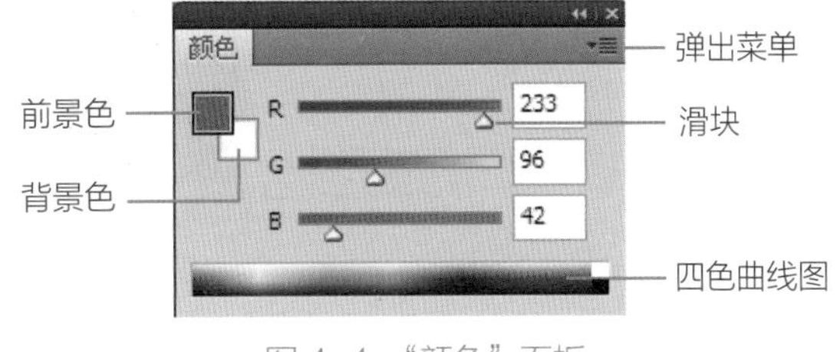

图 4-4　“颜色”面板

选择“前景色”图标，可以通过拖动滑块设置前景色，也可以在“四色曲线图”中设置前景色，如图 4-5 所示。

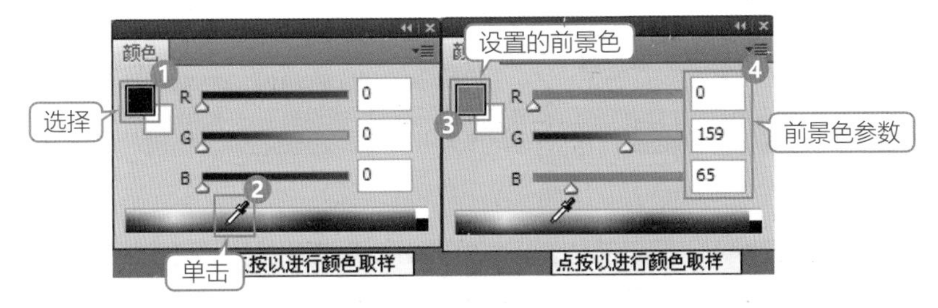

图 4-5　设置前景色

背景色的设置方法与前景色相同，单击“弹出菜单”按钮，会弹出对应的菜单，在此处可以选择其他颜色模式，不同颜色模式的“颜色”面板也是不同的，选择过程如图 4-6 所示。

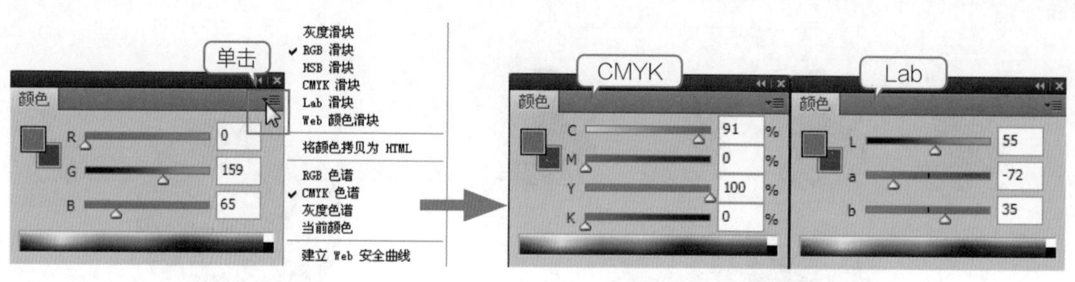

图 4-6　更改“颜色”面板

提　示

当选取不能使用 CMYK 油墨打印的颜色时，四色曲线图的左侧上方将出现一个内含惊叹号的三角形 ⚠；当选取的颜色不是 Web 安全色时，四色曲线图的左侧上方将出现一个立方体 。

4.2.2 色板面板

“色板”面板可存储你经常使用的颜色。你可以在面板中添加或删除颜色，或者为不同的项目显示不同的颜色库。执行菜单“窗口”/“色板”命令，即可打开“色板”面板，如图 4-7 所示。

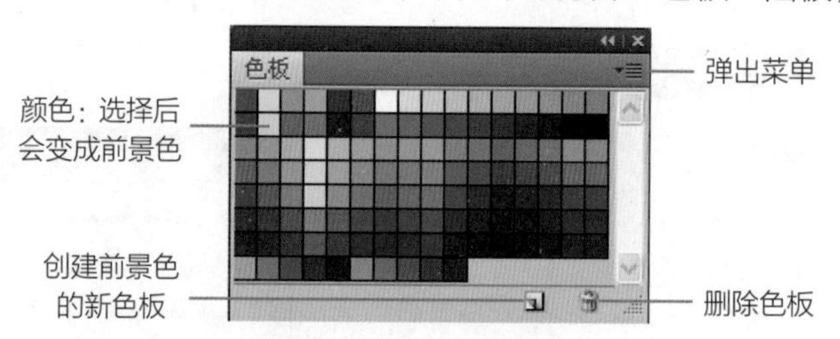

图 4-7　“色板”面板

在面板中单击“创建前景色的新色板”按钮，可以将前景色添加到色板中，如图 4-8 所示。拖动色板中的颜色到“删除”按钮上会将其删除，如图 4-9 所示。

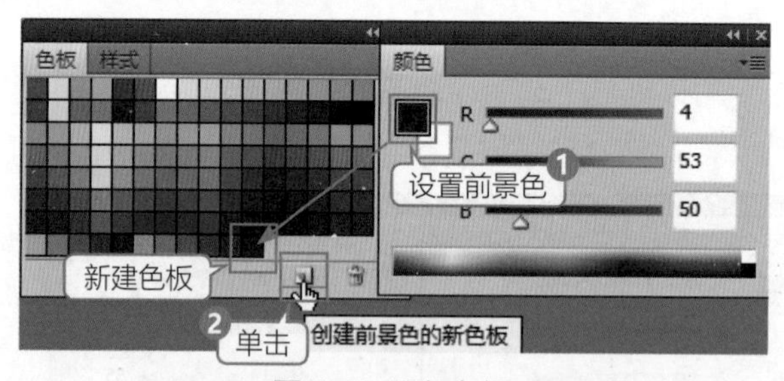

图 4-8　添加色板

图 4-9　删除色板

4.3　图像的修正基础

本节为大家讲解如何解决 Photoshop 编修图像时遇到的图像方向问题、应用图像时超出所需范围问题，以及因为拍摄产生的透视问题等。

4.3.1 旋转图像

输入计算机的图片常常会遇到由于拍摄原因或软件显示原因而造成直幅照片变为横幅效果，或者出现倾斜效果，这时我们就需要通过调整来恢复本来的场景面貌。直幅变为横幅后，虽然不会对编修照片造成什么麻烦，但是会在视觉上让人感觉不舒服，这时就需要对其进行调整。

上机实战　改变横幅为直幅效果

STEP 1 打开“横幅照片”素材，如图 4-10 所示。

STEP 2 执行菜单“图像”/“图像旋转”/“90 度 (逆时针)”命令，如图 4-11 所示。

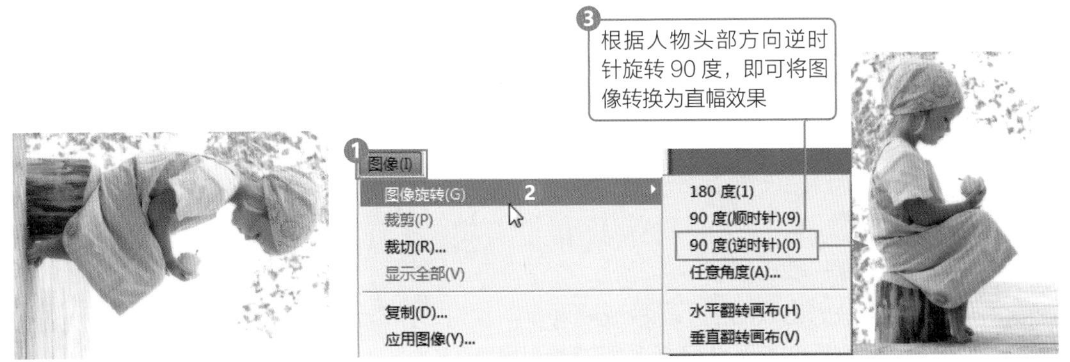

图 4-10　素材　　图 4-11　横幅改为直幅效果

提　示

在“图像旋转”子菜单中的“90 度 (顺时针)”和“90 度 (逆时针)”命令是常用转换直幅与横幅的命令。

4.3.2 裁剪图像

如果当前图像超出了实际想应用的大小，就得对其进行调整来实现想要的效果，这里只要使用 (裁剪工具) 便可以完成相应的裁剪效果，裁剪过程如图 4-12 所示。

图 4-12　裁剪图像

选择(裁剪工具)后，属性栏中会显示针对该工具的一些选项设置，如图 4-13 所示。

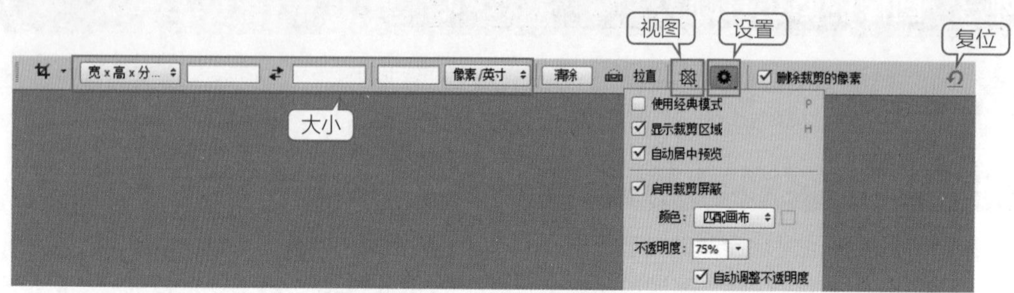

图 4-13　裁剪工具属性栏

其中的各项含义如下。

- **大小：**用来设置裁切后图像的大小或比例。
- **清除：**用来清除设置的大小。
- **拉直：**通过其上面绘制的线段拉直图像。
- **视图：**使用此功能能够对要裁剪的图像进行更加细致的划分。
- **设置：**用来设置对裁剪图像的控制方式。
- **使用经典模式：**使用网格控制裁剪区域。
- **自动居中预览：**自动将被裁剪图像对齐到工作窗口的中心。
- **显示裁剪区域：**用来控制被裁掉图像边缘的显示与否，勾选能够看到整个图像，不勾选只能看到最终保留的区域。
- **启用裁剪屏蔽：**保护裁剪区域。
- **颜色：**用来设置裁剪区域的显示颜色或原画布。
- **不透明度：**用来设置裁剪区域遮蔽颜色的透明程度。
- **自动调整不透明度：**鼠标拖动图像时自动调整不透明度。
- **删除裁剪的像素：**用来控制第二次裁剪图像的显示范围。不勾选时在第二次裁剪时还是会显示打开原图的大小，勾选时只能显示之前裁剪的图像范围。
- **复位：**单击此按钮，可以将本次裁剪效果复原。

上机实战　校正倾斜图片

STEP 1 打开“倾斜照片”素材，如图 4-14 所示。

STEP 2 选择(裁剪工具)，在属性栏中单击“拉直”按钮❶，使用鼠标在图像中选择起点❷后按住鼠标拖动到终点❸，如图 4-15 所示。

图 4-14　素材

图 4-15　绘制水平线

STEP 3 绘制完水平线后系统会自动将正确的图像放置到裁剪框中，按 Enter 键完成裁剪，效果如图 4-16 所示。

图 4-16　裁剪后效果

4.3.3 复制图像

在 Photoshop 中处理图像时难免会出现一些错误，或处理到一定程度时看不到原来的效果作为参考，这时我们只要通过“复制”命令就可以为当前选取的文档创建一个副本。执行菜单“图像”/“复制”命令，此时操作原图或副本时，另一个文档不会受到影响。

4.3.4 恢复出错图像

在使用 Photoshop 处理图像时，难免会出现错误。当错误出现后，如何还原是非常重要的一项操作。我们只要执行菜单“编辑”/“还原”命令或按快捷键 Ctrl+Z，便可以向后返回一步；反复执行菜单“编辑”/“后退一步”命令或按快捷键 Ctrl+Alt+Z，便可以还原多次的错误操作。

4.4 快速调整

Photoshop 已经预设了一些对图像的颜色、对比度、去色等快速调整的命令，从而能加快操作的进度。打开图像后执行相应的快速调整命令，就可以完成效果。

4.4.1 自动色调

“自动色调”命令可以将各个颜色通道中的最暗和最亮的像素自动映射为黑色和白色，然后按比例重新分布中间色调像素值。执行菜单“图像”/“自动色调”命令，即可应用此命令，对比效果如图 4-17 所示。

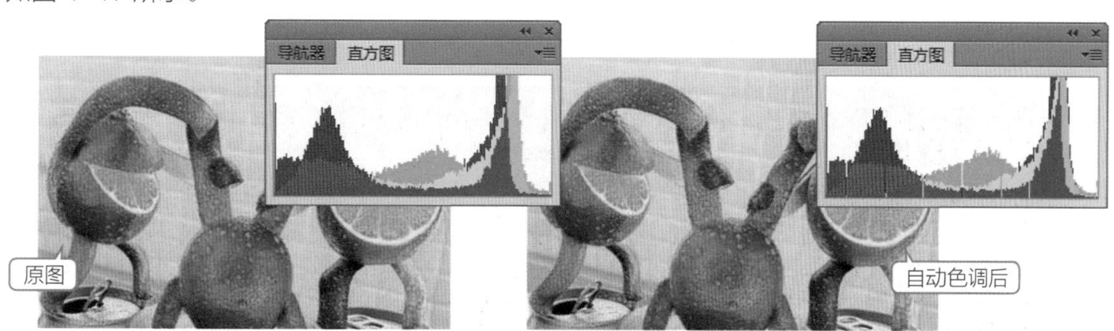

图 4-17　自动色调后的对比效果

提 示

使用“自动色调”命令得到的效果与使用“色阶”对话框中的“自动”按钮得到的效果相一致。因为“自动色调”命令单独调整每个颜色通道，所以在执行“自动色调”命令时，可能会消除色偏，也可能会加大色偏。

4.4.2 自动对比度

“自动对比度”命令可以自动调整图像中颜色的总体对比度。执行菜单“图像”/“自动对比度”命令，即可应用此命令，对比效果如图 4-18 所示。

图 4-18 自动对比度后的对比效果

提 示

“自动对比度”不能调整颜色单一的图像，也不能单独调节颜色通道，所以不会导致色偏；但也不能消除图像已经存在的色偏，所以不会加大或减少色偏。

提 示

“自动对比度”的原理是将图像中的最亮和最暗像素映射为白色和黑色，使暗调更暗而高光更亮。“自动对比度”命令可以改进许多摄影或连续色调图像的外观。

4.4.3 自动颜色

“自动颜色”命令可以自动调整图像中的色彩平衡。原理是首先确定图像的中性灰色像素，然后选择一种平衡色来填充图像的灰色像素，起到平衡色彩的作用。执行菜单“图像”/“自动颜色”命令，即可应用此命令，对比效果如图 4-19 所示。

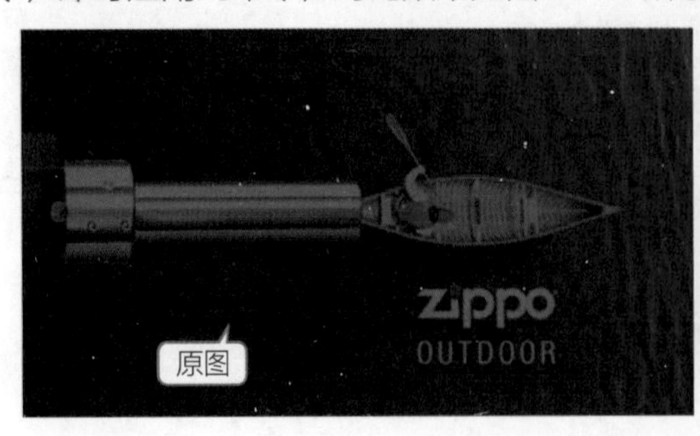

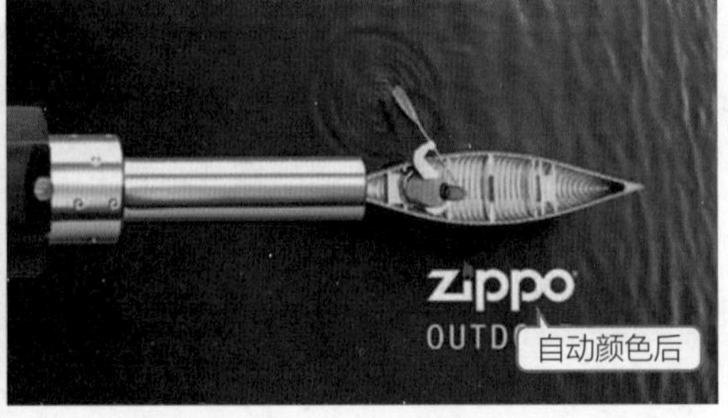

图 4-19 自动颜色后的对比效果

提　示

"自动颜色"命令只能应用于 RGB 颜色模式。

4.4.4 去色

"去色"命令可以将当前模式中的色彩去掉，将其变为当前模式下的灰度图像。执行菜单"图像"/"调整"/"去色"命令，即可应用此命令，对比效果如图 4-20 所示。

图 4-20　去色后的对比效果

4.4.5 反相

"反相"命令可以将一张正片图像转换成负片，产生底片效果。原理是通道中每个像素的亮度值都转化为 256 级亮度值刻度上相反的值。执行菜单"图像"/"调整"/"反相"命令，即可应用此命令，对比效果如图 4-21 所示。

图 4-21　反相后的对比效果

4.5　图像色调调整

调整色调时，通常情况下是对图像中的亮度与对比度进行调整。有时需要扩大图像的色调范围，即从图像最亮点到最暗点之间的色调范围。

改变图像中的最暗、最亮以及中间色调区域，可以通过执行菜单"图像"/"调整"下的"色阶""曲线"或"变化"命令。

4.5.1 色阶

"色阶"命令可以校正图像的色调范围和色彩平衡。"色阶"直方图可以用作调整图像基本色调

的直观参考，调整方法是通过“色阶”对话框调整图像的阴影、中间调和高光的强度级别来达到最佳效果。执行菜单“图像”/“调整”/“色阶”命令，即可打开如图 4-22 所示的对话框。

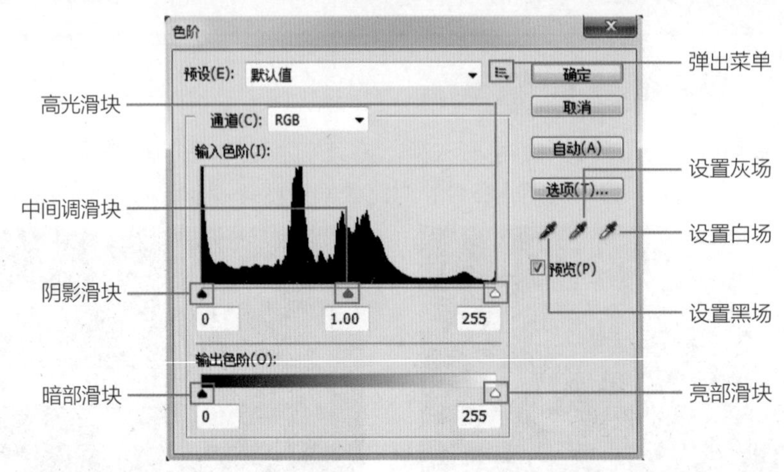

图 4-22 “色阶”对话框

其中的各项含义如下。

- **预设**：用来选择已经调整完毕的色阶效果，单击右侧的倒三角形按钮即可弹出下拉列表。
- **通道**：用来选择调整色阶的通道。

技 巧

在“通道”面板中，按住 Shift 键在不同通道上单击可以选择多个通道，再在“色阶”对话框中对其进行调整。此时在“色阶”对话框中的“通道”选项中将会出现选取通道名称的字母缩写，如图 4-23 所示。

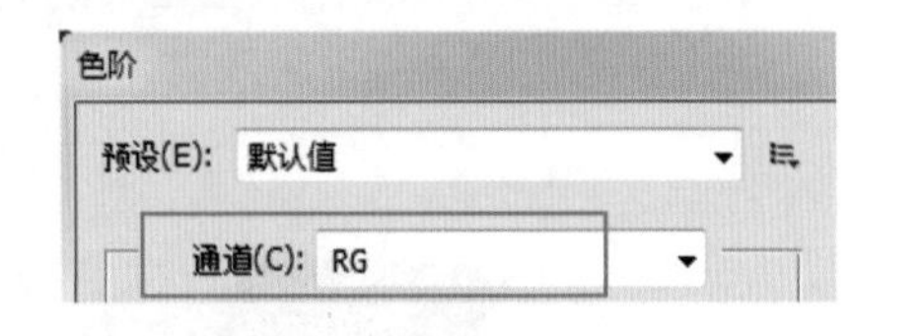

图 4-23 选择两个通道时的“色阶”对话框

- **输入色阶**：在输入色阶对应的文本框中输入数值或拖动滑块来调整图像的色调范围，以提高或降低图像对比度。
- **输出色阶**：在输出色阶对应的文本框中输入数值或拖动滑块来调整图像的亮度范围，“暗部”可以使图像中较暗的部分变亮；“亮部”可以使图像中较亮的部分变暗。
- **弹出菜单**：单击该按钮可以弹出下拉菜单，其中包含存储预设、载入预设和删除当前预设。
- **存储预设**：执行此命令，可以将当前设置的参数进行存储，在“预设”下拉列表中可以看到被存储的选项。
- **载入预设**：执行此命令，可以载入一个色阶文件作为对当前图像的调整。
- **删除当前预设**：执行此命令，可以将当前选择的预设删除。
- **自动**：单击该按钮，可以将“暗部”和“亮部”自动调整到最暗和最亮。单击此按钮得到的效果与“自动色调”命令相同。
- **选项**：单击该按钮，可以打开“自动颜色校正选项”对话框，在该对话框中可以设置“阴影”和“高光”所占的比例。

技　巧

在“调整”菜单下的子调整命令对话框中，按住 Alt 键会将对话框中的“取消”按钮变为“复位”按钮，单击即可将调整的结果恢复成原样。

找一张自己喜欢的图片（“素材 / 第 4 章 / 小朋友”），可以通过“色阶”命令调整图像的色调，调整过程如图 4-24 所示。

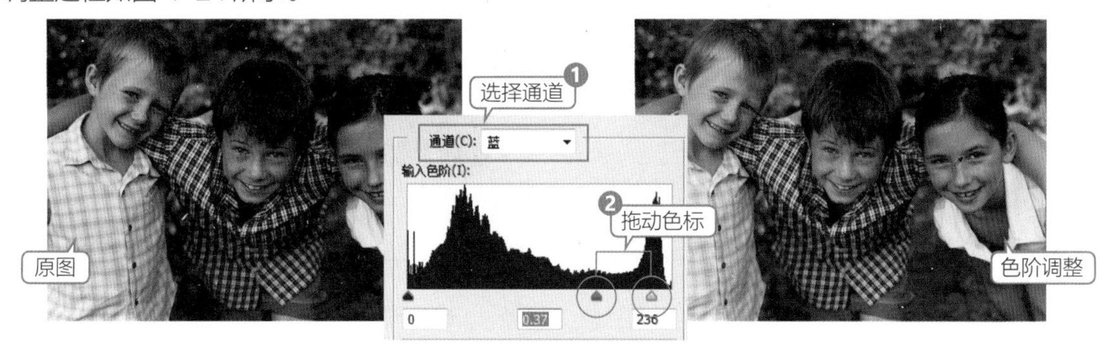

图 4-24　色阶调整对比效果

上机实战　设置色阶中的黑场、灰场和白场

1. 设置黑场

用来设置图像中阴影的范围。在“色阶”对话框中单击“设置黑场”按钮后，在图像中选取相应的点单击，单击后图像中比选取点更暗的像素将会变得颜色更深（黑色选取点除外），如图 4-25 所示。

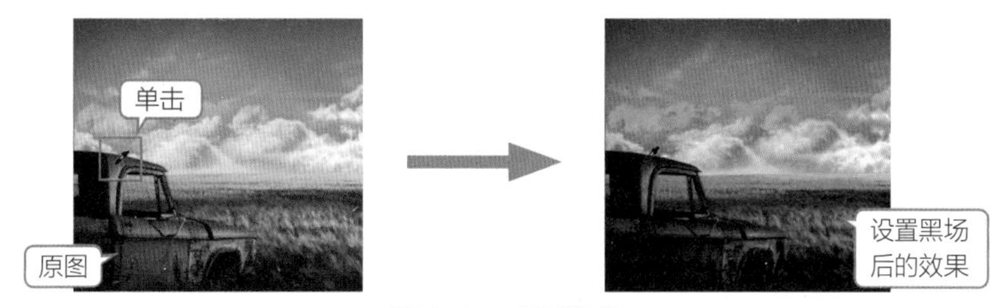

图 4-25　设置黑场

2. 设置灰场

用来设置图像中中间调的范围。在“色阶”对话框中单击“设置灰场”按钮后，在图像中选取相应的点单击，如果单击图像中的绿色部分，将会使整个图像偏向洋红色；如果单击蓝色部分，就会使图像偏向黄色效果，如图 4-26 所示。

图 4-26　设置灰场

3. 设置白场

与设置黑场的方法正好相反。在“色阶”对话框中单击“设置白场”按钮后，在图像中选取相应的点单击，单击后图像中比选取点更亮的像素将会变得颜色更浅(白色选取点除外)，如图4-27所示。

图4-27 设置白场

技 巧

在“设置黑场”“设置灰场”或“设置白场”的吸管图标上双击鼠标，会弹出相应的“拾色器”对话框，在对话框中可以选择不同颜色作为最亮或最暗的色调；在“设置黑场”“设置灰场”或“设置白场”后，再单击原处会恢复为原图像。

4.5.2 曲线

“曲线”命令可以对图像的暗部或亮部进行精确的调整，与“色阶”命令很相似，可以直接拖动直方图中的曲线或使用对话框中的铅笔工具直接绘制对图像进行调整，也可以对单个通道进行调整。利用它可以综合调整图像的亮度、对比度以及色彩等。执行菜单“图像”/“调整”/“曲线”命令，即可打开如图4-28所示的对话框。

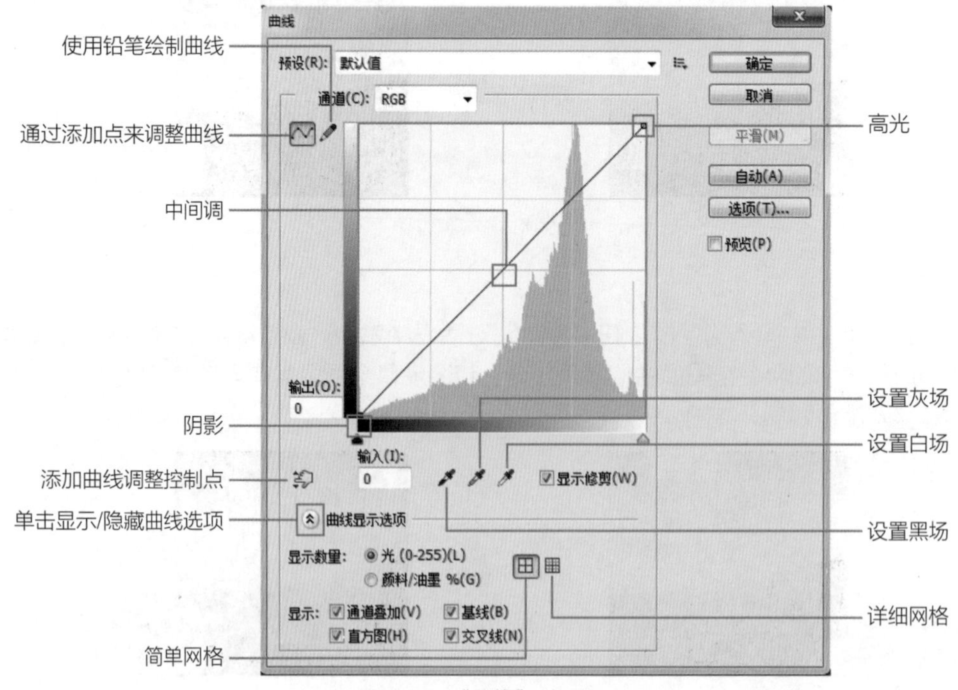

图4-28 “曲线”对话框

其中的各项含义如下。

- **通过添加点来调整曲线**：可以在曲线上添加控制点来调整曲线。拖动控制点即可改变曲线形状。
- **使用铅笔绘制曲线**：可以随意在直方图内绘制曲线，此时“平滑”按钮被激活，用来控制绘制铅笔曲线的平滑度。
- **高光**：拖动曲线中的高光控制点可以改变图像的高光。
- **中间调**：拖动曲线中的中间调控制点可以改变图像的中间调。向上弯曲会使图像变亮，向下弯曲会使图像变暗。
- **阴影**：拖动曲线中的阴影控制点可以改变图像的阴影。
- **显示修剪**：勾选该复选框，可以在预览的情况下显示图像中发生修剪的位置。
- **显示数量**：包括“光”的显示数量和“颜料 / 油墨”的显示数量两个单选项，分别代表加色与减色颜色模式状态。
- **显示**：包括显示不同通道的曲线、显示对角线那条浅灰色的基准线、显示色阶直方图以及显示拖动曲线时水平和竖直方向的参考线。
- **显示网格大小**：在两个按钮上单击可以在直方图中显示不同大小的网格。简单网格指以 25% 的增量显示网格线，详细网格指以 10% 的增量显示网格。
- **添加曲线调整控制点**：单击此按钮，使用鼠标在图像上单击，会自动按照单击像素点的明暗，在曲线上创建调整控制点，按下鼠标在图像上拖动即可调整曲线。

技　巧

按住 Alt 键单击“曲线”对话框中的直方图位置，可以将内部的网格在“以 10% 的增量显示详细网格”和“以四分之一色调的增量显示简单网格”之间转换；一旦选择了输入或输出区域，可以按键盘上的方向键来控制输入或输出的值。该方法可以用于其他对话框。

找一张自己喜欢的图片（“素材 / 第 4 章 / 创意路标”），可以通过“曲线”命令调整图像的色调，调整过程如图 4-29 所示。

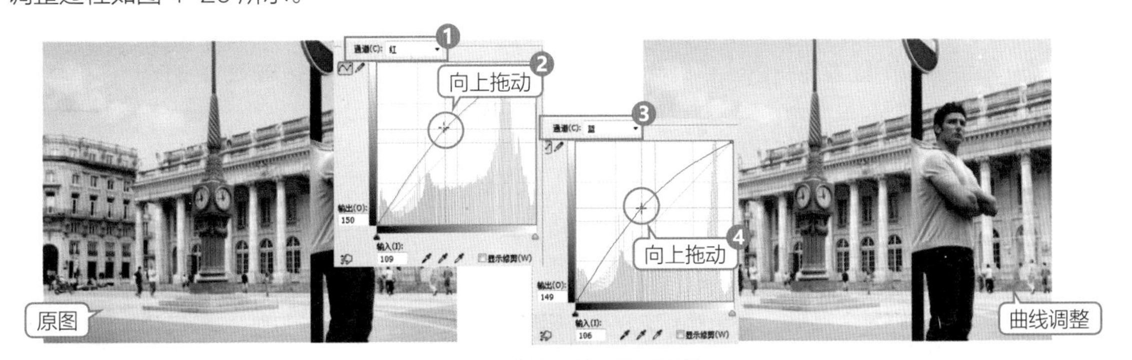

图 4-29　曲线调整后的对比效果

上机实战　拖动曲线点和使用铅笔工具调整图像

1. 拖动曲线点调整图像

打开“曲线”对话框，单击“通过添加点来调整曲线”按钮，在直方图中直接拖动高光、中间调或阴影处的曲线来对图像进行调整，如图 4-30 所示。

2. 使用铅笔工具调整图像

打开“曲线”对话框，单击“铅笔工具”按钮，在直方图中直接按下鼠标绘制对图像进行调整，如图 4-31 所示。

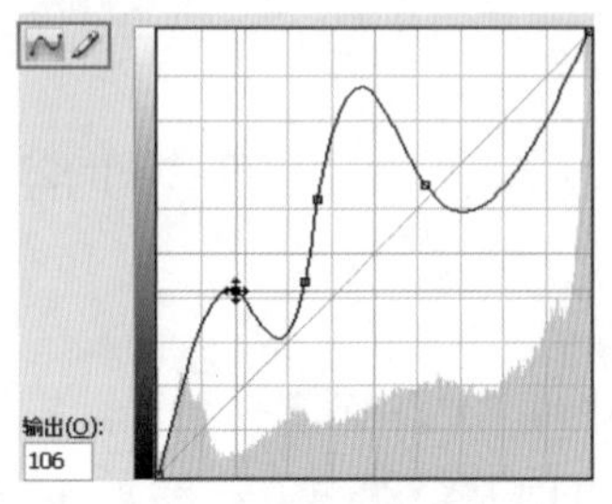

图 4-30 拖动曲线

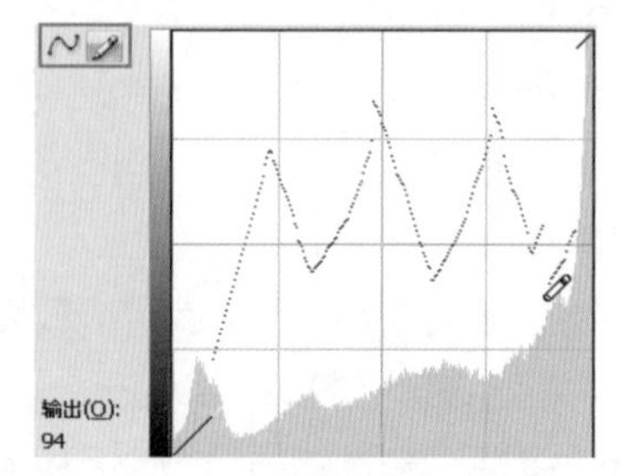

图 4-31 使用铅笔工具

4.6 图像颜色调整 

在 Photoshop 中调整图像的颜色，可以对当前的图像进行更加细致的修正。通常颜色之间是互补的关系，比如添加青色、洋红色或黄色时，就会对它的补色 (红、绿、蓝) 进行消减。

4.6.1 调整颜色的技巧

在对颜色进行校正时，应当记住以下几点建议。

- **人物：**发丝应当尽可能清晰，牙齿应当洁白，纯白会使图像失真，发黄或发灰看起来会觉得不舒服。
- **织物：**黑色或白色不要过于鲜亮，否则会失真。黄色的百分比太高会使白色显得灰暗，青色值太低会使红色发生振荡，黄色值太低会使蓝色发生振荡。
- **户外景色：**检查图像中的灰色物体，确保为灰色，没有偏色。对于天空色彩的调整，洋红和青色的关系决定天空的明暗，洋红增多时天空会由亮蓝变为墨蓝。
- **雪景：**雪不应该为纯白色，否则会丢失细节。应集中精力在高光区域添加细节。
- **夜景：**黑色区域不应为纯黑色，否则会丢失细节。应集中精力在阴影区域添加细节。

4.6.2 自然饱和度

“自然饱和度”命令可以对图像进行灰色调到饱和色调的调整，用于提升饱和度不够的图像，或调整出非常优雅的灰色调。如图 4-32 至图 4-34 所示的是原图、增加“自然饱和度”和降低“自然饱和度”的效果。

图 4-32 原图

图 4-33 增加“自然饱和度”

图 4-34 降低“自然饱和度”

执行菜单“图像”/“调整”/“自然饱和度”命令，打开如图 4-35 所示的“自然饱和度”对话框。

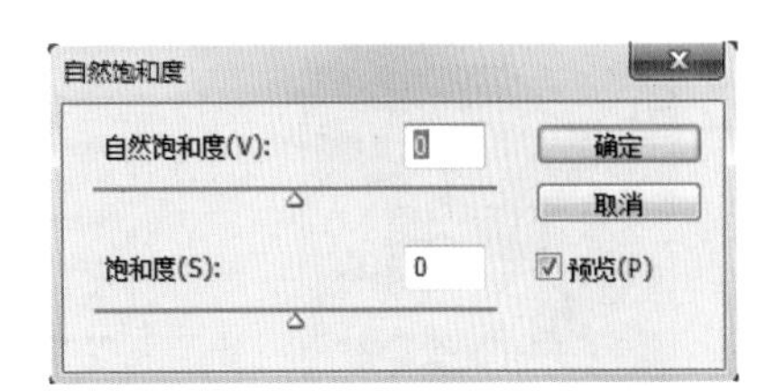

图 4-35　“自然饱和度”对话框

其中的各项含义如下。

- **自然饱和度：** 可以对图像进行从灰色调到饱和色调的调整，取值范围是 -100~100，数值越大，色彩越浓烈。
- **饱和度：** 通常指的是一种颜色的纯度，颜色纯度越高，饱和度就越大；颜色纯度越低，相应颜色的饱和度就越小，取值范围是 -100~100，数值越小，颜色纯度越小，越接近灰色。

4.6.3 色相 / 饱和度

“色相 / 饱和度”命令可以调整整个图像或图像中单个颜色的色相、饱和度和亮度。

执行菜单“图像”/“调整”/“色相 / 饱和度”命令，打开如图 4-36 所示的“色相 / 饱和度”对话框。

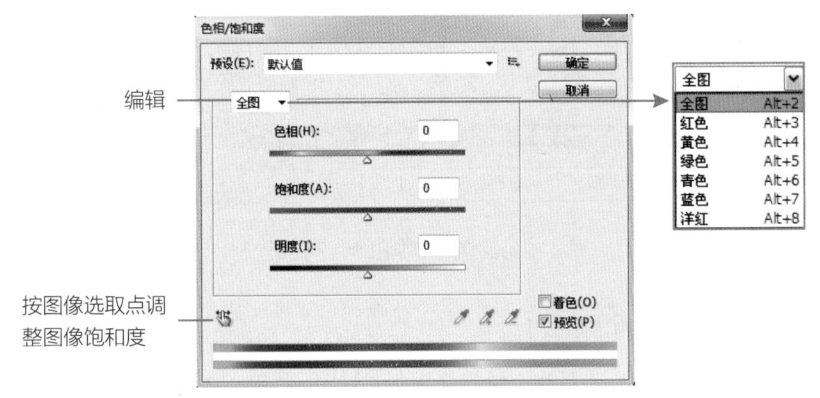

图 4-36　“色相 / 饱和度”对话框

其中的各项含义如下。

- **预设：** 系统保存的调整数据。
- **编辑：** 用来设置调整的颜色范围，单击右侧的倒三角按钮即可弹出下拉列表。
- **色相：** 通常指的是颜色，即红色、黄色、绿色、青色、蓝色和洋红。
- **饱和度：** 通常指的是一种颜色的纯度，颜色越纯，饱和度就越大；颜色纯度越低，相应颜色的饱和度就越小。
- **明度：** 通常指的是色调的明暗度。
- **着色：** 勾选该复选框，只可以为全图调整色调，并将彩色图像自动转换成单一色调的图像。
- **按图像选取点调整图像饱和度：** 单击此按钮，使用鼠标在图像的相应位置拖动时，会自动调整被选取区域颜色的饱和度，按住 Ctrl 键拖动时会改变色相，如图 4-37 所示。

在“色相 / 饱和度”对话框的“编辑”下拉列表中选择单一颜色后，对话框的其他功能会被激活，如图 4-38 所示。

其中的各项含义如下。

- **吸管工具：** 可以在图像中选择具体编辑的色调。
- **添加到取样：** 可以在图像中为已选取的色调再增加调整范围。
- **从取样中减去：** 可以在图像中为已选取的色调减少调整范围。

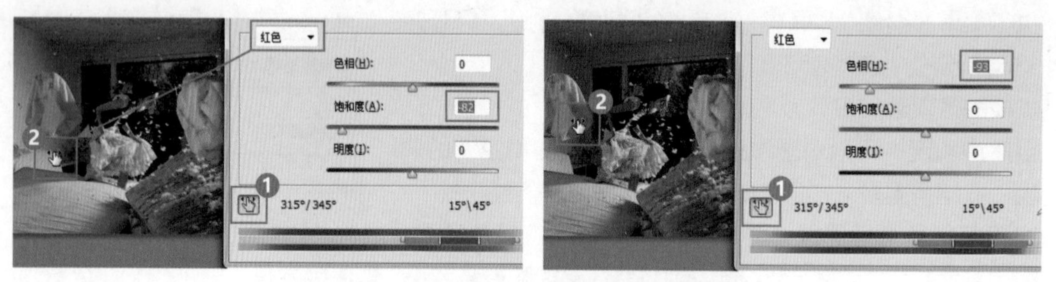

图 4-37　按图像选取点调整图像饱和度或色相

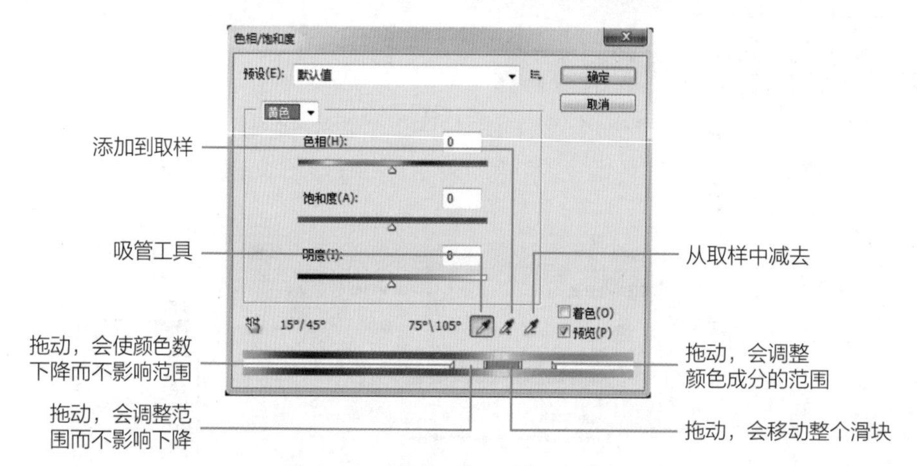

图 4-38　“色相 / 饱和度”对话框

上机实战　改变图像中的某个颜色

找一张自己喜欢的图片（“素材 / 第 4 章中 / 汽车”），执行菜单“图像”/“调整”/“色相 / 饱和度”命令，在弹出的对话框中设置“编辑”为“红色”，“色相”为 90，将图像中的红色汽车变为绿色，如图 4-39 所示。

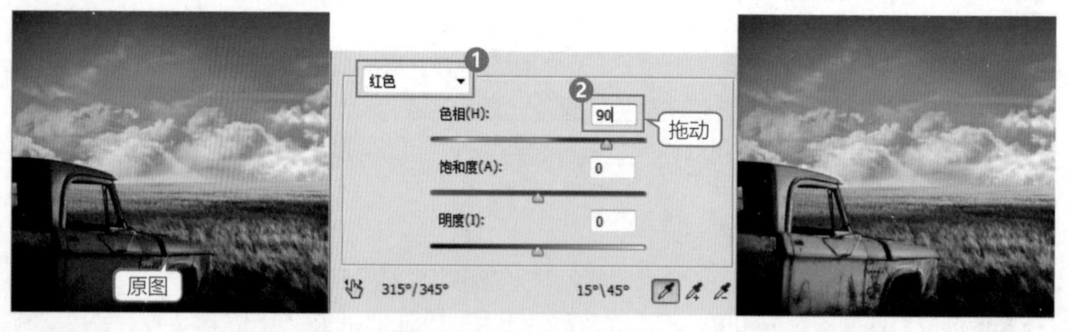

图 4-39　改变汽车车身颜色

4.6.4　色彩平衡

“色彩平衡”命令可以单独对图像的阴影、中间调和高光进行调整，从而改变图像的整体颜色。执行菜单“图像”/“调整”/“色彩平衡”命令，打开如图 4-40 所示的“色彩平衡”对话框。在对话框中有 3 组相互对应的互补色，分别为青色对红色、洋红对绿色和黄色对蓝色。例如，减少青色，就会由红色来补充减少的青色。

其中的各项含义如下。

- **色彩平衡：** 可以在对应的文本框中输入相应的数值或拖动下面的三角滑块来改变颜色的增加或减少。
- **色调平衡：** 可以选择在阴影、中间调或高光中调整色彩平衡。
- **保持明度：** 勾选该复选框，在调整色彩平衡时保持图像亮度不变。

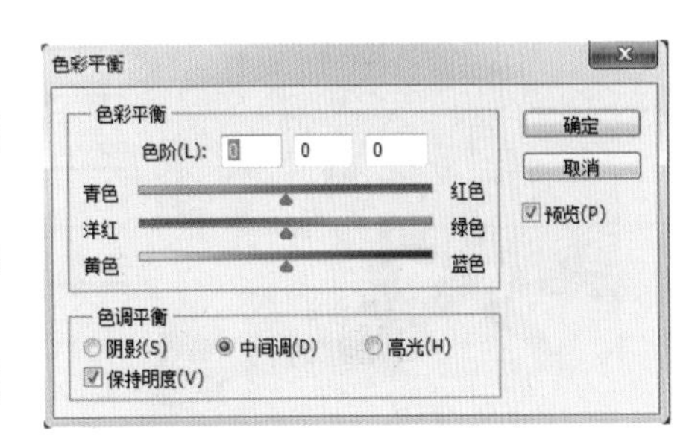

图 4-40　“色彩平衡”对话框

找一张自己喜欢的图片，可以通过“色彩平衡”命令调整图像的颜色，调整过程如图 4-41 所示。

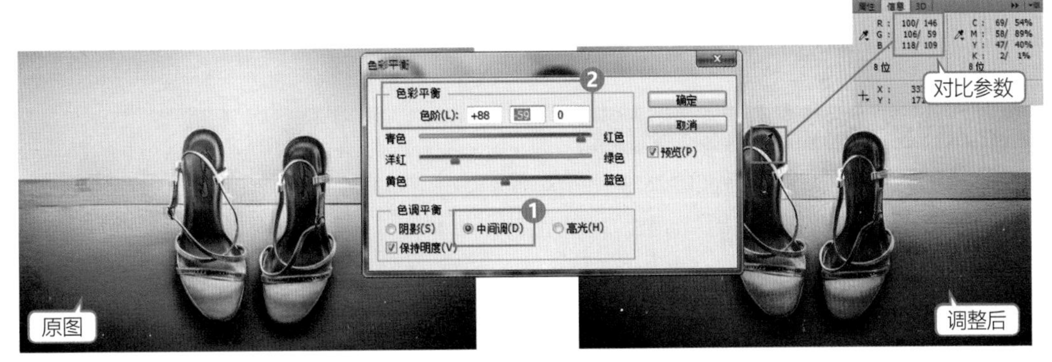

图 4-41　色彩平衡调整

4.6.5　黑白

“黑白”命令可以将图像调整为较艺术的黑白效果，也可以调整为不同单色的艺术效果。执行菜单“图像”/“调整”/“黑白”命令，打开如图 4-42 所示的对话框。

其中的各项含义如下。

- **颜色调整：** 包括对红色、黄色、绿色、青色、蓝色和洋红的调整，可以在文本框中输入数值，也可以直接拖动控制滑块来调整颜色。
- **色调：** 勾选该复选框，可以激活“色相”和“饱和度”来制作其他单色效果。

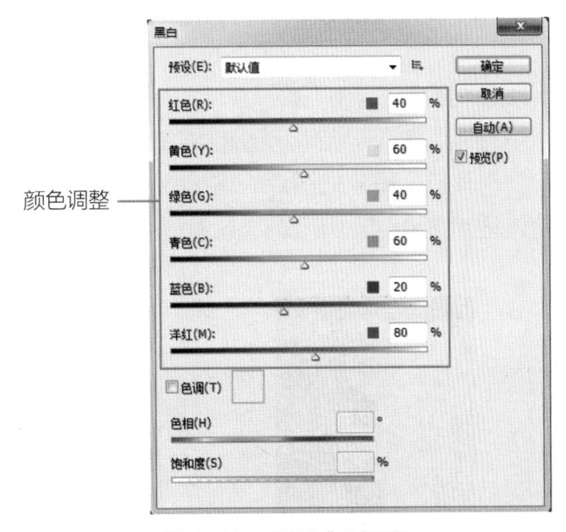

图 4-42　“黑白”对话框

提　示

在“黑白”对话框中单击“自动”按钮，系统会自动通过计算对图像进行最佳状态的调整，对于初学者单击该按钮就可以完成调整效果，非常方便。

找一张自己喜欢的图片（“素材 / 第 4 章 / 图 02”），可以通过“黑白”命令调整图像的颜色，调整过程如图 4-43 所示。

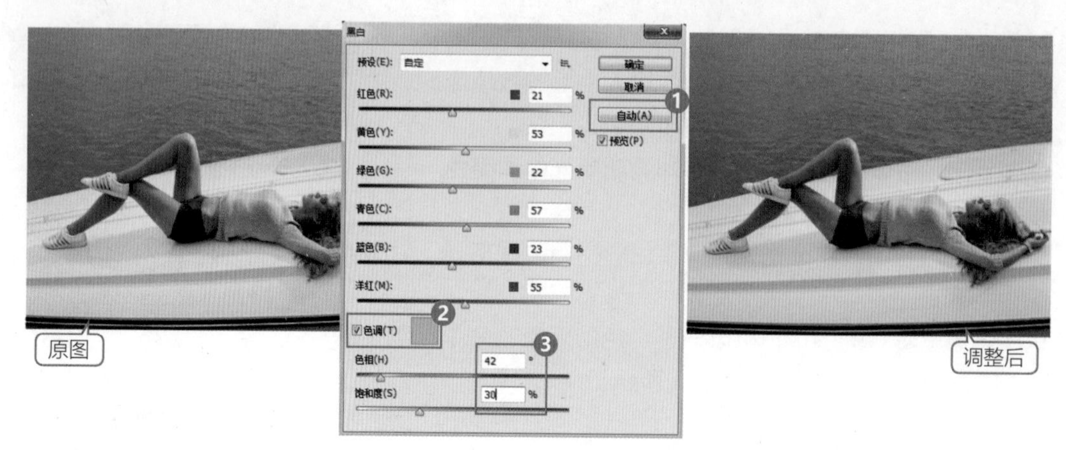

图 4-43　黑白调整

4.6.6 照片滤镜

"照片滤镜"命令可以将图像调整为冷、暖色调。执行菜单"图像"/"调整"/"照片滤镜"命令，打开如图 4-44 所示的对话框。

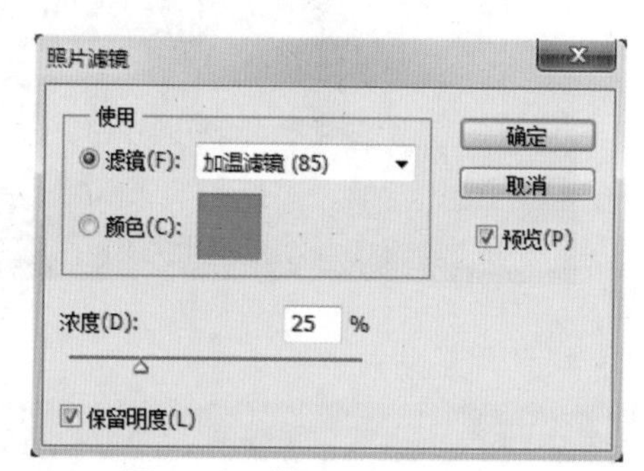

图 4-44　"照片滤镜"对话框

其中的各项含义如下。

- **滤镜：**选择此单选按钮，可以在右边的下拉列表中选择系统预设的冷、暖色调选项。
- **颜色：**选择此单选按钮，可以根据后面"颜色"图标弹出的"选择路径颜色拾色器"对话框选择定义冷、暖色调的颜色。
- **浓度：**用来调整应用到图像中的颜色数量。数值越大，色彩越接近饱和。

找一张自己喜欢的图片（"素材 / 第 4 章 / 图 03"），可以通过"照片滤镜"命令调整图像的颜色，调整过程如图 4-45 所示。

图 4-45　照片滤镜调整

4.6.7 可选颜色

"可选颜色"命令可以调整任何主要颜色中的印刷色数量而不影响其他颜色。例如在调整"红色"中的"青色"数量后，而不影响"青色"在其他主色调中的数量，从而可以对颜色进行校正。执行菜单“图像”/“调整”/“可选颜色”命令，打开如图 4-46 所示的对话框。

其中的各项含义如下。

- **颜色：** 在下拉列表中可以选择要进行调整的颜色。
- **调整选择的颜色：** 输入数值或拖动控制滑块改变青色、洋红、黄色和黑色的含量。
- **相对：** 选择该单选按钮，可按照总量的百分比调整当前的青色、洋红、黄色和黑色的含量。例如为起始含有 40% 洋红的像素增加 20%，则该像素的洋红含量为 50%。
- **绝对：** 选择该单选按钮，可对青色、洋红、黄色和黑色的含量采用绝对值调整。例如为起始含有 40% 洋红的像素增加 20%，则该像素的洋红含量为 60%。

图 4-46　“可选颜色”对话框

技　巧

“可选颜色”命令主要用于微调颜色，从而进行增减所用颜色的油墨百分比，在“信息”面板的弹出菜单中选择“调板选项”命令，将“模式”设置为“油墨总量”，将吸管移到图像，便可以查看油墨的总体百分比。

找一张自己喜欢的图片 (“素材 / 第 4 章 / 创意蔬菜”)，可以通过“可选颜色”命令调整图像的颜色，调整过程如图 4-47 所示。

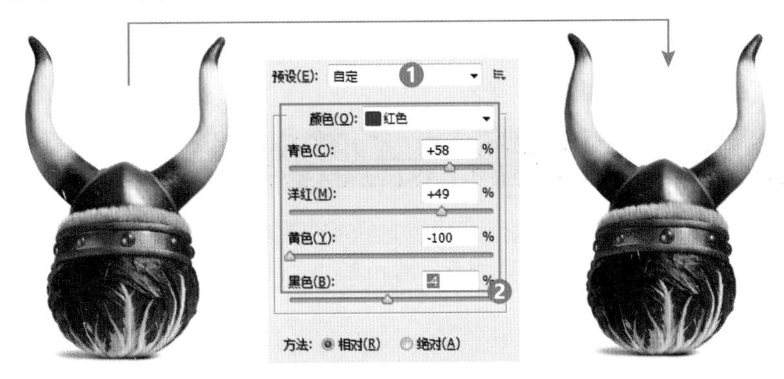

图 4-47　可选颜色调整

4.6.8 渐变映射

“渐变映射”命令可以将相等的灰度颜色进行等量递增或递减运算而得到渐变填充效果。如果指定双色渐变填充，图像中暗调映射到渐变填充的一个端点颜色，高光映射到渐变填充的一个端点颜色，中间调映射为两种颜色混合的结果，通过“渐变映射”命令可以将图像映射为一种或多种颜色，如图 4-48 所示。执行菜单“图像”/“调整”/“渐变映射”命令，打开如图 4-49 所示的“渐变映射”对话框。

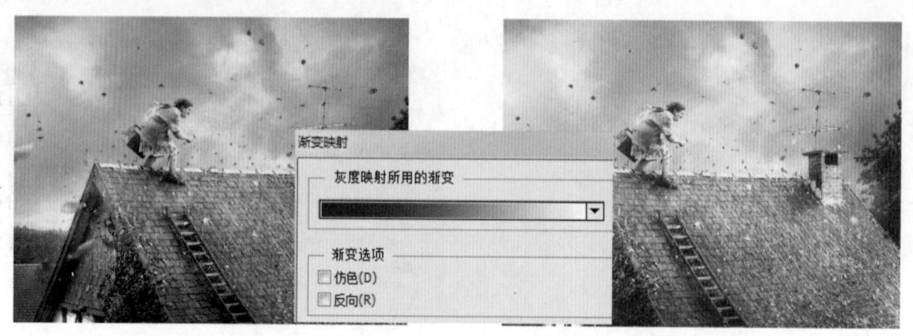

图 4-48　通过“渐变映射”制作单色图像

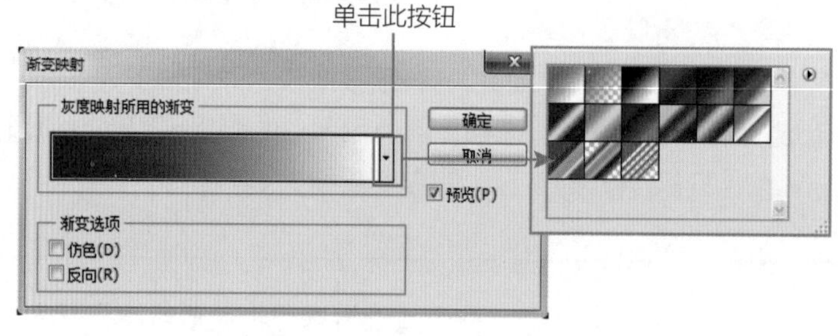

图 4-49　“渐变映射”对话框

其中的各项含义如下。

- **灰度映射所用的渐变：** 单击渐变颜色条右边的倒三角形按钮，在打开的面板中可以选择系统预设的渐变类型，作为映射的渐变色。单击渐变颜色条会弹出“渐变编辑器”对话框，在对话框中可以自己设定喜爱的渐变映射类型。
- **仿色：** 用于平滑渐变填充的外观并减少带宽效果。
- **反向：** 用于切换渐变填充的顺序。

4.7　图像亮度调整

在 Photoshop 中调整图像的亮度，可以对当前图像的显示状态进行更加细致的调整，可以大致从曝光、亮度等几个方面进行调整。

4.7.1　阴影和高光

“阴影 / 高光”命令主要是修整在强背光条件下拍摄的照片。执行菜单“图像”/“调整”/“阴影 / 高光”命令，打开如图 4-50 所示的“阴影 / 高光”对话框。

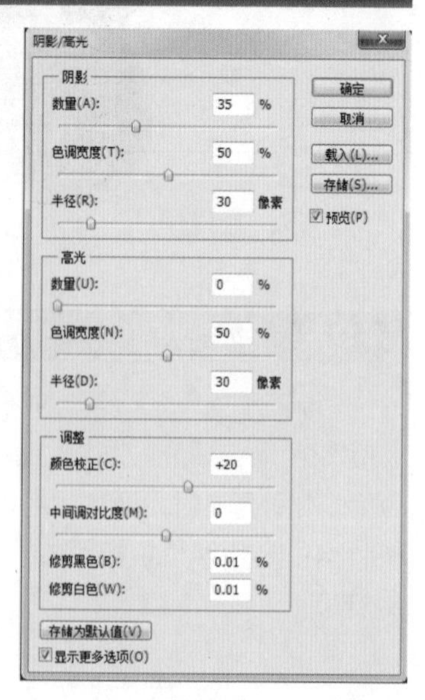

图 4-50　“阴影 / 高光”对话框

其中的各项含义如下。

- **阴影：** 用来设置暗部在图像中所占的数量多少。
- **高光：** 用来设置亮部在图像中所占的数量多少。
- **显示更多选项：** 勾选该复选框，可以显示“阴影 / 高光”对话框的详细内容。
- **数量：** 用来调整“阴影”或“高光”的浓度。“阴影”的“数量”

越大，图像上的暗部就越亮；“高光”的“数量”越大，图像上的亮部就越暗。

- **色调宽度：**用来调整“阴影”或“高光”的色调范围。“阴影”的“色调宽度”越小，调整的范围就越集中于暗部；“高光”的“色调宽度”越小，调整的范围就越集中于亮部。当“阴影”或“高光”的值太大时，也可能会出现色晕。
- **半径：**用来调整每个像素周围的局部相邻像素的大小，相邻像素用来确定像素是在“阴影”还是在“高光”中。通过调整“半径”值，可获得焦点对比度与背景相比的焦点的级差加亮 (或变暗) 之间的最佳平衡。
- **颜色校正：**用来校正图像中已做调整的区域色彩。数值越大，色彩饱和度就越高；数值越小，色彩饱和度就越低。
- **中间调对比度：**用来校正图像中中间调的对比度。数值越大，对比度越高；数值越小，对比度越低。
- **修剪黑色 / 白色：**用来设置在图像中会将多少阴影或高光剪切到新的极端阴影 (色阶为 0) 和高光 (色阶为 255) 颜色。数值越大，生成图像的对比度越强，但会丢失图像细节。

找一张背光照片 (“素材 / 第 4 章 / 背光照片”)，可以通过“阴影 / 高光”命令调整图像的亮度，调整过程如图 4-51 所示。

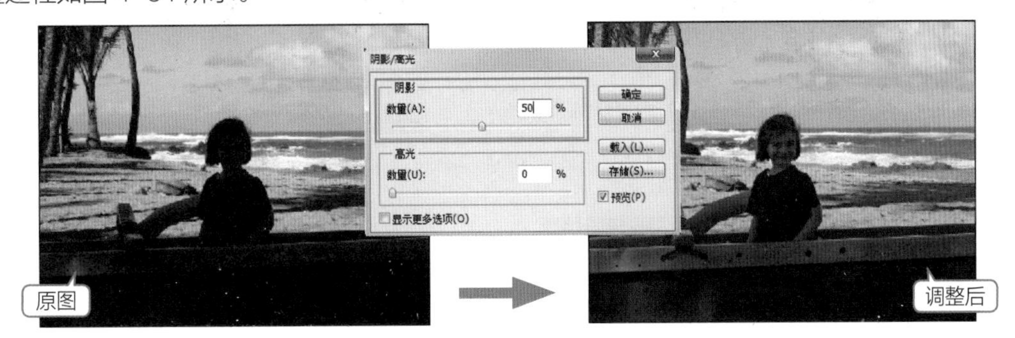

图 4-51　消除背光

4.7.2 曝光度

“曝光度”命令可以调整 HDR 图像的色调，它可以是 8 位或 16 位图像，可以对曝光不足或曝光过度的图像进行调整。执行菜单“图像”/“调整”/“曝光度”命令，打开如图 4-52 所示的“曝光度”对话框。

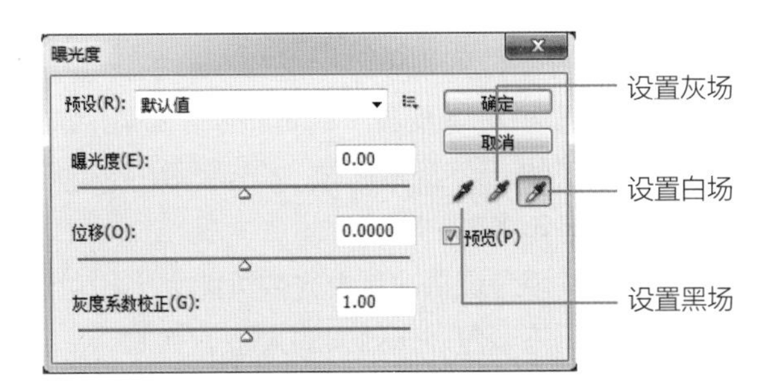

图 4-52　“曝光度”对话框

其中的各项含义如下。

- **曝光度：**用来调整色调范围的曝光度，该选项可对极限阴影产生轻微影响。
- **位移：**用来使阴影和中间调变暗，该选项可对高光产生轻微影响。
- **灰度系数校正：**用来设置高光与阴影之间的差异。
- **设置黑场：**用来设置图像中阴影的范围。在“曝光度”对话框中单击“设置黑场”按钮后，在图像中选取相应的点单击，单击后图像中比选取点更暗的像素颜色将会变得更深 (黑色选取点除外)。在黑色区域再次单击后会恢复图像。

- **设置灰场**：用来设置图像中中间调的范围。在黑色区域或白色区域单击后会恢复图像。
- **设置白场**：与设置黑场的方法正好相反，用来设置图像中高光的范围。在“曝光度”对话框中单击“设置白场”按钮后，在图像中选取相应的点单击，单击后图像中比选取点更亮的像素颜色将会变得更浅（白色选取点除外）。在白色区域再次单击后会恢复图像。

技 巧

在“设置黑场”“设置灰场”或“设置白场”的吸管图标上双击鼠标，会弹出相对应的“拾色器”对话框，在对话框中可以选择不同颜色作为最亮或最暗的色调。

找一张曝光不足的照片（“素材 / 第 4 章 / 曝光不足的照片”），可以通过“曝光度”命令调整图像的亮度，调整过程如图 4-53 所示。

图 4-53　加强曝光

4.7.3 HDR 色调

“HDR 色调”命令可以对图像中的边缘光、色调和细节、颜色等方面进行更加细致的调整。执行菜单“图像”/“调整”/“HDR 色调”命令，打开如图 4-54 所示的对话框。

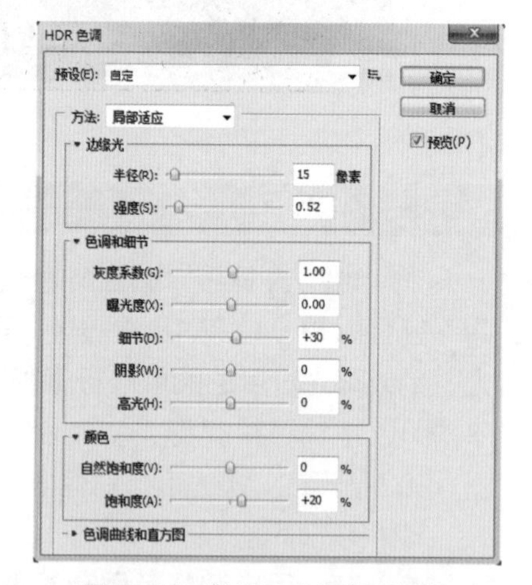

图 4-54　“HDR 色调”对话框

其中的各项含义如下。

- **预设**：在下拉列表中可以选择系统预设的选项。
- **方法**：在下拉列表中可以选择图像的调整方法，其中包括曝光度和灰度系数、高光压缩、局部适应和色调均化直方图，选择不同的方法，对话框也会有所不同，如图 4-55 至 4-57 所示。
- **边缘光**：用来设置照片发光效果的大小和对比度。
- **半径**：用来设置发光效果的大小。
- **强度**：用来设置发光效果的对比度。

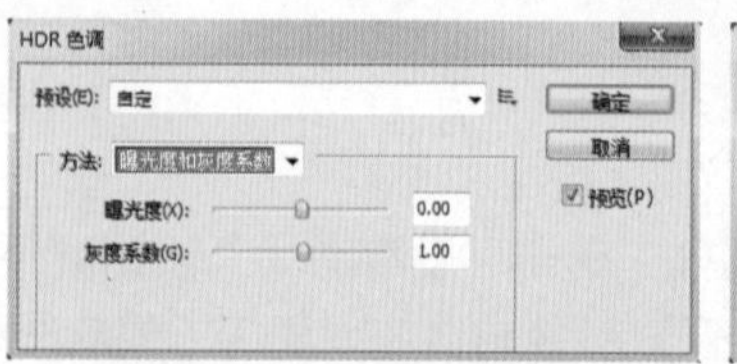

图 4-55　曝光度和灰度系数

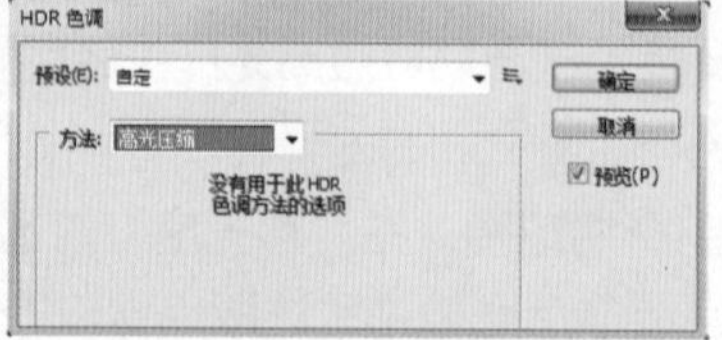

图 4-56　高光压缩

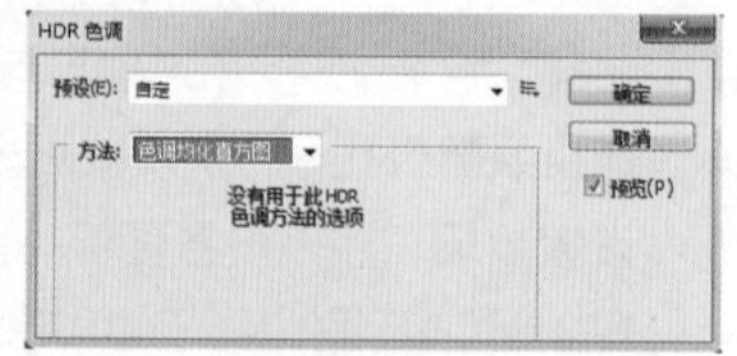

图 4-57　色调均化直方图

- **色调和细节：**用来调整照片的光影部分。
- **细节：**用来设置查找图像细节。
- **阴影：**调整阴影部分的明暗度。
- **高光：**调整高光部分的明暗度。
- **颜色：**用来调整照片的色彩。
- **自然饱和度：**可以对图像进行灰色调到饱和色调的调整，用于提升饱和度不够的图片，或调整出非常优雅的灰色调，取值范围为 -100~100，数值越大，色彩越浓烈。
- **饱和度：**用来设置图像色彩的浓度。
- **色调曲线和直方图：**用曲线直方图的方式对图像进行色彩与亮度的调整。

找一张曝光不足的照片（“素材 / 第 4 章 / 曝光不足的照片 2”），可以通过“HDR 色调”命令调整图像的亮度，调整过程如图 4-58 所示。

图 4-58　HDR 色调调整

4.8　像素颜色大幅度变化

在 Photoshop 中通过系统提供的“像素颜色大幅度变化”调整功能，可以将图像调整为对比十分强烈的颜色像素分块效果，有彩色分块，也有黑白分块。

4.8.1　色调分离

“色调分离”命令可以指定图像中每个通道的色调级（或亮度值）的数目，然后将像素映射为最接近的一种色调。执行菜单“图像”/“调整”/“色调分离”命令，打开如图 4-59 所示的“色调分离”对话框。

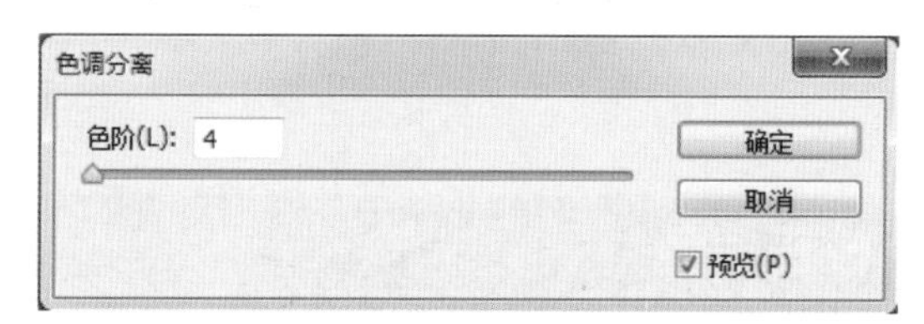

图 4-59　“色调分离”对话框

其中的选项含义如下。

色阶：用来指定图像转换后的色阶数量。数值越小，图像变化越剧烈。

执行该命令后的图像由大面积的单色构成，效果如图 4-60 所示。

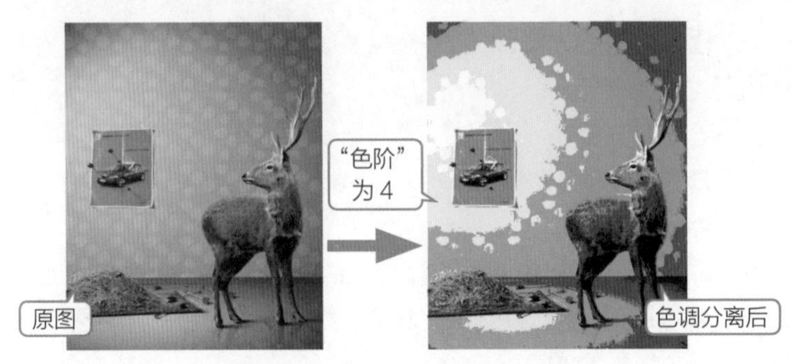

图 4-60　色调分离后的对比效果

4.8.2 阈值

“阈值”命令可以将灰度图像或彩色图像转换为高对比度的黑白图像，执行菜单“图像”/“调整”/“阈值”命令，打开如图 4-61 所示的“阈值”对话框。

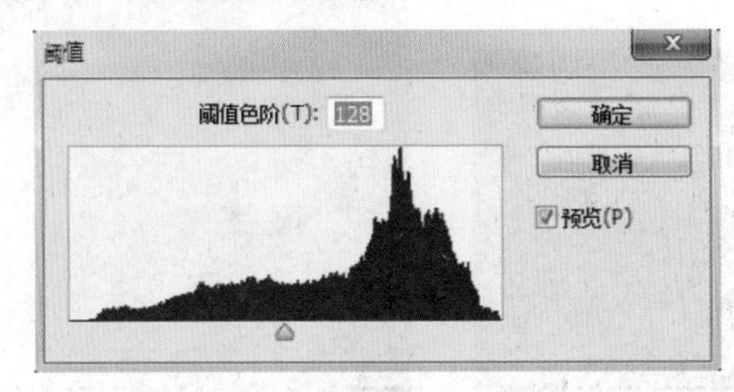

图 4-61　“阈值”对话框

其中的选项含义如下。

阈值色阶：用来设置黑色与白色的分界数值。数值越大，黑色越多；数值越小，白色越多。

执行该命令会将彩色照片变为黑白对比强烈的双色效果，如图 4-62 所示。

图 4-62　阈值后的对比效果

4.9　综合练习：校正偏色

由于篇幅所限，本章中的实例只介绍技术要点和制作流程，具体的操作步骤大家可以根据本书附带的多媒体视频来学习。

实例效果图	技术要点
	✸ 新建图层，填充灰色并设置混合模式 ✸ 设置阈值，合并图层 ✸ 对图像中的灰色区域进行取样 ✸ 通过“色阶”设置灰场，对图像进行调色

制作流程：

STEP 1 打开素材，按快捷键 Ctrl+J 复制图层。再新建“图层 2”，填充灰色，设置“混合模式”为“差值”。

STEP 2 按快捷键 Ctrl+E 将“图层 2”和“图层 1”合并。

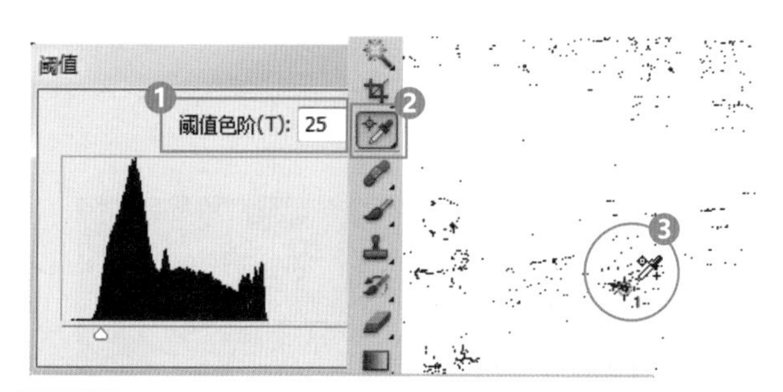

STEP 3 设置“阈值色阶”为 25，使用颜色取样器工具在图像中的黑色上单击进行取样。

STEP 4 将“图层 1”隐藏。

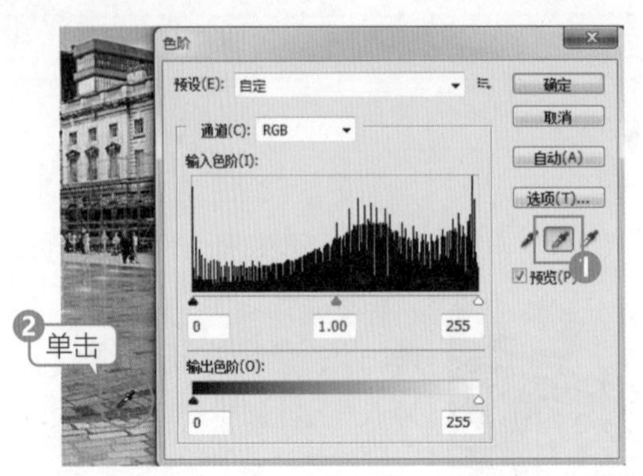

STEP 5 选择“背景”图层，执行“色阶”命令，在打开的对话框中单击“设置灰场”按钮，在图像中的色标上单击。

STEP 6 单击后会自动将色偏校正。

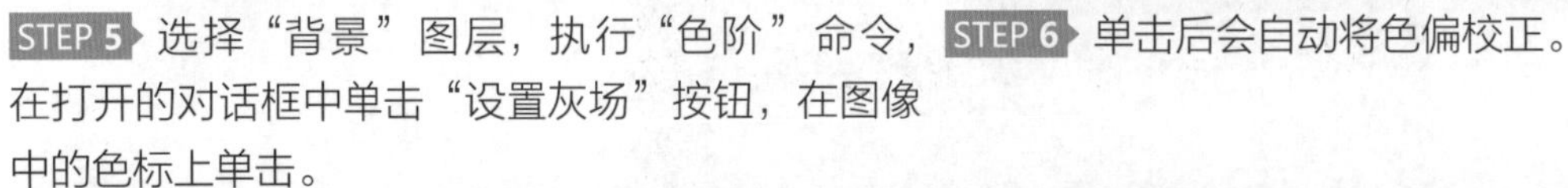

4.10 综合练习：增强对比加强层次感

实例效果图	技术要点
	✱ 复制“背景”图层 ✱ 为副本图层应用“色彩平衡”命令 ✱ 设置“混合模式”为“叠加”

制作流程：

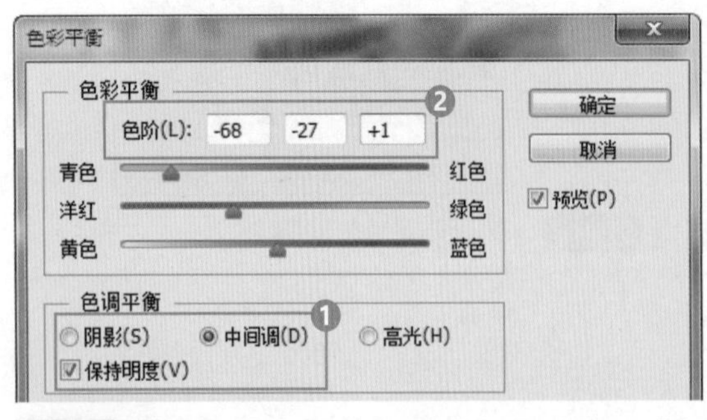

STEP 1 打开素材，复制“背景”图层，应用“色彩平衡”命令。

STEP 2 应用“色彩平衡”后的效果。

STEP 3 设置“混合模式”为“叠加”。

STEP 4 完成增加对比的最终效果。

4.11 综合练习：制作黄昏效果照片

实例效果图	技术要点
	✱ 复制“背景”图层 ✱ 隐藏副本图层，为背景图层应用“照片滤镜”命令 ✱ 应用“色阶”命令 ✱ 设置“不透明度”为30%

制作流程：

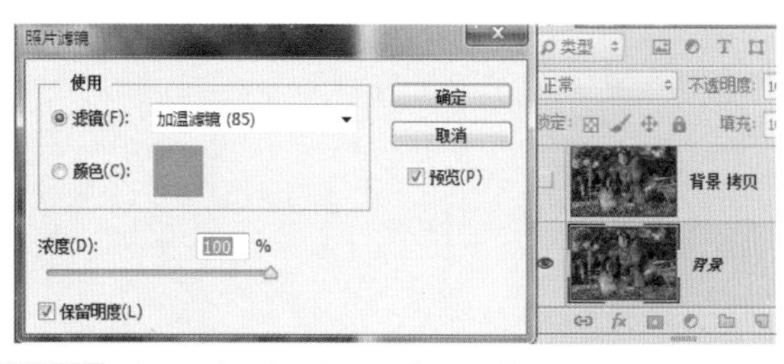

STEP 1 打开素材，复制“背景”图层，隐藏副本图层，为背景应用“照片滤镜”命令。

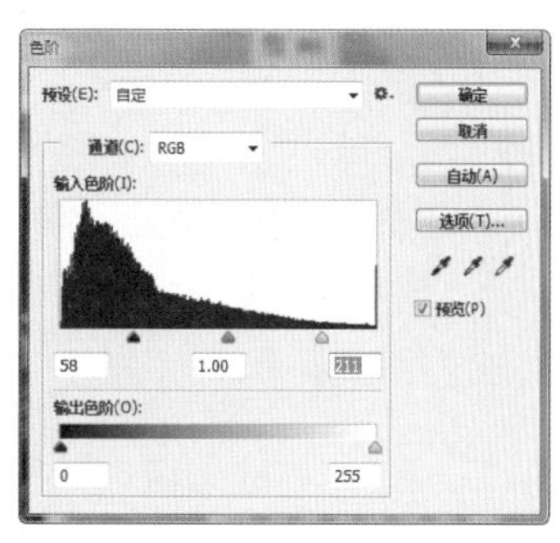

STEP 2 应用“色阶”命令调整背景图层。

STEP 3 设置“不透明度”为 30%。

STEP 4 完成黄昏后的最终效果。

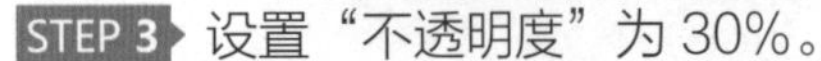

4.12 练习与习题

1. 练习

(1) 通过“旋转”命令将图像在直幅与横幅之间进行改变。

(2) 通过“色相 / 饱和度”命令改变图像的色调。

2. 习题

(1) 下面哪个是打开“色阶”对话框的快捷键?

A. Ctrl+L　　B. Ctrl+ U

C. Ctrl+A　　D. Shift+Ctrl+L

(2) 下面哪个是打开“色相 / 饱和度”对话框的快捷键?

A.Ctrl+L　　B. Ctrl+U

C. Ctrl+B　　D. Shift+Ctrl+U

(3) 下面哪几个功能可以调整色调?

A. 色相 / 饱和度　　B. 亮度 / 对比度

C. 自然饱和度　　D. 通道混合器

(4) 可以得到底片效果的命令是什么?

A. 色相 / 饱和度　　B. 反相

C. 去色　　D. 色彩平衡

第 5 章

文字的应用 

文字的主要功能是在设计中向大众传达作者的意图和各种信息，要达到这一目的必须考虑文字的整体诉求效果，给人以清晰的视觉印象。Photoshop 中的文字应用可以更加细致地对文字基础部分进行操作。本章主要为大家介绍 Photoshop 软件中的文字应用，其中包括创建文字的工具、对文字的基本编辑、创建 3D 文本、文字变形、创建段落文本、变换段落文字、编辑段落文字以及将点文字转换为段落文本。

5.1 创建文字的工具

在 Photoshop 中可以直接创建文字的工具有T（横排文字工具）和IT（直排文字工具）。

5.1.1 横排文字工具

使用T（横排文字工具）可以在水平方向上输入横排文字，该工具也是文字工具组中最基本的文字输入工具，同时也是使用最频繁的一个工具。选择T（横排文字工具）❶，之后再将鼠标移动到画面中，找到要输入文字的地方，单击鼠标会出现图标❷，此时输入所需要的文字即可，如图 5-1 所示。

图 5-1 输入的文字

提 示

文字输入完毕后，单击✓（提交所有当前编辑）按钮，或在工具箱中单击一下其他工具，即可完成文字的输入。

在工具箱中选择T（横排文字工具）输入文字后，属性栏会变成该工具对应的选项设置，如图 5-2 所示。

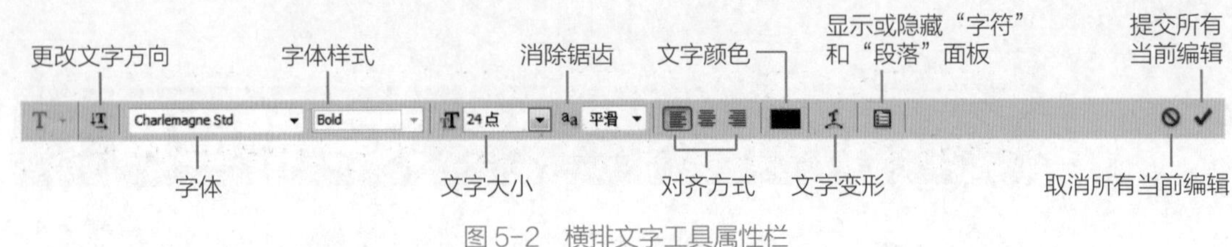

图 5-2　横排文字工具属性栏

其中的各项含义如下。

- **更改文字方向：**单击此按钮，可以将输入的文字在水平与垂直之间进行转换，如图 5-3 所示。

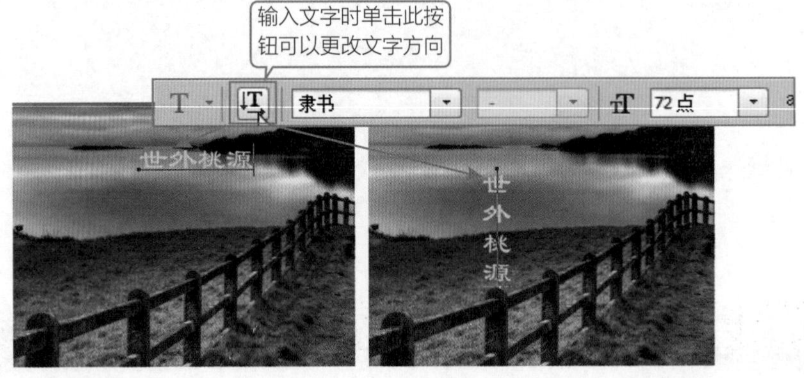

图 5-3　更改文字方向

- **字体：**用来设置输入文字的字体，可以在下拉列表中选择输入文字的字体。
- **字体样式：**选择不同字体时，会在“字体样式”下拉列表中出现该字体对应的不同字体样式，例如选择 Arial 字体时，“字体样式”下拉列表中就会包含 4 种该字体所对应的样式，如图 5-4 所示。选择不同的样式时输入的文字会有所不同。

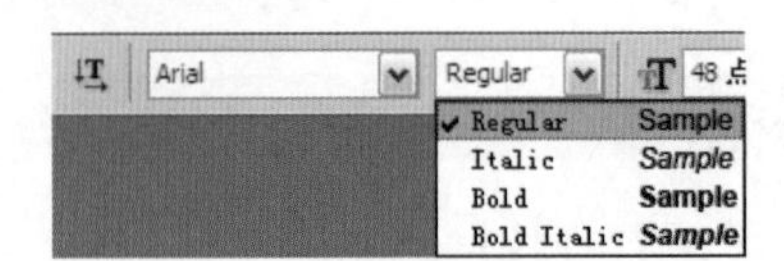

图 5-4　字体样式

提　示

不是所有的字体都存在字体样式。

- **文字大小：**用来设置输入文字的大小，可以在下拉列表中选择，也可以直接在文本框中输入数值。
- **消除锯齿：**可以通过部分填充边缘像素来产生边缘平滑的文字，下拉列表中包含 5 个选项，如图 5-5 所示。该设置只会针对当前输入的整个文字起作用，不能对单个字符起作用。

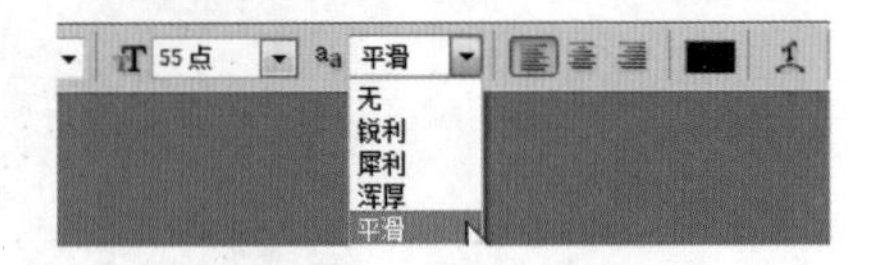

图 5-5　消除锯齿选项

- **对齐方式：**用来设置输入文字的对齐方式，包括文本左对齐、文本居中对齐和文本右对齐，如图 5-6 所示。

图 5-6　3 种对齐方式

- **文字颜色：**用来设置输入文字的颜色。
- **文字变形：**输入文字后单击该按钮，可以在弹出的“文字变形”对话框中对输入的文字进行变形设置。
- **显示或隐藏“字符”和“段落”面板：**单击该按钮，即可将“字符”和“段落”面板组进行显示，如图 5-7 和图 5-8 所示。
- **取消所有当前编辑：**用来将当前编辑状态下的文字还原。
- **提交所有当前编辑：**用来将正处于编辑状态的文字应用使用的编辑效果。

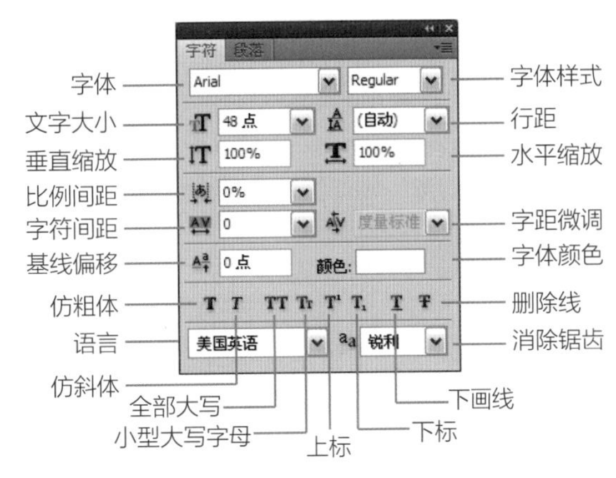

图 5-7　“字符”面板

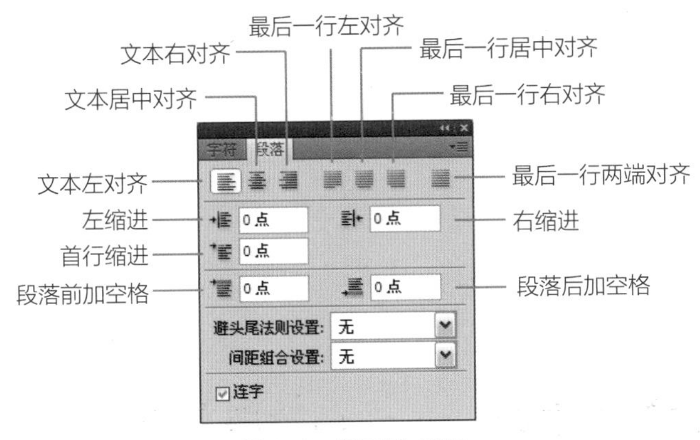

图 5-8　“段落”面板

> **提　示**
>
> “取消所有当前编辑”按钮与“提交所有当前编辑”按钮，只有文字处于输入状态时才可以显示出来。

5.1.2 直排文字工具

使用IT（直排文字工具）可以在垂直方向上输入文字，该工具的使用方法与T（横排文字工具）相同，属性栏也是一模一样的，具体输入方法如图 5-9 所示。

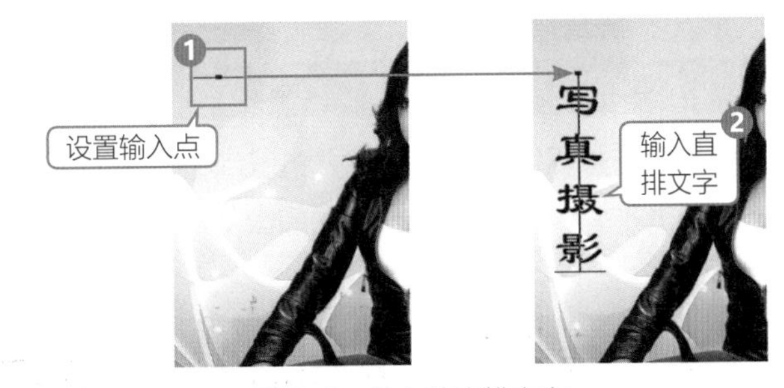

图 5-9　输入的直排文字

5.2 编辑文字

编辑文字指的是对已经创建的文字通过属性栏、“字符”面板或“段落”面板重新进行设置，例如设置文字行距、文字缩放、基线偏移等。属性栏中针对文字的设置已经讲过了，本节主要讲解在“字符”面板和“段落”面板中关于文字的一些基本编辑。

5.2.1 比例间距

比例间距是按指定的百分比减少字符周围的空间。数值越大，字符间压缩越紧密。取值范围是0%~100%。输入文字后，在“字符”面板中设置所选字符的比例间距为90%，此时字符间将会缩紧，如图5-10所示。

> **提　示**
>
> 要想使“比例间距”选项出现在“字符”面板中，那就必须在“首选项”对话框的“文字”选项中选择“显示亚洲字体选项”。

图5-10　比例间距

5.2.2 字符间距

字符间距指的是放宽或收紧字符之间的距离。输入文字后，在“字符”面板中设置所选字符的间距，在其中分别选择-100和200，得到如图5-11和图5-12所示的效果。

图5-11　字符间距为-100

图5-12　字符间距为200

5.2.3 字距微调

字距微调是增加或减少特定字符之间距离的过程，包含3个选项：度量标准、视觉和0。输入文字后，分别选择不同的选项后会得到如图5-13所示的效果。

图5-13　字距微调

5.2.4 水平缩放与垂直缩放

水平缩放与垂直缩放用来对输入的文字在垂直或水平方向上进行缩放。输入文字后，分别设置垂直缩放与水平缩放为300%，得到如图5-14所示的效果。

图5-14　垂直缩放与水平缩放

5.2.5 基线偏移

基线偏移可以使选中的字符相对于基线进行提升或下降。输入文字后，选择其中的一个文字，如图5-15所示。分别设置基线偏移为10和-10，得到如图5-16和图5-17所示的效果。

图 5-15　选择文字 　　图 5-16　偏移为 10 　　图 5-17　偏移为 -10

5.2.6 文字行距

文字行距指的是文字基线与下一行基线之间的垂直距离。输入文字后，在“字符”面板的行距文本框中输入相应的数值，会使垂直文字之间的距离发生改变，如图 5-18 和图 5-19 所示。

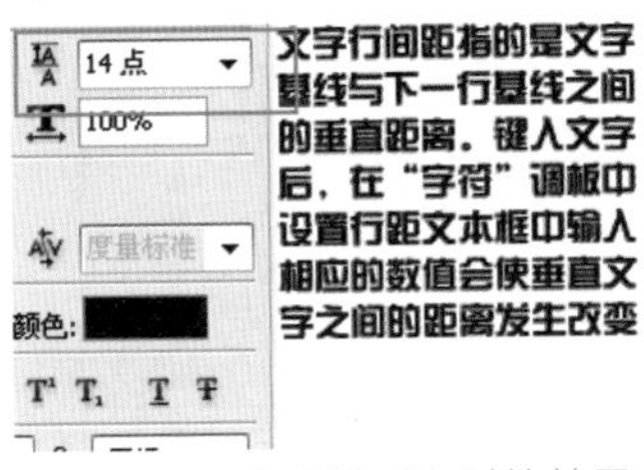

图 5-18　行距为 14 时的效果

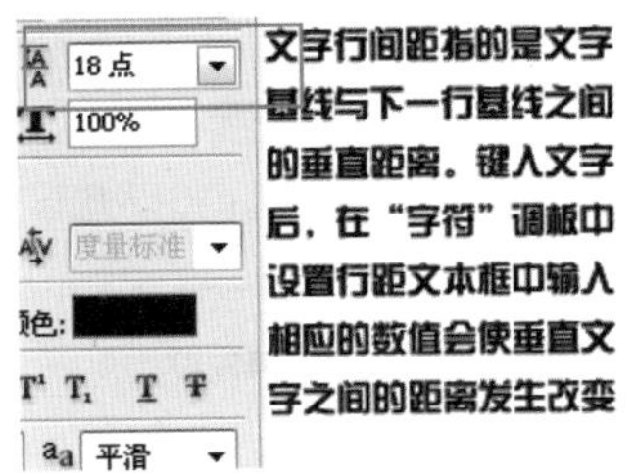

图 5-19　行距为 18 时的效果

5.2.7 字符样式

字符样式指的是输入字符的显示状态，单击不同按钮会完成所选字符的样式效果，包括仿粗体、斜体、全部大写字母、小型大写字母、上标、下标、下画线和删除线，如图 5-20 至图 5-23 所示。

图 5-20　原图 　　图 5-21　斜体 　　图 5-22　上标 　　图 5-23　下画线

5.3 创建 3D 文字

在 Photoshop CC 中新增加了创建 3D 文字的功能，只要在文档中输入文字后，执行菜单“类型”/“创建 3D 文字”命令，即可将平面文字转换为 3D 效果，此时即可使用 3D 工具对其进行编辑，如图 5-24 所示。

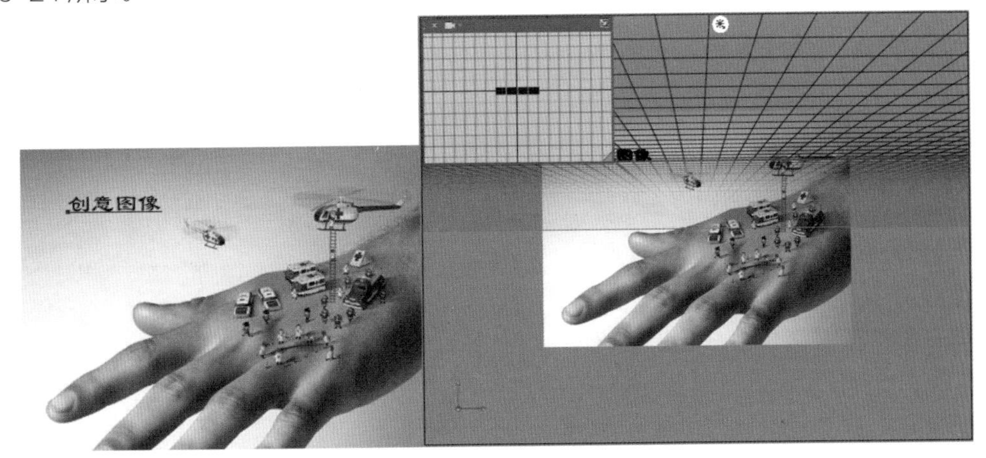

图 5-24　创建 3D 文字

5.4 文字变形

在 Photoshop 中通过“文字变形”命令可以对输入的文字进行更加艺术化的变形，使文字更加具有观赏感，变形后的文字仍然具有文字所具有的共性。

文字变形可以通过在输入文字后直接单击（创建文字变形）按钮来实现，或者执行菜单“图层”/“文字”/“文字变形”命令，打开“变形文字”对话框，如图 5-25 所示。

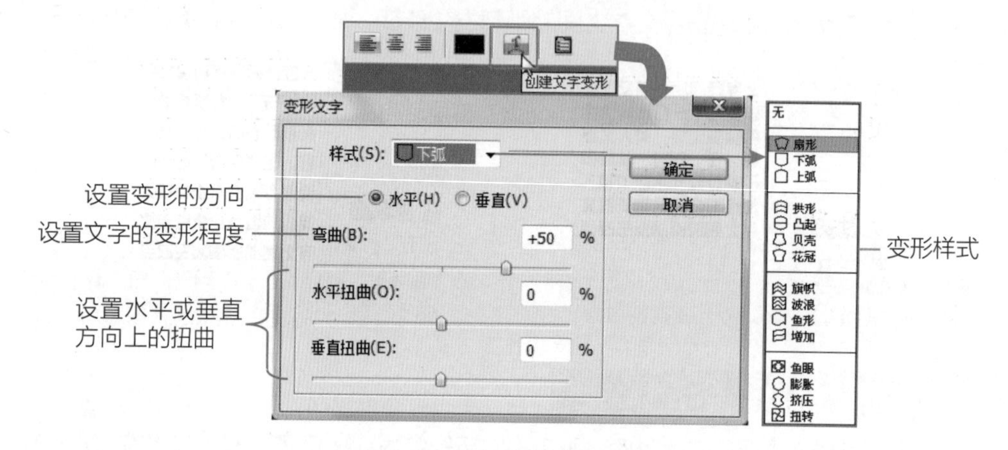

图 5-25 “变形文字”对话框

输入文字后，分别对文字应用不同的样式，并选择“水平”单选按钮，设置“弯曲”为 50%、“水平扭曲”和“垂直扭曲”为 0，会得到如图 5-26 所示的效果。

图 5-26 文字变形

5.5 创建段落文字

在 Photoshop 中使用文字工具不但可以创建点文字，还可以创建大段的段落文字，在创建段落文字时，文字基于定界框的尺寸自动换行。

上机实战 创建段落文字

STEP 1 使用T（横排文字工具），在页面中选择相应的位置按下鼠标向右下角拖动，如图 5-27 所示。松开鼠标会出现文本定界框，如图 5-28 所示。

STEP 2 此时输入的文字就会只出现在文本定界框内。另一种方法是，按住 Alt 键在页面中拖动或者单击鼠标会出现如图 5-29 所示的“段落文字大小”对话框，

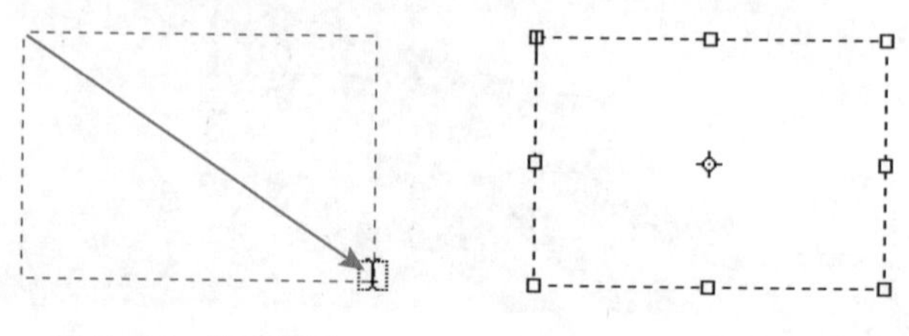

图 5-27 拖动鼠标　　图 5-28 创建文本定界框

设置“高度”与“宽度”后，单击“确定”按钮，即可设置更为精确的文本定界框。

STEP 3 输入所需的文字，如图 5-30 所示。

STEP 4 如果输入的文字超出了文本定界框的容纳范围，就会在右下角出现超出范围的图标，如图 5-31 所示。

图 5-29 “段落文字大小”对话框

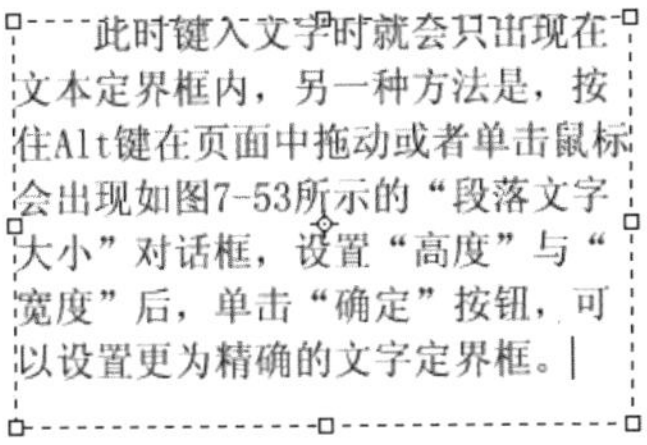

图 5-30 输入文字

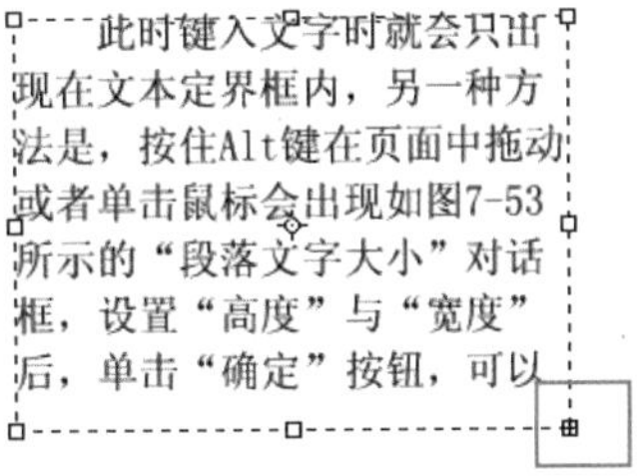

图 5-31 超出文本定界框

5.6 变换段落文字

在 Photoshop 中创建段落文字后，可以通过拖动文本定界框来改变文本在页面中的样式。

上机实战 变换段落文字

STEP 1 创建段落文字后，直接拖动文本定界框的控制点来缩放文本定界框，会发现此时变换的只是文本定界框，其中的文字没有跟随变换，如图 5-32 所示。

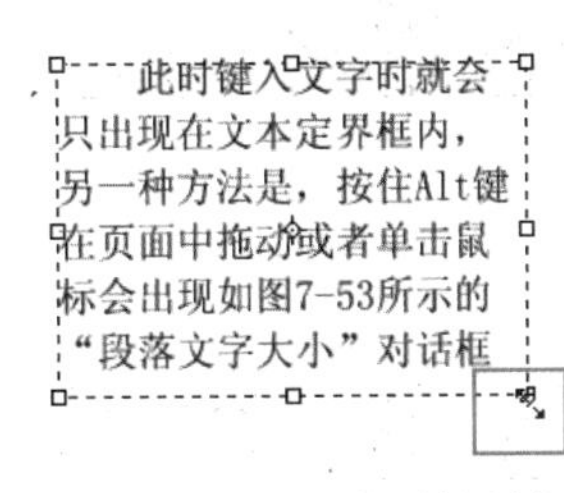

图 5-32 直接拖动控制点

STEP 2 拖动文本定界框的控制点时按住 Ctrl 键来缩放定界框，会发现此时变换的不只是文本定界框，其中的文字也会跟随文本定界框一同变换，如图 5-33 所示。

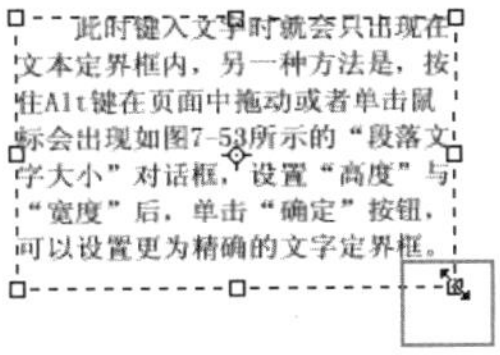

图 5-33 按住 Ctrl 键拖动控制点变换

STEP 3 当鼠标指针移到四个角的控制点时会变成旋转的图标，拖动鼠标可以将其旋转，如图 5-34 所示。

STEP 4 按住 Ctrl 键将鼠标指针移到四条边的控制点时会变成斜切的图标，拖动鼠标可以将其斜切，如图 5-35 所示。

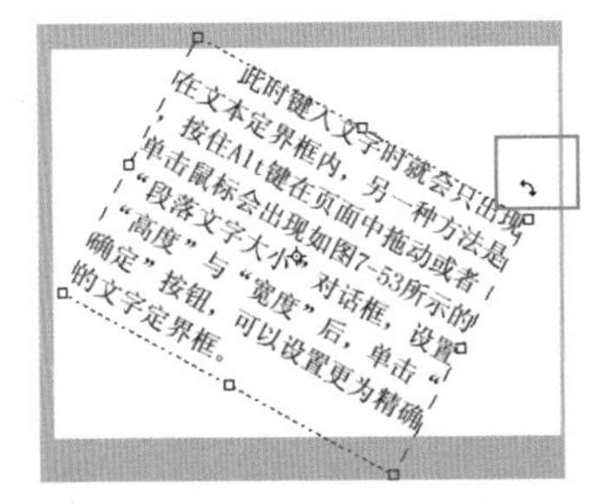

图 5-34 旋转

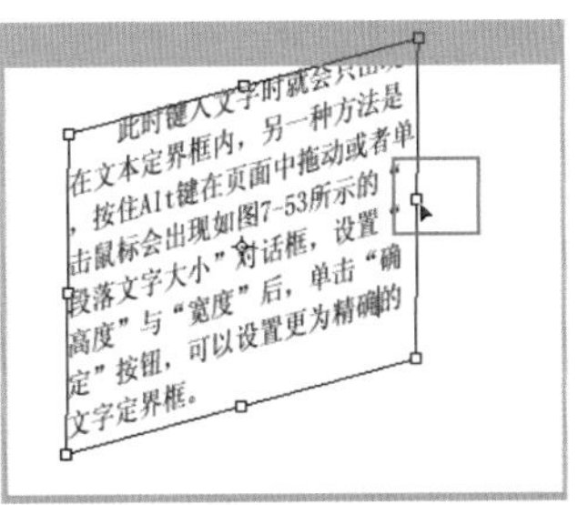

图 5-35 斜切

5.7 编辑段落文字

在 Photoshop 中创建段落文字后，可以通过属性栏、“字符”面板或“段落”面板对文字进行编辑。

上机实战 编辑段落文字

创建段落文字后，在“段落”面板中单击不同按钮会得到如图 5-36 所示的效果。

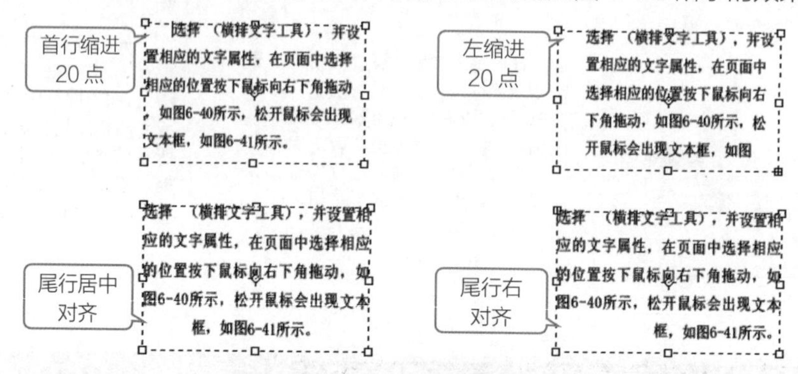

图 5-36 编辑段落文本

5.8 将点文字转换为段落文字

在 Photoshop 中有时创建的点文字会非常多，编辑时没有段落文字的功能。在 CC 版本中，只要执行菜单“类型”/“转换为段落文本”命令，就可以将输入的点文字转换成段落文字。

5.9 创建文字选区

在 Photoshop 中可以用来创建文字选区的工具有 （横排文字蒙版工具）和 （直排文字蒙版工具）。

提 示

使用 （横排文字蒙版工具）或 （直排文字蒙版工具）创建选区的过程是在蒙版中进行的。

5.9.1 横排文字蒙版工具

（横排文字蒙版工具）可以在水平方向上创建文字选区，该工具的使用方法与 （横排文字工具）相同，创建完成后单击 ✓（提交所有当前编辑）按钮或在工具箱中选择其他选区工具，便可创建完成，如图 5-37 所示。

图 5-37 使用横排文字蒙版工具创建文字选区

5.9.2 直排文字蒙版工具

（直排文字蒙版工具）可以在垂直方向上创建文字选区，该工具的使用方法与（直排文字工具）相同，创建完成后单击 ✔（提交所有当前编辑）按钮或在工具箱中选择其他选区工具，便可创建完成，如图 5-38 所示。

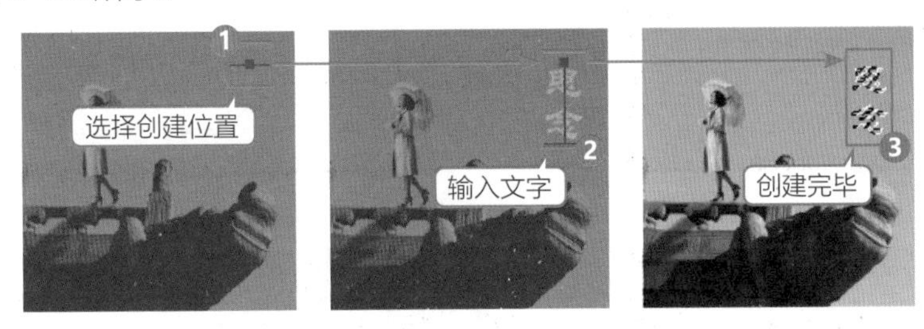

图 5-38　使用直排文字蒙版工具创建文字选区

提　示

使用（横排文字蒙版工具）或（直排文字蒙版工具）创建选区时，属性栏的设置只有在输入文字时才起作用，变为选区后就不起作用了；创建的选区可以填充前景色、背景色、渐变色或图案。

5.10　综合练习：制作立体文字

由于篇幅所限，本章中的实例只介绍技术要点和制作流程，具体的操作步骤大家可以根据本书附带的多媒体视频来学习。

实例效果图	技术要点
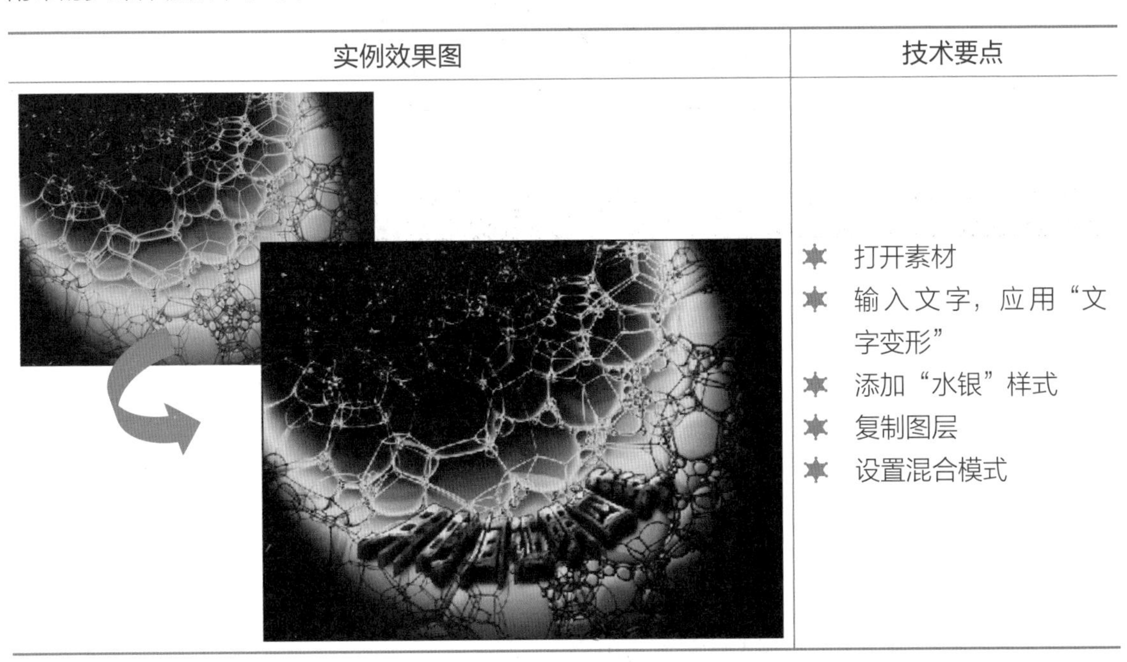	✶ 打开素材 ✶ 输入文字，应用“文字变形” ✶ 添加“水银”样式 ✶ 复制图层 ✶ 设置混合模式

制作流程：

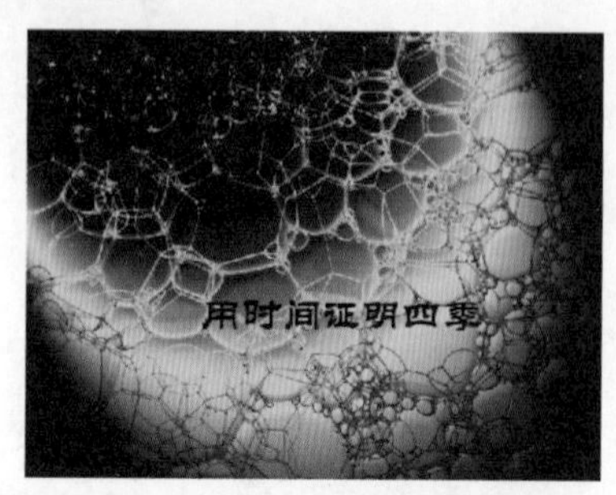

STEP 1 打开素材，输入横排文字。

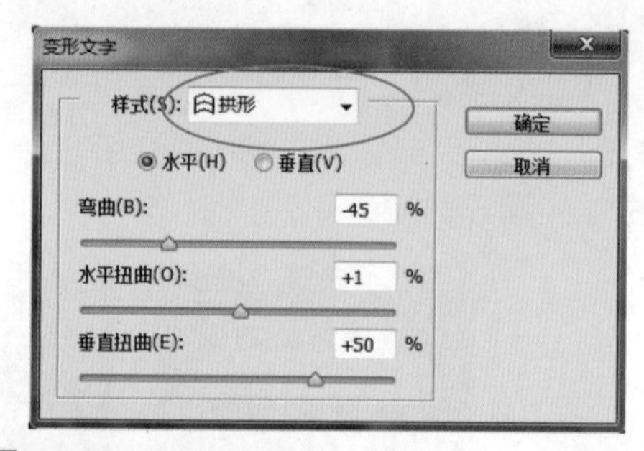

STEP 2 应用“文字变形”命令，打开相应对话框。

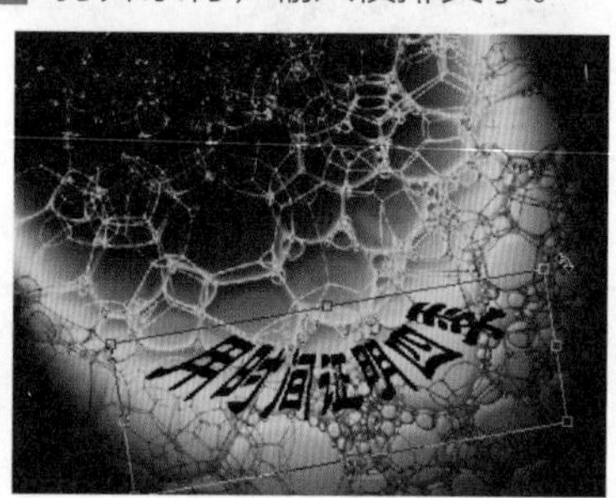

STEP 3 选择“样式”中的“拱形”。

STEP 4 应用“水银”图层样式。

STEP 5 选择移动工具后，按住 Alt 键的同时按键盘上的方向键，为其进行复制，得到立体效果。

5.11 综合练习：制作汽车广告效果

实例效果图	技术要点
	✱ 打开素材 ✱ 输入文字，应用“文字变形” ✱ 调整文字的大小，并进行相应的旋转 ✱ 导入 Logo 素材，完成本例的制作

制作流程：

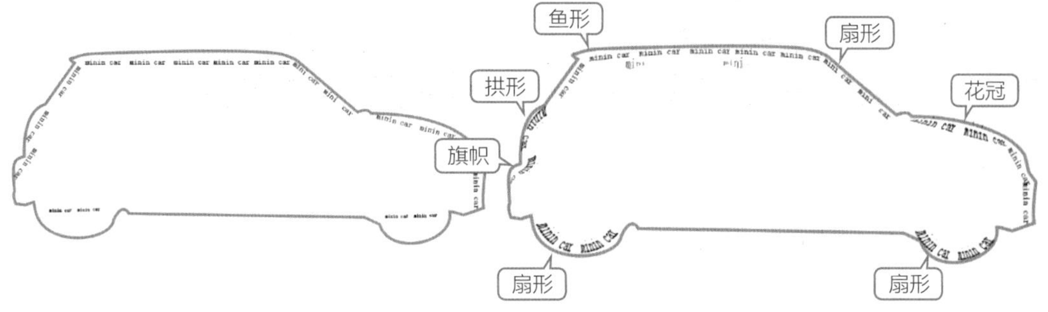

STEP 1 打开素材，在路径内输入文字。

STEP 2 应用“文字变形”命令。

STEP 3 输入其他文字，调整大小。

STEP 4 制作文字天线和图标，完成本例的制作。

5.12 练习与习题

1. 练习

沿路径创建文字。

2. 习题

(1) 下面哪个是可以调整依附路径文字位置的工具？

A. 钢笔工具　　B. 矩形工具　　C. 形状工具　　D. 路径选择工具

(2) 以下哪个工具可以创建文字选区？

A. 横排文字蒙版工具　　B. 路径选择工具

C. 直排文字工具　　D. 直排文字蒙版工具

(3) 以下哪个样式为上标样式？

A. qq　　B. q^q　　C. *qq*　　D. q_q

第 6 章

图层的应用

图层在 Photoshop 中可以更加方便地对图像进行细致的管理。本章主要为大家介绍 Photoshop 中图层的相关知识，其中包括认识图层、图层的基本编辑、图层样式、智能对象、图层蒙版、剪贴蒙版、矢量蒙版以及操控变形。

6.1 认识图层

对图层进行操作可以说是 Photoshop 中使用最为频繁的一项工作。通过建立图层，然后在各个图层中分别编辑图像中的各个元素，可以产生既富有层次，又彼此关联的整体图像效果。所以在编辑图像的同时图层是必不可缺的。

6.1.1 图层的原理

图层与图层之间并不等于完全的白纸与白纸的重合，图层的工作原理类似于在印刷上使用的一张张重叠在一起的硫酸纸，透过图层中的透明或半透明区域，你可以看到下一图层中相应区域的内容，如图 6-1 所示。

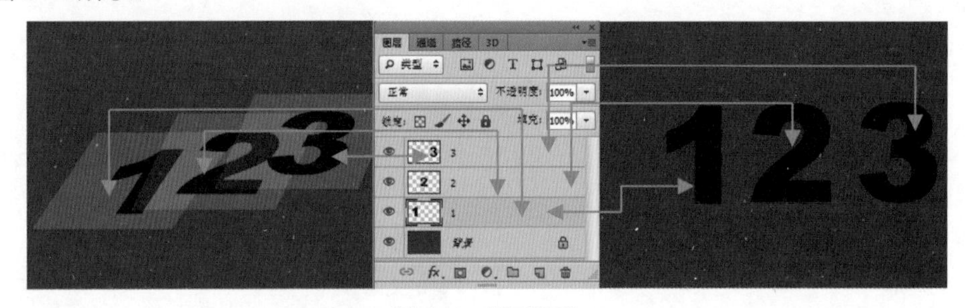

图 6-1　图层原理

6.1.2 认识图层面板

“图层”面板是图层功能的集合，在面板中可以看到不同的图层类型，以及编辑图层的一些快捷命令，例如混合模式、不透明度、图层样式、新建图层等，如图 6-2 所示。

其中的各项含义如下。

- **图层弹出菜单：**单击此按钮，可以弹出“图层”面板的编辑菜单，用于在图层中的编辑操作。
- **快速显示图层：**用来对多图层文档中的特色图层进行快速显示，在下拉列表中包含类型、名称、效果、模式、属性和颜色。选择某个选项后，在右边会出现与之对应的选项，例如选择“类型”

后，在右边会出现显示调整图层、显示文字图层、显示形状图层等。

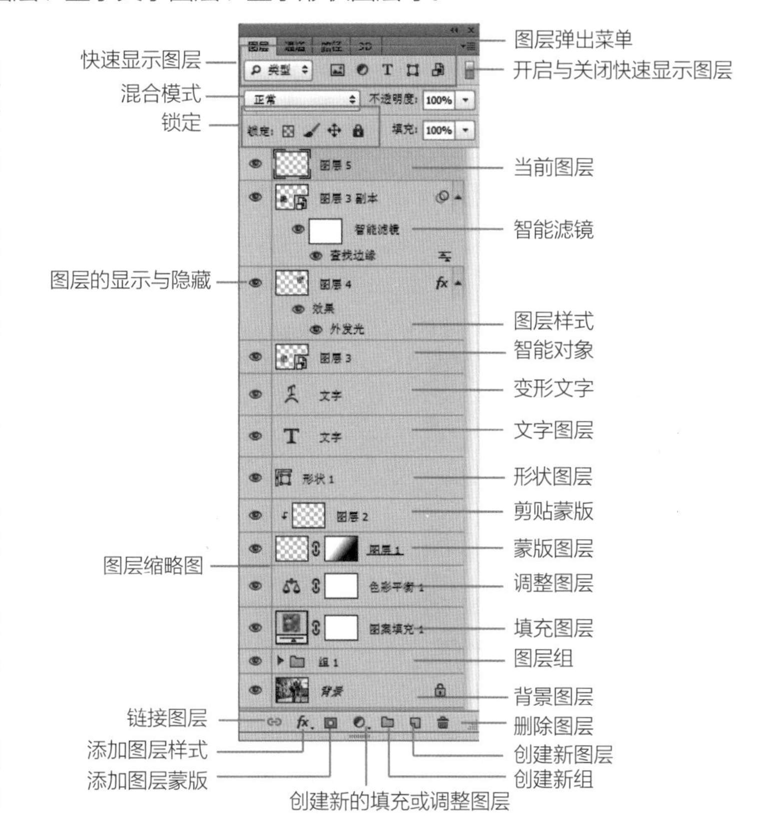

图 6-2　“图层”面板

- **开启与关闭快速显示图层：** 单击滑块到上面时激活快速显示图层功能，滑块到下面时会关闭此功能，使面板恢复老版本“图层”面板的功能。
- **混合模式：** 用来设置当前图层中图像与下面图层中图像的混合效果，在下拉列表中包含27种混合模式类型。
- **不透明度：** 用来设置当前图层的透明程度。
- **锁定：** 包含锁定透明像素、锁定图像像素、锁定位置和锁定全部。
- **图层的显示与隐藏：** 单击即可将图层在显示与隐藏之间转换。
- **图层缩略图：** 用来显示“图层”面板中可以编辑的各种图层。
- **链接图层：** 可以将选中的多个图层进行链接。
- **添加图层样式：** 单击此按钮，可弹出“图层样式”下拉列表，在其中可以选择相应的样式到图层中。
- **添加图层蒙版：** 单击此按钮，可为当前图层创建一个蒙版。
- **创建新的填充或调整图层：** 单击此按钮，在下拉列表中可以选择相应的填充或调整命令，之后会在“调整”面板中进行进一步的编辑。
- **创建新组：** 单击此按钮，会在“图层”面板中新建一个用于放置图层的组。
- **创建新图层：** 单击此按钮，会在“图层”面板中新建一个空白图层。
- **删除图层：** 单击此按钮，可以将当前图层从“图层”面板中删除。

6.2　图层的基本编辑

在了解了图层的原理和“图层”面板后，我们就要对图层进行相应的操作了。在对图层中的图像进行编辑操作的同时，一定要了解关于图层方面的一些基本编辑功能，本节就为大家详细介绍一些关于图层方面的基本编辑操作。

6.2.1　新增图层

新增图层指的是在原有图层或图像上新建一个可参与编辑的图层，新增图层的途径主要有通过

“图层”面板或通过“图层”菜单来创建。在“图层”面板中新增图层的方法可分为 3 种，第 1 种是新建空白图层；第 2 种是在当前文档的“图层”面板中直接复制而得到的图层副本；第 3 种是将另一个文档中的图像复制过来而得到图层。

上机实战 通过图层面板新增图层

STEP 1 在“图层”面板中单击 （创建新图层）按钮，就会在“图层”面板中创建一个图层，如图 6-3 所示。

STEP 2 在“图层”面板中拖动当前图层到 （创建新图层）按钮上，即可得到该图层的副本，如图 6-4 所示。

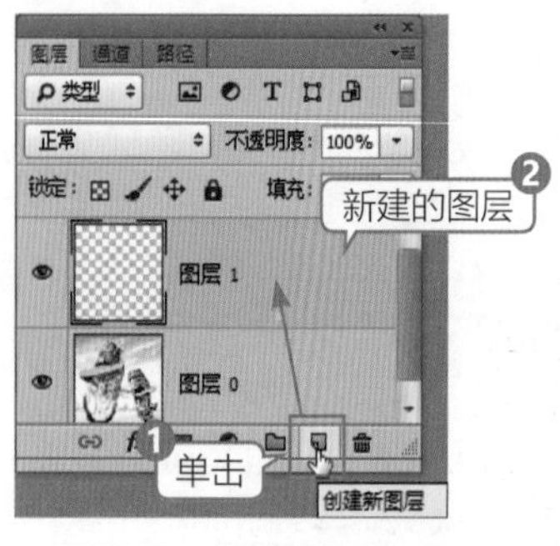

图 6-3 创建新图层

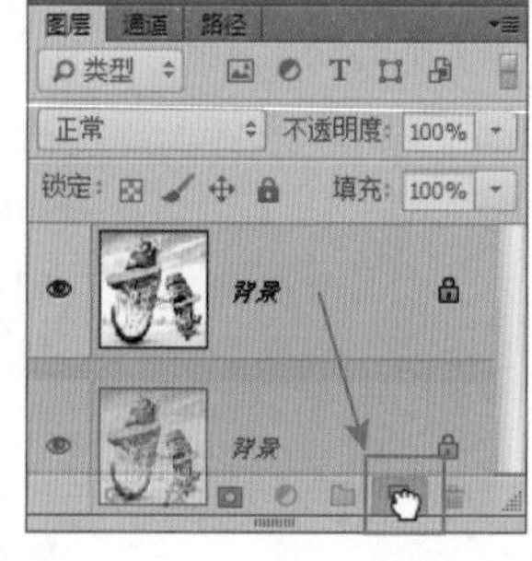

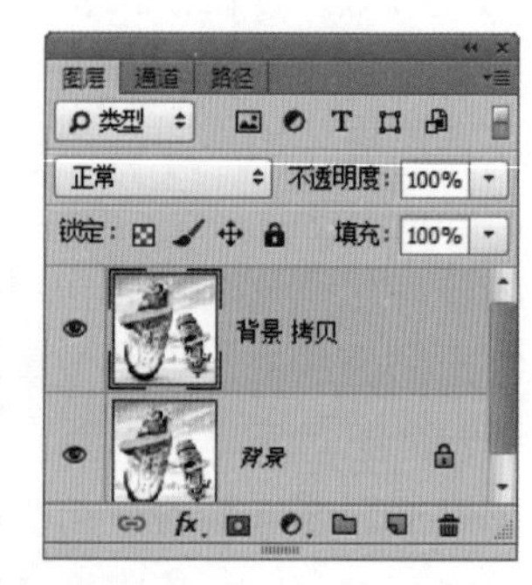

图 6-4 复制图层

STEP 3 使用 （移动工具）将选区内的图像拖动到另一文档中，此时会新建一个图层，如图 6-5 所示。

图 6-5 移动选区内的图像到另一文档中

> **技 巧**
>
> 在“图层”面板中的名称上双击，此时文本框会被激活，在其中输入名称，按 Enter 键完成自定义命名设置。

上机实战 通过菜单新建图层

STEP 1 执行菜单“图层”/“新建”/“图层”命令或按快捷键 Shift+Ctrl+N，可以打开如图 6-6 所示的“新建图层”对话框。

其中的各项含义如下。

- **名称：**用来设置新建图层的名称。
- **使用前一图层创建剪贴蒙版：**新建的图层将会与它下面的图层创建剪贴蒙版。

- **颜色：** 用来设置新建图层在面板中显示的颜色，在下拉列表中选择“绿色”，效果如图 6-7 所示。

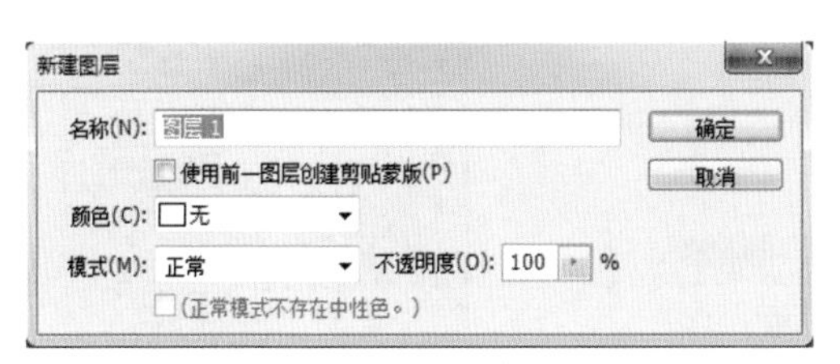

图 6-6　“新建图层”对话框

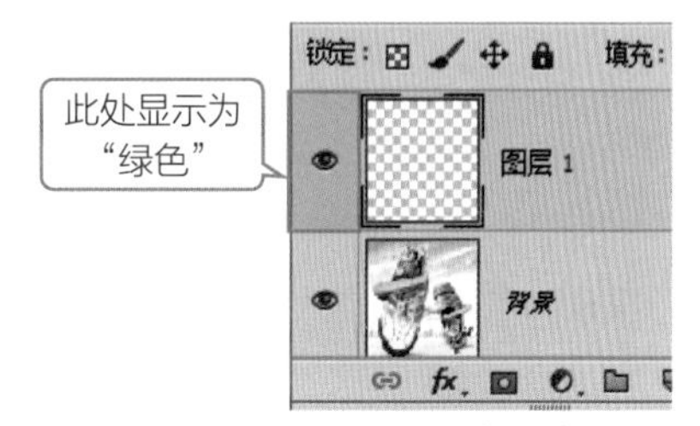

图 6-7　图层颜色

- **模式：** 用来设置新建图层与下面图层的混合效果。
- **不透明度：** 用来设置新建图层的透明程度。
- **正常模式不存在中性色：** 该选项只有选择除“正常”以外的模式时才会被激活，并以该模式的 50% 灰色填充图层。

STEP 2 单击“确定”按钮，系统就会新建一个空白图层。

STEP 3 执行菜单“图层”/“复制图层”命令，可以打开如图 6-8 所示的“复制图层”对话框。

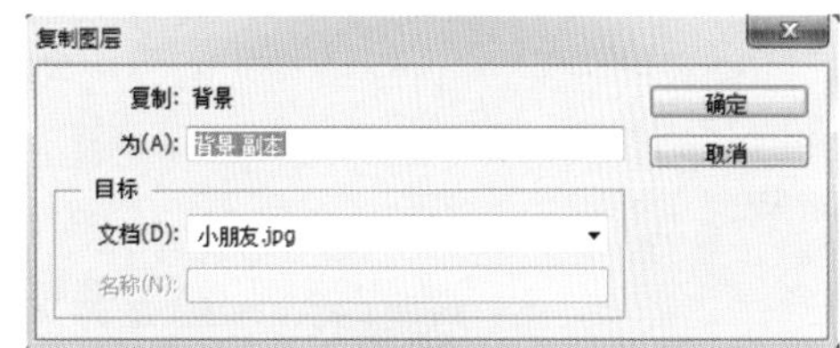

图 6-8　“复制图层”对话框

其中的各项含义如下。

- **复制：** 被复制的图像源。
- **为：** 副本的图层名称。
- **目标：** 用来设置被复制的目标。
- **文档：** 默认情况下显示当前打开文档的名称，在下拉列表中选择“新建”时，会自动创建一个包含被复制图层的文档。
- **名称：** 在“文档”下拉列表中选择“新建”选项时，该选项才会被激活，用来设置以图层新建文档的名称。

STEP 4 此时单击“确定”按钮，会在“图层”面板中得到一个副本，如图 6-9 所示。

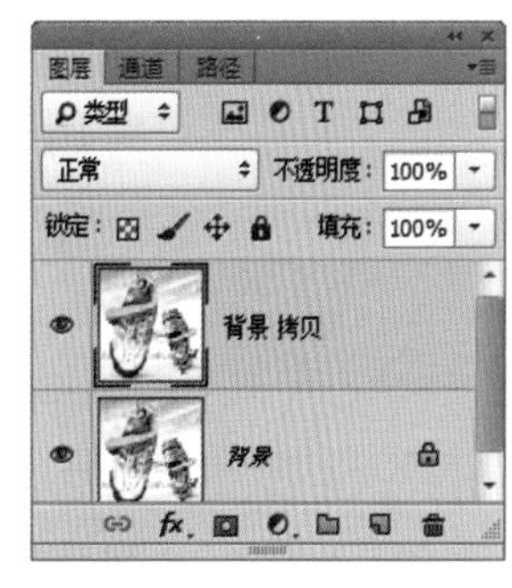

图 6-9　复制后的图层

> **技　巧**
>
> 执行菜单“图层”/“新建”/“通过复制的图层”命令或按 Ctrl+J 键，可以快速复制当前图层中的图像到新图层中。

6.2.2 新建图层组

新建图层组指的是在面板中新建一个用于存放图层的图层组，创建图层组可以在“图层”菜单中完成，也可以直接通过“图层”面板来完成。

上机实战　新建图层组

STEP 1 执行菜单“图层”/“新建”/“组”命令，可以打开如图 6-10 所示的“新建组”对话框，设置完毕后单击“确定”按钮，即可新建一个图层组。

STEP 2 在“图层”面板中单击 (创建新组) 按钮，在“图层”面板中就会新建一个图层组，如

图 6-11 所示。

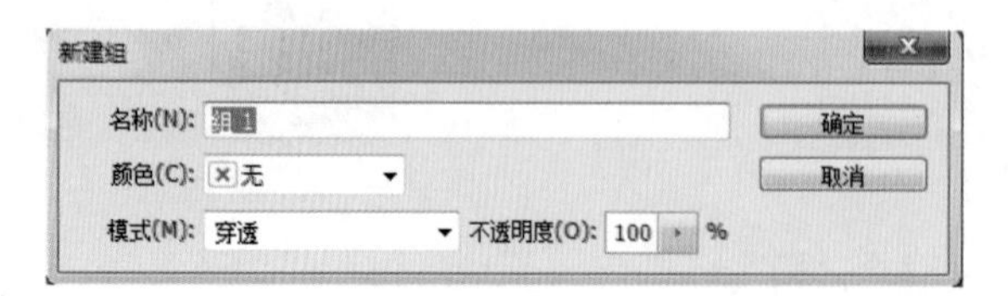

图 6-10 “新建组”对话框

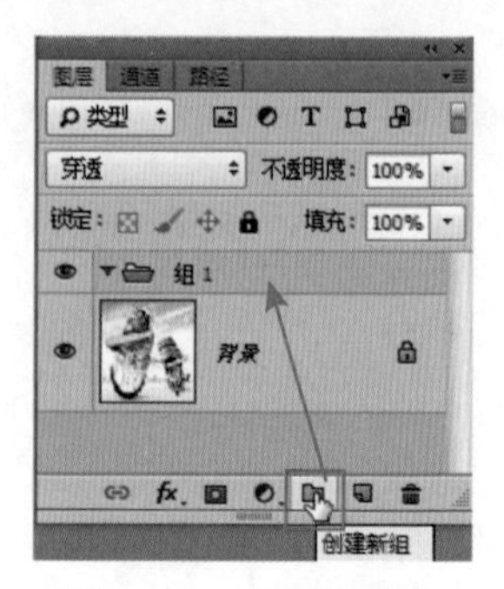

图 6-11 新建图层组

6.2.3 快速显示图层内容

Photoshop 在 CC 版本中为大家在“图层”面板中提供了对于多图层进行快速显示和选择的选项,其中包括“类型”“名称”“效果”“模式”“属性”“颜色”和“选定”等,选择方法如图 6-12 所示。

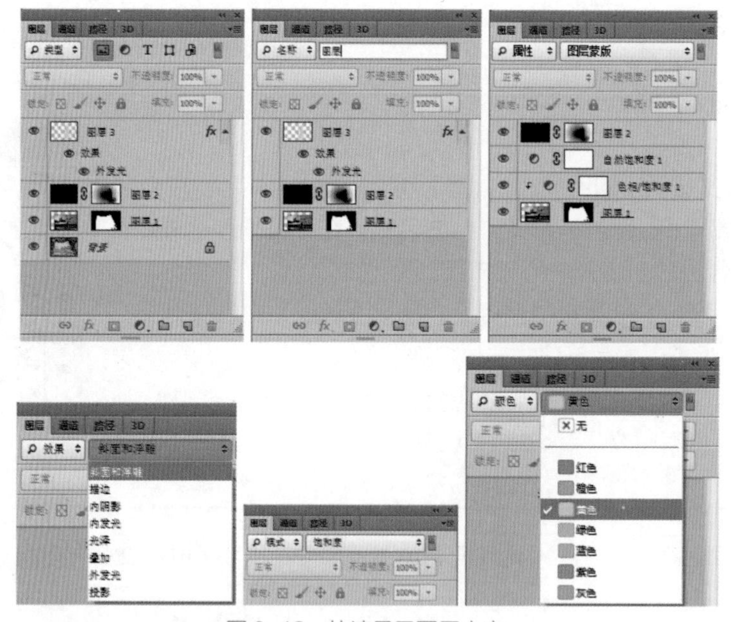

图 6-12 快速显示图层内容

6.2.4 合并图层

合并图层可以使当前编辑的图像在磁盘中占用的空间减小，缺点是文件重新打开后，合并后的图层将不能拆分。

上机实战 合并图层

STEP 1 打开“想往”素材，选择“图层 10 副本”，执行菜单“图层”/“合并图层”命令或按快捷键 Ctrl+E 三次，即可完成当前图层与下面图层的合并，如图 6-13 所示。

STEP 2 按住 Ctrl 键在“图层”面板中单击图层进行选择，再按快捷键 Ctrl+E 将选择的图层合并为一个图层，如图 6-14 所示。

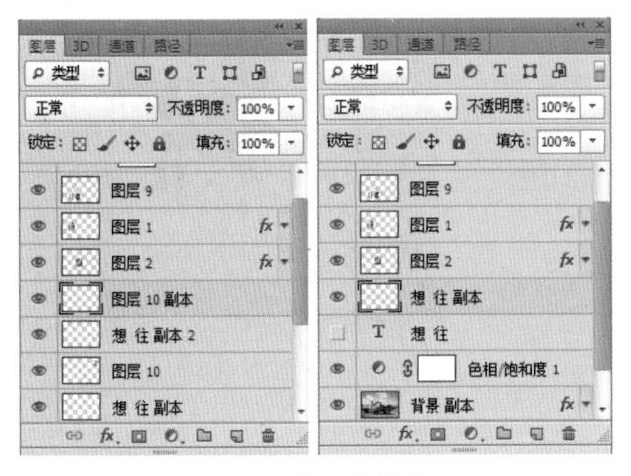

图 6-13　向下合并图层

图 6-14　合并选择图层

STEP 3 执行菜单“图层”/“合并可见图层”命令或按快捷键 Shift+Ctrl+E，即可将显示的图层合并，如图 6-15 所示。

STEP 4 执行菜单“图层”/“拼合图像”命令，此时会将面板中隐藏的图层扔掉，如图 6-16 所示。

图 6-15　合并可见图层

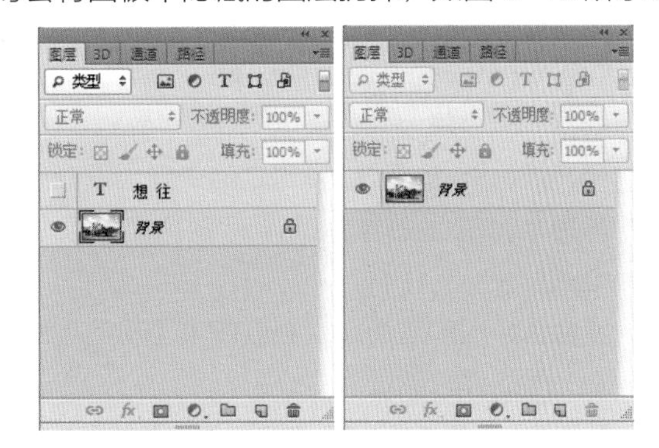

图 6-16　拼合图像

技　巧

合并图层组可以将整组中的图像合并为一个图层。在“图层”面板中选择图层组后，执行菜单“图层”/“合并组”命令，即可将图层组中的所有图层合并为一个单独图层。

技　巧

盖印图层可以将面板中显示的图层合并到一个新图层中，原来的图层还存在。按快捷键 Ctrl+Shift+Alt+E，即可对图层执行盖印功能。

6.2.5 锁定图层

在“图层”面板中选择相应图层后，单击面板中的锁定按钮，即可将当前选取的图层进行锁定，这样的好处是编辑图像时会对锁定的区域进行保护。

- **锁定快速查找功能：** 在“图层”面板中单击“锁定快速查找功能”按钮，当变为▯图标时，表示取消快速查找图层功能；当变为▮图标时，表示启用快速查找图层功能。

- **锁定透明区域：**图层的透明区域将会被锁定，此时图层中的图像部分可以被移动和编辑，例如使用画笔在图层上绘制时只能在有图像的地方绘制，透明区域是不能进行绘制的，如图 6-17 所示。
- **锁定像素：**图层内的图像可以被移动和变换，但是不能对该图层进行调整或应用滤镜。
- **锁定位置：**图层内的图像是不能被移动的，但是可以对该图层进行编辑。
- **锁定全部：**用来锁定图层的全部内容，使其不能进行操作。

图 6-17　锁定透明区域

6.2.6 显示与隐藏图层

显示与隐藏图层可以使被选择图层中的图像在文档中显示与隐藏。方法是在“图层”面板中单击👁图标，即可将图层在显示与隐藏之间转换。

6.2.7 混合模式

图层混合模式通过将当前图层中的像素与下面图层中的像素相混合从而产生奇幻效果，当“图层”面板中存在两个以上的图层时，在上面图层设置“混合模式”后，会在工作窗口中看到该模式后的效果。

在具体讲解图层混合模式之前先向大家介绍一下 3 种色彩概念。

- **基色：**指的是图像中的原有颜色，也就是我们要用混合模式选项时，两个图层中下面的那个图层。
- **混合色：**指的是通过绘画或编辑工具应用的颜色，也就是我们要用混合模式选项时，两个图层中上面的那个图层。
- **结果色：**指的是应用混合模式后的色彩。

打开两个图像并将其放置到一个文档中，此时在“图层”面板中两个图层中的图像如图 6-18 和图 6-19 所示。

图 6-18　上面图层的图像

图 6-19　下面图层的图像

在“图层”面板中单击模式后面的倒三角形按钮，会弹出如图 6-20 所示的模式下拉列表。

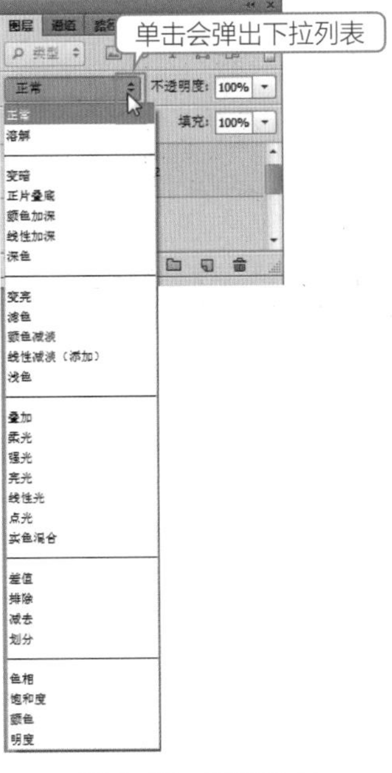

图 6-20　下拉列表

选择不同的“混合模式”后，得到的效果如图 6-21 所示。

图 6-21　混合模式

6.2.8 调整图层不透明度

图层不透明度指的是当前图层中图像的透明程度，调整方法是在文本框中输入数值或拖动控制滑块，即可更改图层的不透明度。数值越小，图像越透明，如图 6-22 所示。取值范围是 0%~100%。

技　巧

使用键盘直接输入数字，也可以调整图层的不透明度。

图 6-22　图层不透明度

6.2.9 调整填充不透明度

填充不透明度指的是当前图层中实际图像的透明程度，图层中的图层样式不受影响。调整方法与图层不透明度一样，如图 6-23 所示为添加外发光后调整填充不透明度的效果。取值范围是 0%~100%。

图 6-23　填充不透明度

6.2.10 删除图层

删除图层指的是将选择的图层从“图层”面板中清除，在“图层”面板中拖动选择的图层到 (删除图层) 按钮上，即可将其删除。

提　示

当面板中存在隐藏图层时，执行菜单“图层”/“删除”/“隐藏图层”命令，即可将隐藏的图层删除。

6.3 图层样式

图层样式指的是在图层中添加样式效果，从而为图层添加投影、外发光、内发光、斜面与浮雕等。各个图层样式的使用方法与设置过程大体相同，本节主要讲解“投影”样式中各选项的作用。

6.3.1 投影

“投影”命令可以为当前图层中的图像添加阴影效果，执行菜单“图层”/“图层样式”/“投影”命令，即可打开如图 6-24 所示的“图层样式”对话框。

其中的各项含义如下。

- **混合模式：** 设置在图层中添加投影的混合效果。
- **颜色：** 设置投影的颜色。
- **不透明度：** 设置投影的透明程度。
- **角度：** 设置光源照射下投影的方向，可以在文本框中输入数值或直接拖动角度控制杆。
- **使用全局光：** 勾选该复选框，在图层中的所有样式都使用一个方向的光源。
- **距离：** 设置投影与图像之间的距离。
- **扩展：** 设置阴影边缘的细节。数值越大，投影越清晰；数值越小，投影越模糊。
- **大小：** 设置阴影的模糊范围。数值越大，范围越广，投影越模糊；数值越小，投影越清晰。

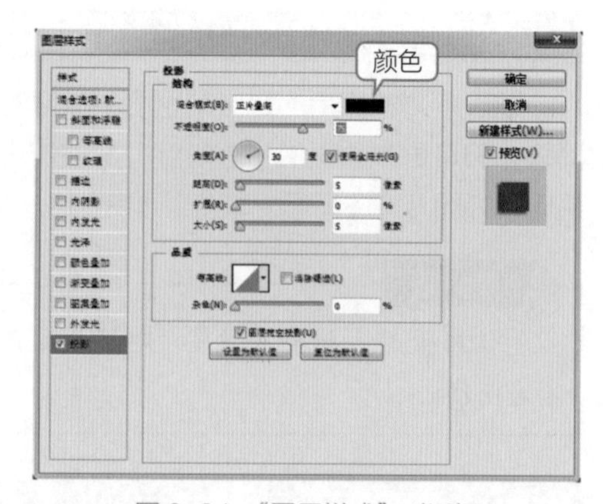

图 6-24　“图层样式”对话框

- **等高线：**控制投影的外观形状。单击等高线图标右边的倒三角形按钮，会弹出“等高线”下拉列表，在其中可以选择相应的投影外形，如图 6-25 所示。在等高线图标上单击可以打开“等高线编辑器”对话框，从中可以自定义等高线的形状，如图 6-26 所示。
- **消除锯齿：**勾选此复选框，可以消除投影的锯齿，增加投影效果的平滑度。
- **杂色：**用来添加投影的杂色，数值越大，杂色越多。

设置相应的参数后，单击“确定”按钮，即可为图层添加投影效果，如图 6-27 所示。

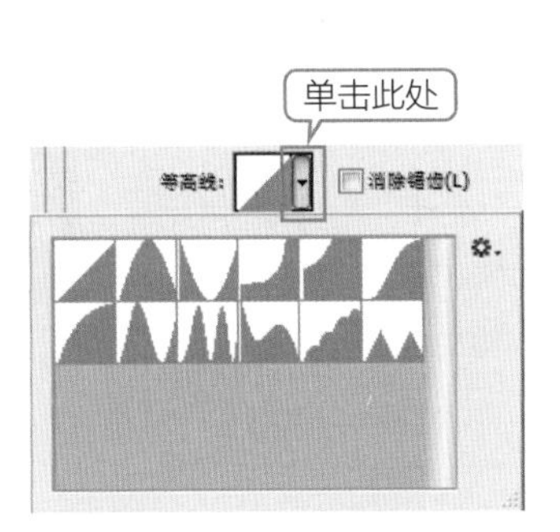

图 6-25　“等高线”下拉列表

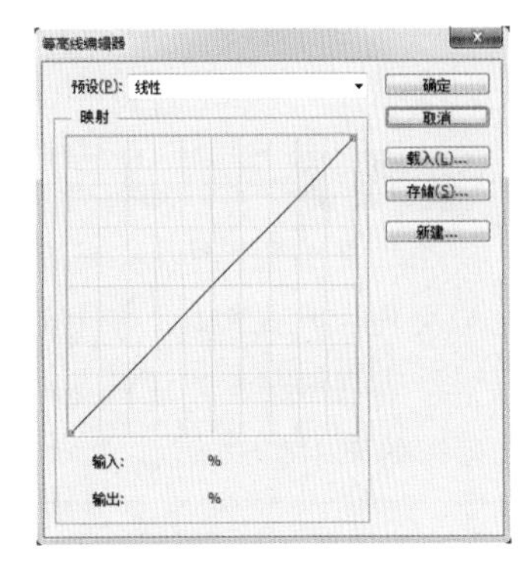

图 6-26　“等高线编辑器”对话框

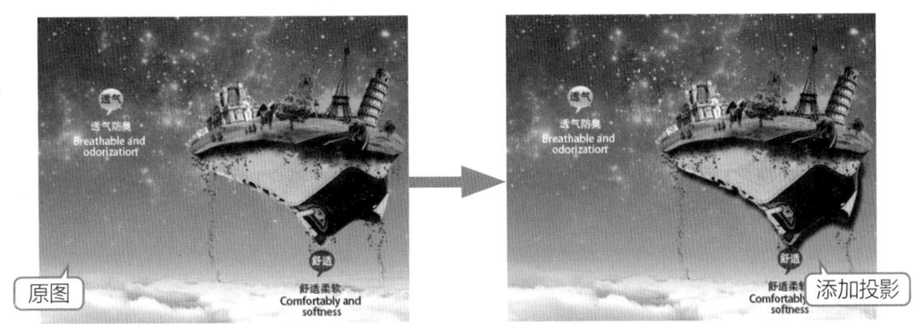

图 6-27　添加投影后的效果

6.3.2 内阴影

“内阴影”命令可以使图层中的图像产生凹陷到背景中的效果，如图 6-28 所示。

6.3.3 外发光

“外发光”命令可以使图层中的图像边缘产生向外发光的效果，如图 6-29 所示。

图 6-28　添加内阴影后的效果

图 6-29　添加外发光后的效果

6.3.4 内发光

“内发光”命令可以从图层中的图像边缘向内或从图像中心向外产生扩散发光的效果，如图 6-30 所示。

提 示

在“内发光”图层样式中选择“居中”单选按钮，发光效果是从图像或文字中心向边缘扩散；选择“边缘”单选按钮，发光效果是从图像或文字边缘向图像或文字的中心扩散。

图 6-30　添加内发光后的效果

6.3.5 斜面和浮雕

使用“斜面和浮雕”命令可以为图层中的图像添加立体浮雕效果及图案纹理，如图 6-31 所示。

提 示

在“斜面和浮雕”图层样式中的“样式”下拉列表中可以选择添加浮雕的样式，其中包括外斜面、内斜面、浮雕效果、枕状浮雕和描边浮雕 5 项。

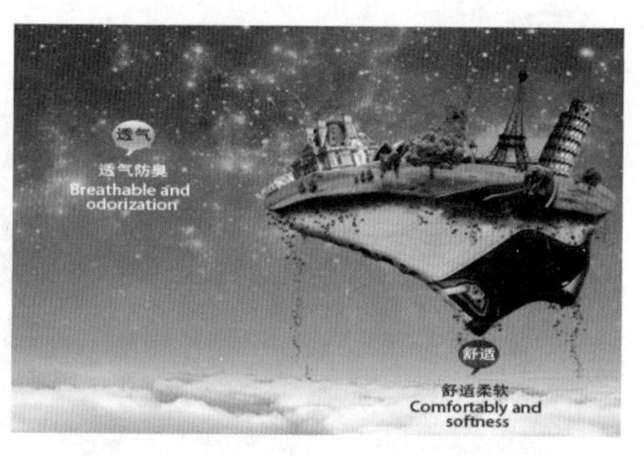

图 6-31　添加斜面和浮雕后的效果

6.3.6 光泽

“光泽”命令可以为图层中的图像添加光源照射的光泽效果，如图 6-32 所示。

6.3.7 颜色叠加 

“颜色叠加”命令可以为图层中的图像叠加一种自定义颜色，如图 6-33 所示。

图 6-32　添加光泽后的效果

图 6-33　添加颜色叠加后的效果

6.3.8 渐变叠加 

“渐变叠加”命令可以为图层中的图像叠加一种自定义或预设的渐变颜色，如图 6-34 所示。

6.3.9 图案叠加

“图案叠加”命令可以为图层中的图像叠加一种自定义或预设的图案，如图 6-35 所示。

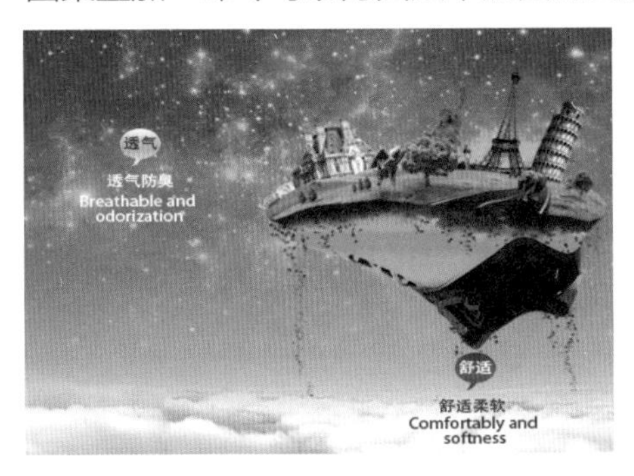

图 6-34　添加渐变叠加后的效果

图 6-35　添加图案叠加后的效果

6.3.10 描边

“描边”命令可以为图层中的图像添加内部、居中或外部的单色、渐变或图案效果，如图 6-36 所示。

提　示

在应用“描边”图层样式时，一定要将其与“编辑”菜单下的“描边”命令区别开，“图层样式”中的“描边”添加的是样式，“编辑”菜单下的“描边”填充的是像素。

图 6-36　添加描边后的效果

6.4 智能对象

将图像转换成智能对象，将图像缩小再复原到原来大小后，图像的像素不会丢失。智能对象支持多层嵌套功能，还可以应用滤镜并将应用的滤镜显示在智能对象图层的下方。

6.4.1 创建智能对象

执行菜单“图层”/“智能对象”/“转换为智能对象”命令，可以将图层中的单个图层、多个图层转换成一个智能对象，或将选取的普通图层与智能对象图层转换成一个智能对象。转换成智能对象后，图层缩略图会出现一个表示智能对象的图标，如图 6-37 所示。

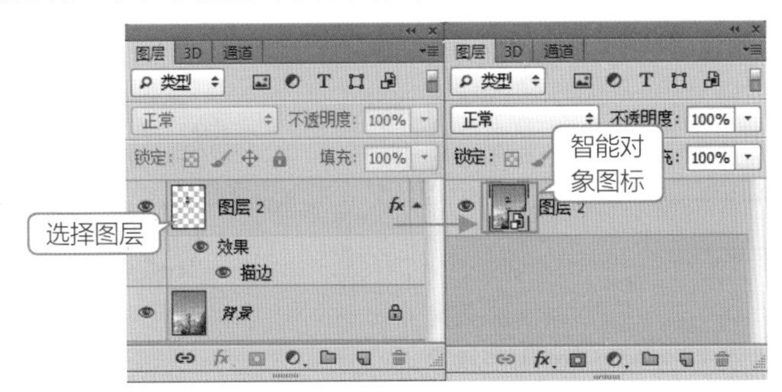

图 6-37　转换为智能对象

6.4.2 编辑智能对象

编辑智能对象是指对智能对象的源文件进行编辑，修改并存储源文件后，对应的智能对象会随之改变。

上机实战 编辑智能对象

STEP 1 打开“创意汽车”素材，如图 6-38 所示。

STEP 2 执行菜单“图层”/“智能对象”/“转换为智能对象”命令，将背景图层转换成智能对象，如图 6-39 所示。

图 6-38 素材

图 6-39 转换为智能对象

STEP 3 执行菜单“图层”/“智能对象”/“编辑内容”命令，弹出如图 6-40 所示的提示对话框。

STEP 4 单击“确定”按钮，系统弹出编辑文件图像，如图 6-41 所示。

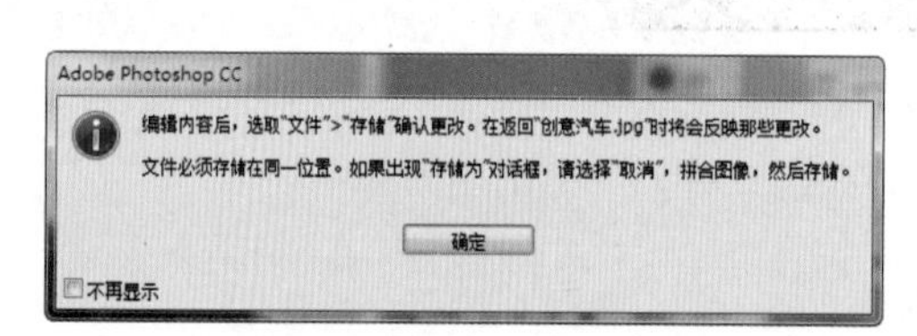

图 6-40 提示对话框

图 6-41 编辑内容

STEP 5 执行菜单“图像”/“调整”/“色相 / 饱和度”命令，其中的参数设置如图 6-42 所示。

STEP 6 设置完毕后单击“确定”按钮，调整的效果如图 6-43 所示。

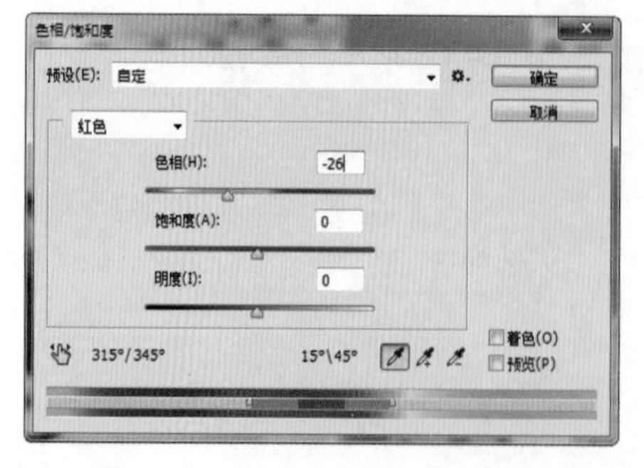

图 6-42 “色相 / 饱和度”对话框

图 6-43 调整的效果

STEP 7 关闭编辑文件“图层 0”，弹出如图 6-44 所示的提示对话框。

STEP 8 单击“是”按钮，此时会发现智能对象已经随之发生了变化，效果如图 6-45 所示。

图 6-44　提示对话框

图 6-45　变化的智能对象

6.4.3 导出和替换智能对象

执行菜单“图层”/“智能对象”/“导出内容”命令，可以将智能对象的内容按照原样导出到任意驱动器中，智能对象将采用 PSB 或 PDF 格式存储。

执行菜单“图层”/“智能对象”/“替换内容”命令，可以用重新选取的图像替换当前文件中的智能对象的内容，如图 6-46 所示。

图 6-46　替换内容

6.4.4 转换智能对象为普通图层

执行菜单“图层”/“智能对象”/“栅格化”命令，可以将智能对象变成普通图层，智能对象拥有的特性将会消失，如图 6-47 所示。

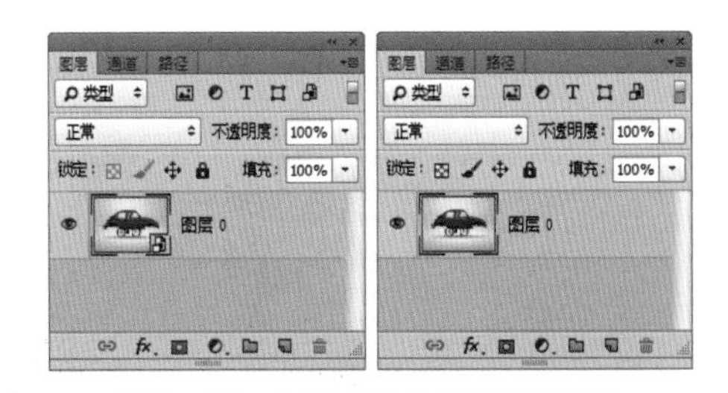

图 6-47　智能对象转换为普通图层

6.5 图层蒙版

图层蒙版可以理解为在当前图层上面覆盖一层玻璃片，这层玻璃片有透明和黑色不透明两种，前者显示全部,后者隐藏部分。用各种绘图工具在蒙版上（即玻璃片上）涂色（只能涂黑、白、灰色）。涂黑色的地方蒙版变为不透明，看不见当前图层的图像；涂白色则使涂色部分变为透明，可看到当前图层上的图像；涂灰色使蒙版变为半透明，透明的程度由涂色的深浅决定。

图层蒙版可以用来在图层与图层之间创建无缝的合成图像，并且对图层中的图像不造成破坏。

6.5.1 创建图层蒙版的方法

在实际应用中往往需要在图像中创建不同的蒙版，在创建蒙版的过程中不同的命令会创建不同的图层蒙版。创建的图层蒙版可以分为整体蒙版和选区蒙版。下面就为大家介绍一下各种蒙版的创建方法。

上机实战 创建整体图层蒙版

整体图层蒙版指的是创建一个对当前图层应用覆盖遮片效果的蒙版，具体的创建方法如下。

STEP 1 执行菜单“图层”/“蒙版”/“显示全部”命令，此时在“图层”面板的该图层上便会出现一个白色蒙版缩略图；在“图层”面板中单击（添加图层蒙版）按钮，可以快速创建一个白色蒙版缩略图，如图 6-48 所示，此时蒙版为透明效果。

STEP 2 执行菜单“图层”/“蒙版”/“隐藏全部”命令，此时在“图层”面板的该图层上便会出现一个黑色蒙版缩略图；在“图层”面板中按住 Alt 键单击（添加图层蒙版）按钮，可以快速创建一个黑色蒙版缩略图，如图 6-49 所示，此时蒙版为不透明效果。

图 6-48 添加透明蒙版

图 6-49 添加不透明蒙版

上机实战 创建选区蒙版

STEP 1 如果图层中存在选区。执行菜单“图层”/“蒙版”/“显示选区”命令，或在“图层”面板中单击（添加图层蒙版）按钮，此时选区内的图像会被显示，选区外的图像会被隐藏，如图 6-50 所示。

图 6-50 为选区添加透明蒙版

STEP 2 如果图层中存在选区。执行菜单“图层”/“蒙版”/“隐藏选区”命令，或在“图层”面板中按住 Alt 键单击（添加图层蒙版）按钮，此时选区内的图像会被隐藏，选区外的图像会被显示，如图 6-51 所示。

图 6-51　为选区添加不透明蒙版

6.5.2 启用与停用图层蒙版

创建蒙版后，执行菜单“图层”/“蒙版”/“停用”命令，或在蒙版缩略图上单击鼠标右键，在弹出的快捷菜单中选择“停用图层蒙版”命令，此时在蒙版缩略图上会出现一个红叉，表示此蒙版应用被停用，如图 6-52 所示。再执行菜单“图层”/“蒙版”/“启用”命令，或在蒙版缩略图上单击鼠标右键，在弹出的快捷菜单中选择“启用图层蒙版”命令，即可重新启用蒙版效果。

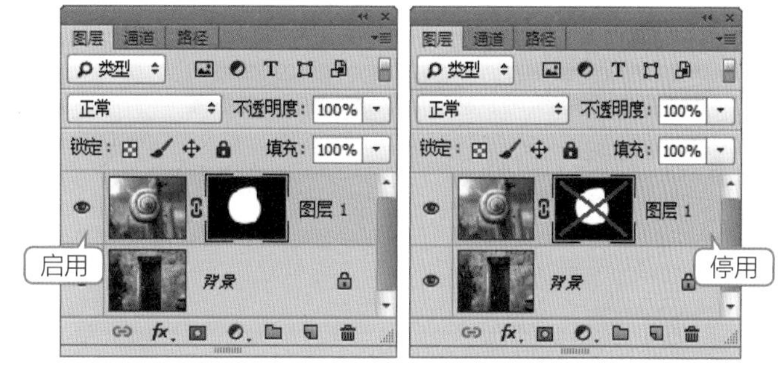

图 6-52　启用与停用图层蒙版

6.5.3 删除与应用图层蒙版

创建蒙版后，执行菜单“图层”/“蒙版”/“删除”命令，即可将当前应用的蒙版效果从图层中删除，图像恢复原来效果；执行菜单“图层”/“蒙版”/“应用”命令，可以将当前应用的蒙版效果直接与图像合并，如图 6-53 所示。

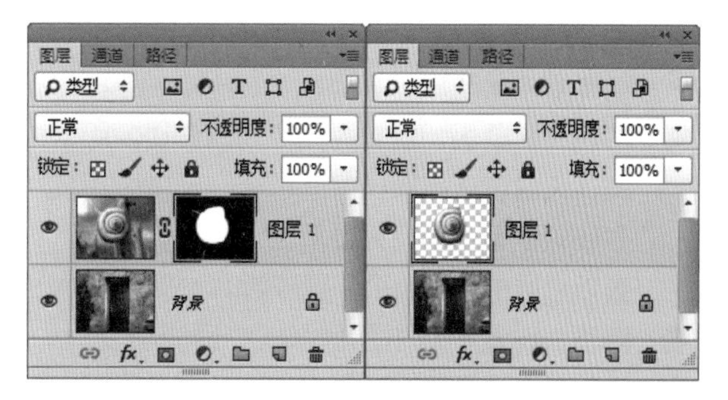

图 6-53　应用图层蒙版

6.5.4 链接和取消链接图层蒙版

创建蒙版后，在默认状态下蒙版与当前图层中的图像是处于链接状态的，在图层缩略图与蒙版缩略图之间会出现一个链接图标，此时移动图像时蒙版会跟随移动。执行菜单“图层”/“蒙版”/“取消链接”命令，会将图像与蒙版之间取消链接，此时图标会隐藏，移动图像时蒙版不跟随移动，如图 6-54 所示。

图 6-54 取消链接

技 巧

创建图层蒙版后，使用鼠标在图像缩略图与蒙版缩略图之间的图标上单击，即可解除蒙版的链接，在图标隐藏的位置单击又会重新建立链接。

6.5.5 蒙版属性面板

蒙版“属性”面板可以对创建的图层蒙版进行更加细致的调整，使图像合成更加细腻，处理更加方便。创建蒙版后，执行菜单“窗口”/“属性”命令，即可打开如图 6-55 所示的蒙版“属性”面板。

提 示

“属性”面板能够自动对图层中的对象应用不同的效果时，产生与之对应的选项设置，例如应用调整图层、智能滤镜等。

其中的各项含义如下。

图 6-55 蒙版“属性”面板

- **创建蒙版：** 用来为图像创建蒙版或在蒙版与图像之间选择。
- **创建矢量蒙版：** 用来为图像创建矢量蒙版或在矢量蒙版与图像之间选择。图像中不存在矢量蒙版时，只要单击该按钮，即可在该图层中新建一个矢量蒙版。
- **浓度：** 设置蒙版中黑色区域的透明程度，数值越大，蒙版缩略图中的颜色越接近黑色，蒙版区域也就越透明。
- **羽化：** 设置蒙版边缘的柔和程度，与选区羽化相类似。
- **蒙版边缘：** 可以更加细致地调整蒙版的边缘，单击会打开“调整蒙版”对话框，设置各项参数即可调整蒙版的边缘，各项参数的含义可以参考第 2 章中的“调整边缘”选项。
- **颜色范围：** 用来重新设置蒙版的效果，单击即可打开“色彩范围”对话框，具体使用方法与第 5 章中的“色彩范围”一样。
- **反相：** 单击该按钮，可以将蒙版中的黑色与白色对换。

- **创建选区：**单击该按钮，可以从创建的蒙版中生成选区，被生成选区的部分是蒙版中的白色部分。
- **应用蒙版：**单击该按钮，可以将蒙版与图像合并，效果与执行菜单“图层”/“图层蒙版”/“应用蒙版”命令一致。
- **启用与停用蒙版：**单击该按钮，可以将蒙版在显示与隐藏之间转换。
- **删除蒙版：**单击该按钮，可以将选择的蒙版从“图层”面板中删除。

上机实战　使用画笔工具编辑蒙版

使用（画笔工具）编辑蒙版时最值得注意的莫过于前景色，前景色为黑色时可以将画笔经过的区域遮蔽，如图 6-56 所示；灰色时会以半透明的方式进行遮蔽，如图 6-57 所示；白色时将不遮蔽图像，如图 6-58 所示。

图 6-56　黑色画笔编辑蒙版

图 6-57　灰色画笔编辑蒙版

图 6-58　白色画笔编辑蒙版

技 巧

使用（画笔工具）编辑蒙版时针对的是工具箱中的前景色；使用（橡皮擦工具）编辑蒙版时针对的是工具箱中的背景色。

上机实战 使用渐变工具编辑蒙版

在蒙版中使用（渐变工具）的主要目的就是将两个以上的图像进行更加渐隐的融合，使其看起来更像是一幅图像。在具体操作时，不同的渐变模式产生的融合效果也是有差异的，具体要看最终效果体现的是局部融合还是大范围融合，如图 6-59 所示为应用不同渐变模式后产生的蒙版融合效果。

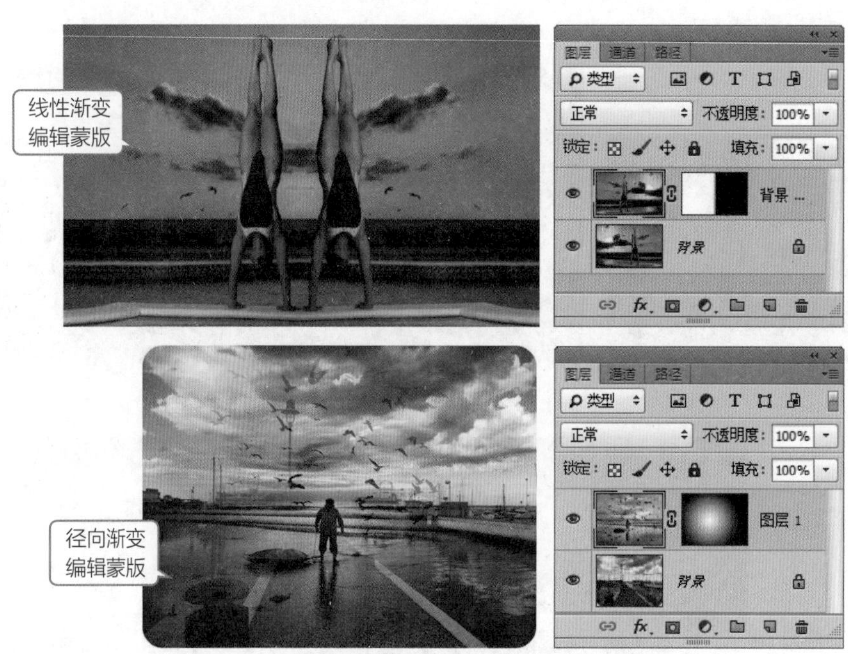

图 6-59 使用渐变工具编辑蒙版

6.5.6 使用“贴入”命令创建图层蒙版

在图像中创建选区，再执行菜单“编辑”/“选择性粘贴”/“贴入”命令，也可以创建图层蒙版。

6.6 剪贴蒙版

“创建剪贴蒙版”命令可以为图层添加剪贴蒙版效果。剪贴蒙版是使用基底图层中图像的形状来控制上面图层中图像的显示区域。

上机实战 通过“创建剪贴蒙版”命令制作蒙版效果图像

本实例主要让大家了解使用“创建剪贴蒙版”命令创建蒙版的方法。在图像上输入文字，应用图层样式后，再移入一张素材，执行菜单“图层”/“创建剪贴蒙版”命令，即可看到效果，创建过程如图 6-60 所示。

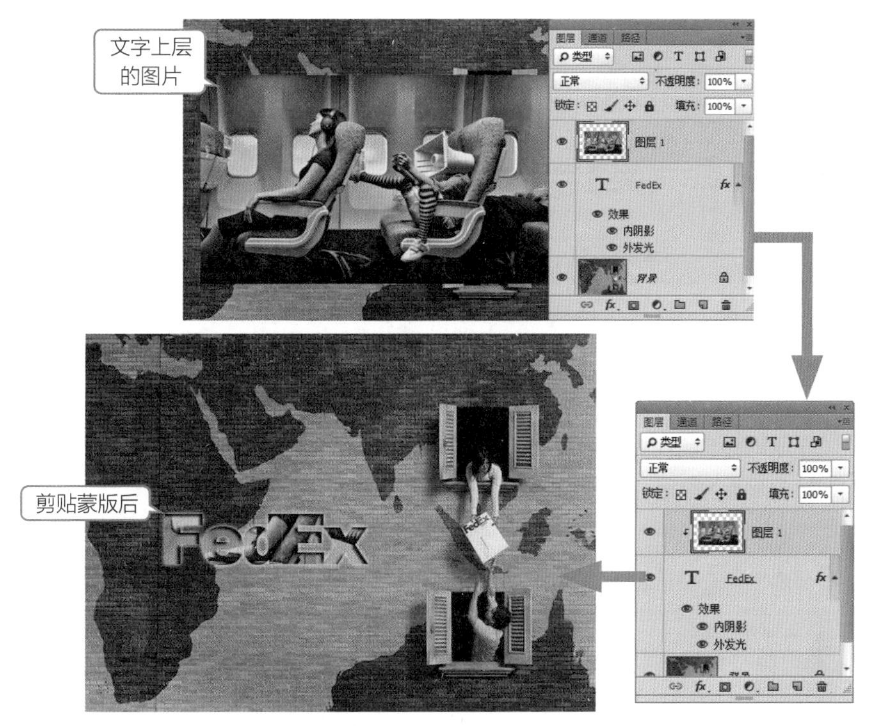

图 6-60　剪贴蒙版创建过程

技　巧

在“图层”面板中两个图层之间按住 Alt 键，此时光标会变成形状❶，单击即可转换上面的图层为剪贴蒙版图层，如图 6-61 所示。在剪贴蒙版的图层间单击，此时光标会变成形状❷，单击可以取消剪贴蒙版设置。

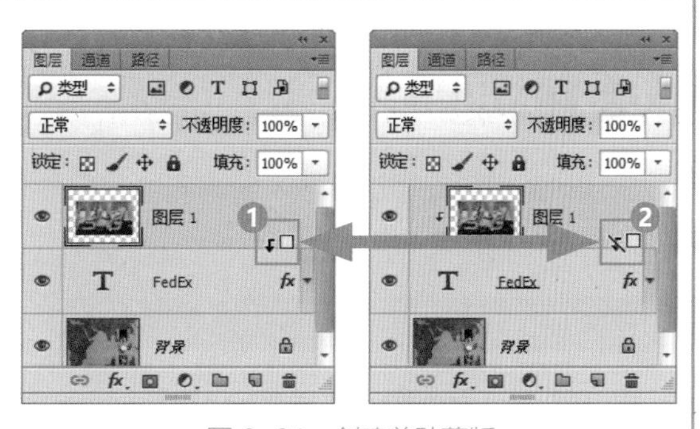

图 6-61　创建剪贴蒙版

6.7　矢量蒙版 

矢量蒙版的作用与图层蒙版类似，只是创建或编辑矢量蒙版时要使用钢笔工具或形状工具。选区、画笔、渐变工具不能编辑矢量蒙版。

6.7.1　创建矢量蒙版

矢量蒙版可以直接创建空白蒙版和黑色蒙版，执行菜单“图层”/“矢量蒙版”/“显示全部或隐藏全部”命令，即可在图层中创建白色或黑色矢量蒙版。“图层”面板中的“矢量蒙版”显示效果与“图层蒙版”显示效果相同，这里就不多讲了，当在图像中创建路径后，执行菜单“图层”/“矢量蒙版”/“当前路径”命令，即可在路径中建立矢量蒙版，如图 6-62 所示。

图 6-62　矢量蒙版

6.7.2 编辑矢量蒙版

创建矢量蒙版后可以通过钢笔工具对其进行进一步的编辑，如图 6-63 所示为在空白矢量蒙版中创建路径，此时 Photoshop 就会自动为矢量蒙版进行编辑。

图 6-63　编辑矢量蒙版

6.8 应用填充或调整图层

应用“新建填充图层”或“新建调整图层”命令，可以在不更改图像本身像素的情况下对图像整体外观进行调整。

6.8.1 创建填充图层

填充图层与普通图层具有相同的颜色混合模式和不透明度，也可以对其进行图层顺序调整、删除、隐藏、复制和应用滤镜等操作。执行菜单“图层”/“新建填充图层”命令，即可打开子菜单，其中包括“纯色”“图案”和“渐变”命令，选择相应命令后可以根据弹出的“拾色器”“图案填充”和“渐变填充”进行设置。默认情况下创建填充图层后，系统会自动生成一个图层蒙版，如图 6-64 所示。

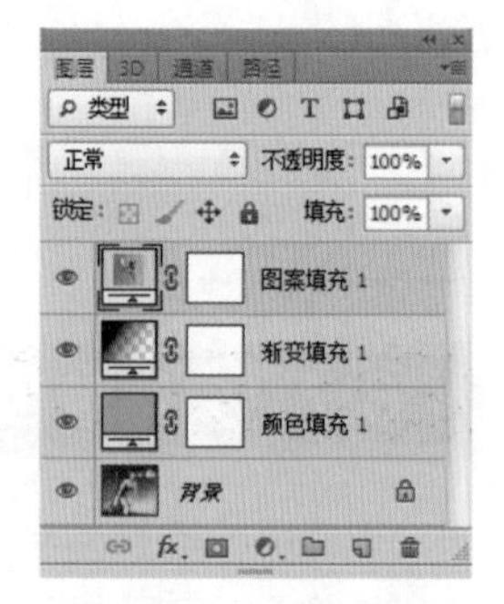

图 6-64　新建填充图层

6.8.2 创建调整图层

“新建调整图层”命令可以对图像的颜色或色调进行调整，与“图像”菜单中的“调整”命令不同的是，它不会更改原图像中的像素，执行菜单“图层”/“新建调整图层”命令，系统会弹出该命令的子菜单，包括“色阶”“色彩平衡”“色相 / 饱和度”等命令。所有的修改都在新增的“属性”面板中进行，如图 6-65 所示。此时会在“图层”面板中自动新建一个调整图层。调整图层和填充图层一样拥有设置混合模式和不透明度功能，如图 6-66 所示。

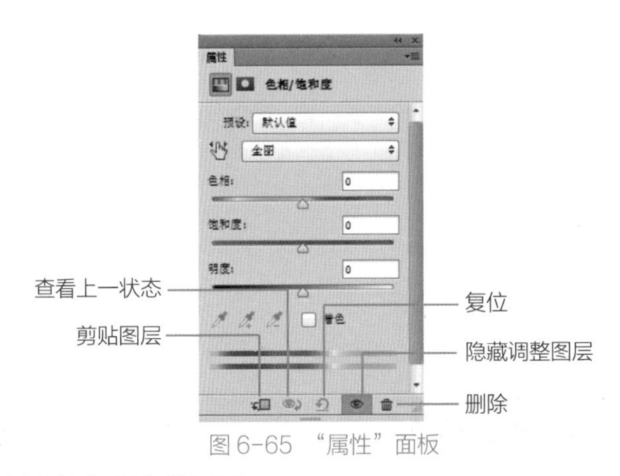

图 6-65　“属性”面板

图 6-66　调整图层

其中的各项含义如下。

- **剪贴图层：**创建的调整图层对下面的所有图层都起作用，单击此按钮，可以只对当前图层起到调整效果。
- **隐藏调整图层：**单击此按钮，可以将当前调整图层在显示与隐藏之间转换。
- **查看上一状态：**单击此按钮，可以看到上一次调整的效果。
- **复位：**单击此按钮，恢复到面板的最初打开状态。
- **删除：**单击此按钮，可以将当前调整图层删除。

提　示

新建的填充或调整图层的合并、复制与删除的应用都与普通图层相同。

6.9　操控变形

该功能能够通过添加的显示网格和图钉对图层中的图像进行变形，从而使僵化的变换显得更加具有柔性，使变换后的图像更符合创作者的要求，变换后的效果如图 6-67 所示。

图 6-67　操控变形效果

在图像中选择图层后，执行菜单“编辑”/“操控变形”命令，此时系统会自动为图像添加网格进行显示，并将属性栏变为操控变形时对应的效果，如图 6-68 所示。

图 6-68　操控变形属性栏

其中的各项含义如下。

- **模式：**设置变形时的样式，包括如下几项。

- ★ 正常：默认刚性。
- ★ 刚性：更刚性的变形。
- ★ 扭曲：适用于校正变形。

- **浓度**：设置网格显示的密度，以控制变形的品质。
- **扩展**：扩展与收缩变换区域。
- **显示网格**：在变换时显示网格。
- **图钉深度**：控制图钉所处的层次，用于分辨多个图钉的顺序。
- **旋转**：控制图钉的旋转角度。

6.10 综合练习：秒变大长腿

由于篇幅所限，本章中的实例只介绍技术要点和制作流程，具体的操作步骤大家可以根据本书附带的多媒体视频来学习。

实例效果图	技术要点
 	打开素材 为图层添加应用“操控变形”命令 添加图钉 调整图钉位置使其进行变形

制作流程：

STEP 1 打开素材后，将图像移入一个素材中。

STEP 2 应用“操控变形”命令，添加图钉和网格。

STEP 3 调整图钉和网格位置。

STEP 4 新建图层，绘制选区填充灰色，制作阴影。

STEP 5 得到最终大长腿效果。

6.11　综合练习：通过蒙版合成图像

实例效果图	技术要点
 	✱ 打开素材 ✱ 为图层创建图层蒙版并进行编辑 ✱ 设置混合模式

制作流程：

STEP 1 打开素材后，将图像移入一个素材中，设置混合模式。

STEP 2 创建选区后添加图层蒙版。

STEP 3 编辑蒙版。

STEP 4 得到最终效果。

6.12 综合练习：制作霓虹灯光效果

实例效果图	技术要点
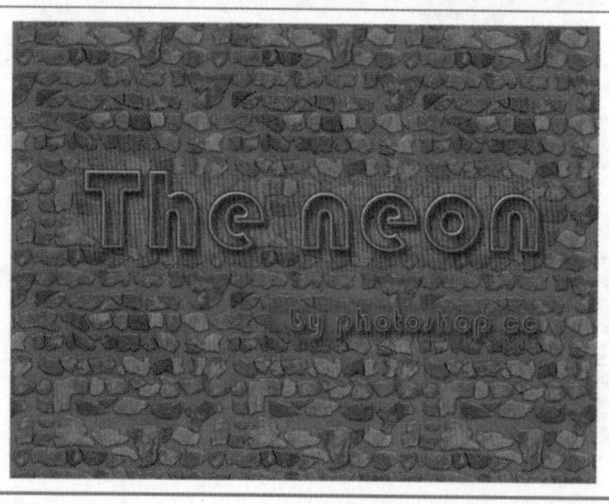	✸ 打开素材 ✸ 定义图案 ✸ 创建新的填充调整图层 ✸ 添加图层样式 ✸ 应用“高斯模糊”滤镜

制作流程：

STEP 1 打开素材后定义图案，再创建图案调整图层。

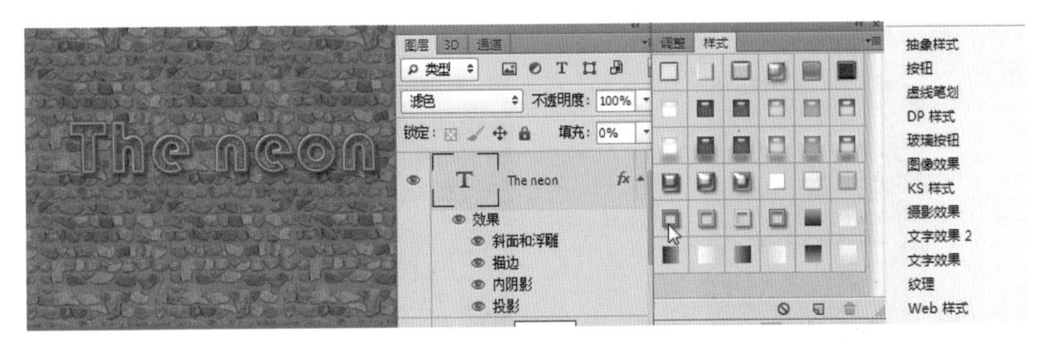

STEP 2 添加图层样式。

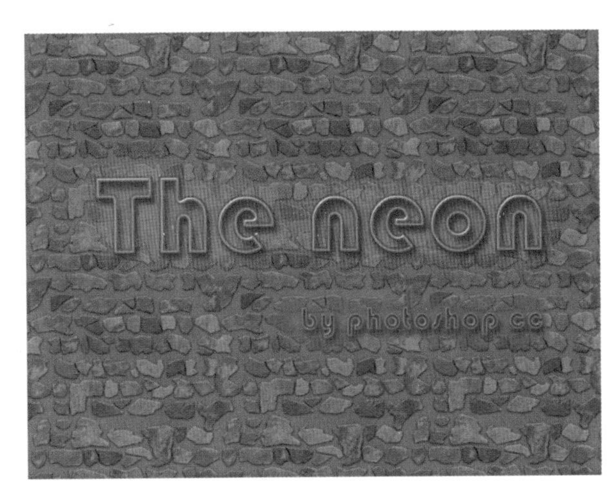

STEP 3 填充颜色后应用“高斯模糊”滤镜。

STEP 4 得到最终效果。

6.13　综合练习：编辑蒙版修复图像制作合成

实例效果图	技术要点
ELECTRIC BIKES WattWorld	✱ 添加图层蒙版 ✱ 使用画笔工具编辑图层蒙版 ✱ 修复背景图

制作流程：

STEP 1 打开素材，移到同一文档中。

STEP 2 添加蒙版，使用画笔对蒙版进行精确编辑。

STEP 3 隐藏小猪图层，使用修复画笔工具对背景进行修补。

STEP 4 显示所有图层，完成本例的制作。

6.14 练习与习题

1. 练习

使用剪贴蒙版制作图像文字效果。

2. 习题

(1) 按哪个快捷键可以通过复制新建一个图层？

A. Ctrl+L　　B. Ctrl+C　　C. Ctrl+J　　D. Shift+Ctrl+X

(2) 填充图层和调整图层具有以下哪两种相同选项？

A. 不透明度　　B. 混合模式　　C. 图层样式　　D. 颜色

(3) 以下哪几个功能不能应用于智能对象？

A. 绘画工具　　B. 滤镜　　C. 图层样式　　D. 填充颜色

(4) 以下哪几个功能可以将文字图层转换成普通图层？

A. 栅格化图层　　B. 栅格化文字　　C. 栅格化 / 图层　　D. 栅格化 / 所有图层

第 7 章

路径与形状的应用

路径与形状作为 Photoshop 中的矢量部分，不但可以进行路径的绘制，还可以通过路径工具进行精细的抠图。本章主要为大家介绍 Photoshop 软件中路径与形状的应用，其中包括路径、形状图层、像素填充、路径面板、路径的创建、路径的基本运用、绘制几何形状以及创建路径文字。

7.1 路径

Photoshop CC 中的路径指的是在文档中使用钢笔工具或形状工具创建的贝塞尔曲线轮廓，路径可以是直线、曲线，或者是封闭的形状轮廓，多用于自行创建的矢量图或对图像的某个区域进行精确抠图。路径不能被打印输出，只能存放于“路径”面板中，如图 7-1 所示。

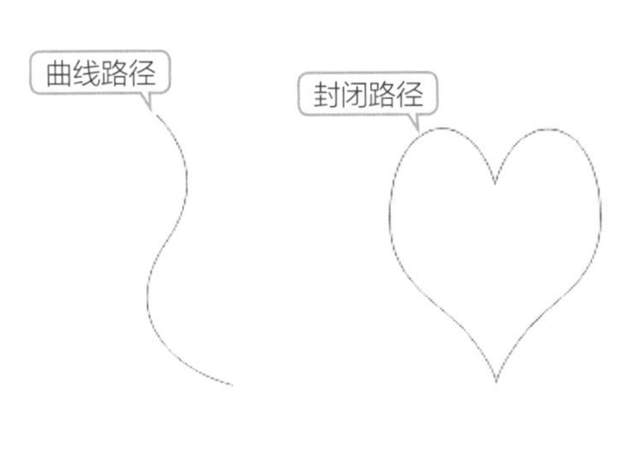

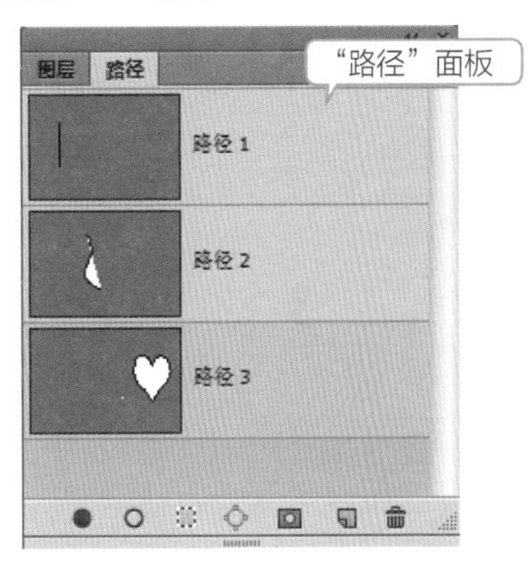

图 7-1 路径

7.2 形状图层

形状图层可以通过钢笔工具或形状工具来创建，更改形状的轮廓可以改变页面中显示的效果，形状表现的是绘制的矢量图以形状的形式出现在“图层”面板中。绘制形状时系统会自动创建一个形状图层，形状可以参与打印输出和添加图层样式，如图 7-2 所示。

图 7-2　形状图层

7.3　填充像素

在 Photoshop 中填充像素可以认为是使用选区工具绘制选区后，再以前景色填充。如果不新建图层，那么使用填充像素填充的区域会直接出现在当前图层中，此时是不能被单独编辑的，填充像素不会自动生成新图层，如图 7-3 所示。

图 7-3　填充像素

提　示

"填充像素"属性只有使用形状工具时，才可以被激活，使用钢笔工具时该属性处于不可用状态。

7.4　路径面板

"路径"面板可以对创建的路径进行更加细致的编辑，在"路径"面板中主要包括"路径""工作路径"和"形状矢量蒙版"，在面板中可以将路径转换成选区、将选区转换成工作路径、填充路径和对路径进行描边等操作。执行菜单"窗口"/"路径"命令，即可打开"路径"面板，如图 7-4 所示。通常情况下"路径"面板与"图层"面板被放置在同一面板组中。

其中的各项含义如下。

- **路径：**用于存放当前文件中创建的路径，在存储文件时路径会被存储到该文件中。
- **工作路径：**一种用来定义轮廓的临时路径。

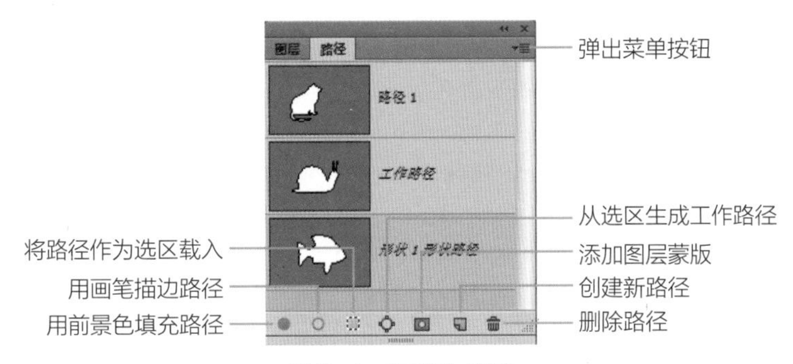

图 7-4　"路径"面板

- **矢量蒙版：**显示当前文件中创建的矢量蒙版的路径。
- **用前景色填充路径：**单击此按钮，可以对当前创建的路径区域以前景色填充。
- **用画笔描边路径：**单击此按钮，可以对创建的路径进行描边。
- **将路径作为选区载入：**单击此按钮，可以将当前路径转换成选区。
- **从选区生成工作路径：**单击此按钮，可以将当前选区转换成工作路径。
- **添加图层蒙版：**单击此按钮，可以在图层中创建一个图层蒙版。
- **创建新路径：**单击此按钮，可以新建路径。
- **删除当前路径：**选定路径后，单击此按钮，可以将选择的路径删除。
- **弹出菜单按钮：**单击此按钮，可以打开"路径"面板的菜单。

7.5　创建路径

路径包括直线路径、曲线路径和封闭路径 3 种，本节就为大家详细讲解不同路径的绘制方法和使用的工具。

7.5.1　钢笔工具

（钢笔工具）是所有路径工具中最精确的工具。使用（钢笔工具）可以精确地绘制出直线或光滑的曲线，还可以创建形状图层。

使用方法也非常简单。只要在页面中选择一点单击，移动到下一点再单击，就会创建直线路径；在下一点按下鼠标并拖动会创建曲线路径，按 Enter 键绘制的路径会形成不封闭的路径；在绘制路径的过程中，当起始点的锚点与终点的锚点相交时鼠标指针会变成形状，此时单击鼠标，系统会将该路径创建成封闭路径。

1. 路径属性栏

选择（钢笔工具）后，属性栏中会显示针对该工具的一些选项设置，选择"工具模式"为"路径"时，如图 7-5 所示。

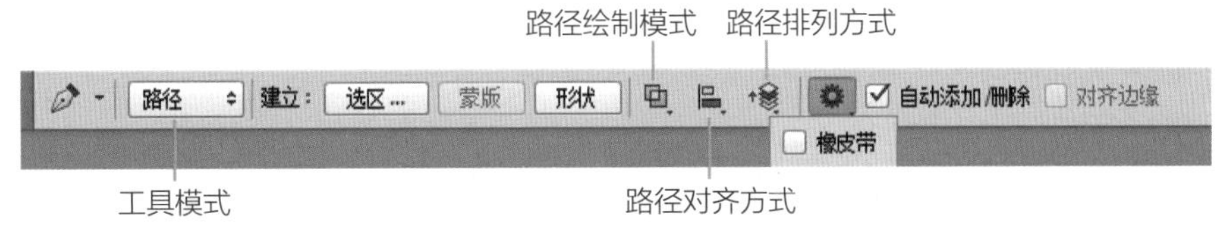

图 7-5　钢笔工具属性栏

其中的各项含义如下。

- **工具模式：**包含路径、图形和像素。
- **建立：**为路径进行快速转换。
- **选区：**单击此按钮，可以将绘制的路径转换为选区，如图 7-6 所示。

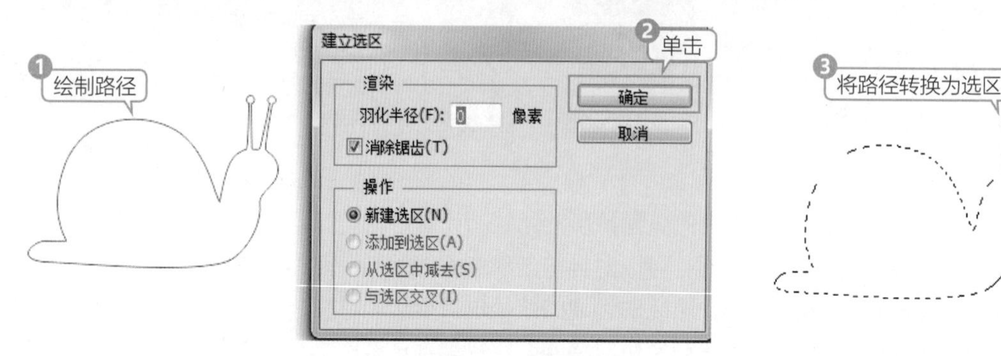

图 7-6　转换路径为选区

- **蒙版：**单击此按钮，可以为绘制的路径添加矢量蒙版，如图 7-7 所示。

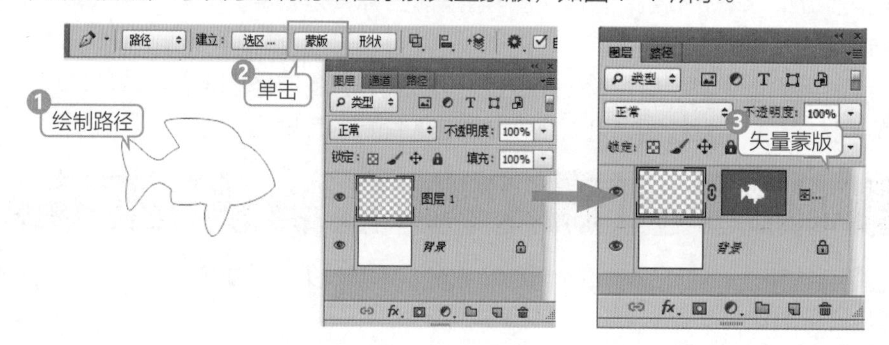

图 7-7　添加矢量蒙版

- **形状：**单击此按钮，可以将绘制的路径转换为形状，如图 7-8 所示。

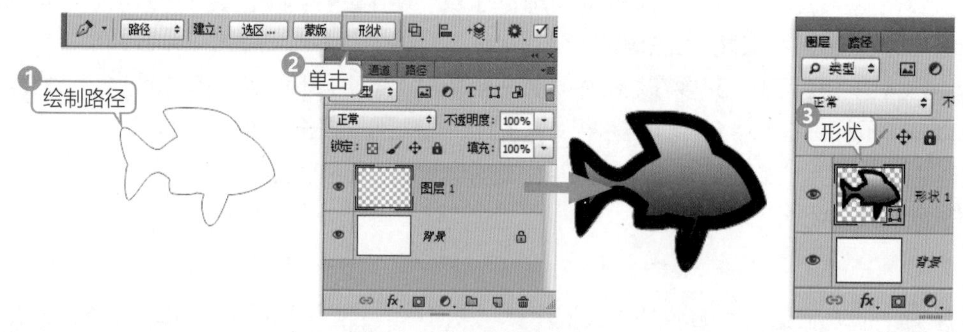

图 7-8　转换路径为形状

- **路径绘制模式：**用来对创建的路径进行运算，包括（添加到路径区域）、（从路径区域减去）、（交叉路径区域）、（重叠路径区域除外）和（合并图形元件）。
- **添加到路径区域：**可以将两个以上的路径进行重组。具体操作与选区相同。
- **从路径区域减去：**创建第二个路径时，会将经过第一个路径的区域减去。具体操作与选区相同。

图 7-9　重叠路径区域除外

- **交叉路径区域：**两个路径相交的部位会被保留，其他区域会被删除。具体操作与选区相同。
- **重叠路径区域除外：**当两个路径相交时，重叠的部位会被路径删除，如图 7-9 所示。
- **合并图形元件：**将两个以上的路径或图形焊接到一起，使其成为一个一体的路径或图形。
- **路径对齐方式：**对两个以上的路径进行对齐设置。
- **路径排列方式：**设置绘制路径的层次排列，改变路径的顺序。
- **橡皮带：**勾选此复选框，使用（钢笔工具）绘制路径时，在第一个锚点和要建立的第二个锚点之间会出现一条假想的线段，只有单击鼠标后，这条线段才会变成真正存在的路径。
- **自动添加/删除：**勾选此复选框，（钢笔工具）就具有了自动添加或删除锚点的功能。当（钢笔工具）的光标移动到没有锚点的路径上时，光标右下角会出现一个小“+”号，单击鼠标便会自动添加一个锚点；当（钢笔工具）的光标移动到有锚点的路径上时，光标右下角会出现一个小“-”号，单击鼠标便会自动删除该锚点。
- **对齐边缘：**用来对齐矢量图形边缘的像素网格。

2. 形状属性栏

选择（钢笔工具）后，属性栏中会显示针对该工具的一些选项设置，选择“工具模式”为“图形”时，如图 7-10 所示。

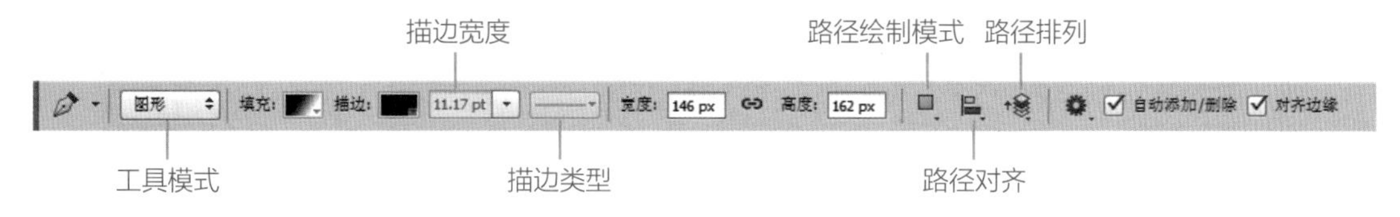

图 7-10　钢笔工具属性栏

其中的各项含义如下。

- **填充：**在绘制图形时可以对轮廓内部进行无填充、纯色填充、渐变填充或图案填充的操作。
- **描边：**对图形轮廓边缘进行无填充、纯色填充、渐变填充或图案填充的操作。
- **描边宽度：**设置图形轮廓的厚度。数值越大，描边越宽；数值越小，描边越窄。
- **描边类型：**设置轮廓描边的样式效果。
- **宽度与高度：**显示绘制图形的高度与宽度，改变数值后可以改变图形的大小。

上机实战　绘制直线路径与曲线路径

STEP 1　新建一个空白文档，选择（钢笔工具）后，在页面中选择起点单击❶，移动到另一点后再单击❷，会得到如图 7-11 所示的直线路径。按 Enter 键直线路径绘制完毕。

STEP 2　新建一个空白文档，选择（钢笔工具）后，在页面中选择起点单击❶，移动到另一点后按下鼠标拖动❷，会得到如图 7-12 所示的曲线路径。按 Enter 键曲线路径绘制完毕。

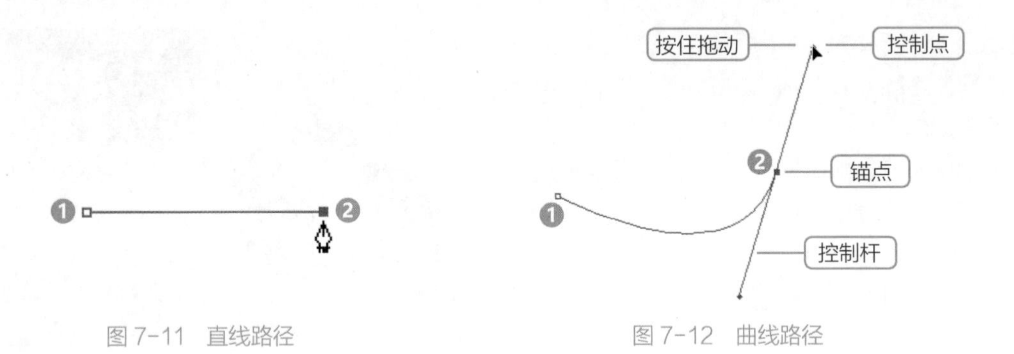

图 7-11　直线路径　　　　图 7-12　曲线路径

7.5.2 自由钢笔工具

（自由钢笔工具）可以随意地在页面中绘制路径，当变为（磁性钢笔工具）时可以快速沿图像反差较大的像素边缘进行自动描绘。

（自由钢笔工具）的使用方法非常简单，就像手中拿着画笔在页面中随意绘制一样，松开鼠标则停止绘制，如图 7-13 所示。

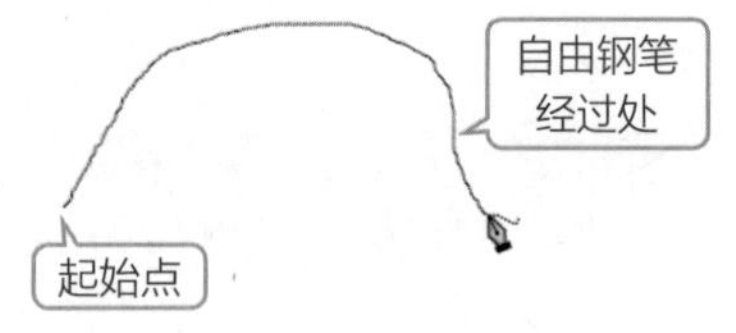

图 7-13　自由钢笔工具绘制路径

选择（自由钢笔工具）后，属性栏中会显示针对该工具的一些选项设置，如图 7-14 所示。

图 7-14　自由钢笔工具属性栏

其中的各项含义如下。

- **曲线拟合：**用来控制光标产生路径的灵敏度，输入的数值越大，自动生成的锚点越少，路径越简单。输入的数值范围是 0.5~10。
- **磁性的：**勾选此复选框，（自由钢笔工具）会变成（磁性钢笔工具），光标也会随之变为。（磁性钢笔工具）与（磁性套索工具）相似，它们都是自动寻找物体边缘的工具。
- **宽度：**设置磁性钢笔与边之间的距离，以便区分路径。输入的数值范围是 1~256。
- **对比：**设置磁性钢笔的灵敏度。数值越大，要求的边缘与周围的反差越大。输入的数值范围是 1%~100%。
- **频率：**设置在创建路径时产生锚点的多少。数值越大，锚点越多。输入的数值范围是 0~100。
- **钢笔压力：**增加钢笔的压力，会使钢笔在绘制路径时变细。此属性适用于数位板。

上机实战　使用自由钢笔工具进行快速抠图

STEP 1 打开“创意卷心菜”素材，如图 7-15 所示。

STEP 2 在工具箱中选择（自由钢笔工具），在属性栏中设置“工具模式”为“路径”❶，单击“设置选项”按扭❷，打开“选项”面板，其中的参数设置❸如图 7-16 所示。

图 7-15　素材　　图 7-16　设置工具

STEP 3 在卷心菜帽子左边缘处单击鼠标确定起点❹，沿帽子的边缘拖动鼠标，（磁性钢笔工具）会自动在帽子边缘创建锚点和路径❺，在拖动中可以按照自己的意愿单击鼠标添加控制锚点，这样会将路径绘制得更加贴切，当光标回到第一个锚点上时，光标右下角会出现一个小圆圈❻，此时只要单击鼠标，即可完成路径的绘制，如图 7-17 所示。

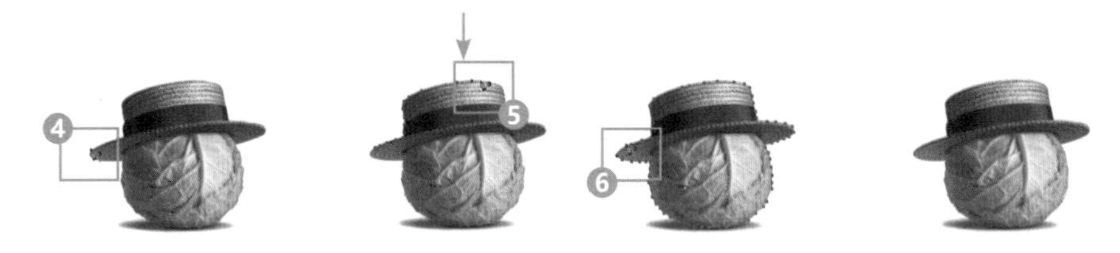

图 7-17　创建路径

STEP 4 路径绘制完成后，按快捷键 Ctrl+Enter 将路径转换为选区，使用（移动工具）将选区内的图像拖动到新的素材背景中，完成抠图，最终效果如图 7-18 所示。

图 7-18　完成抠图

技　巧

使用（磁性钢笔工具）绘制路径时，按 Enter 键可以结束路径的绘制；在最后一个锚点上双击可以与第一个锚点自动封闭路径；按住 Alt 键单击可以暂时转换成钢笔工具。

提　示

使用（磁性钢笔工具）绘制路径，当路径发生偏移时，只要按 Delete 键即可将最后一个锚点删除，以此类推可以向前删除多个锚点。

7.6　编辑路径

在 Photoshop CC 中创建路径后，对其进行相应的编辑也是非常重要的，编辑路径主要体现

在添加、删除锚点，更改曲线形状，移动与变换路径等。对于已经调整完毕的路径进行存储、描边和填充也是必不可少的。

7.6.1 添加锚点工具

(添加锚点工具)可以在已创建的直线或曲线路径上添加新的锚点。添加锚点的方法非常简单，只要使用(添加锚点工具)将光标移到路径上，此时光标右下角会出现一个小“+”号，单击鼠标便会自动添加一个锚点，如图 7-19 所示。

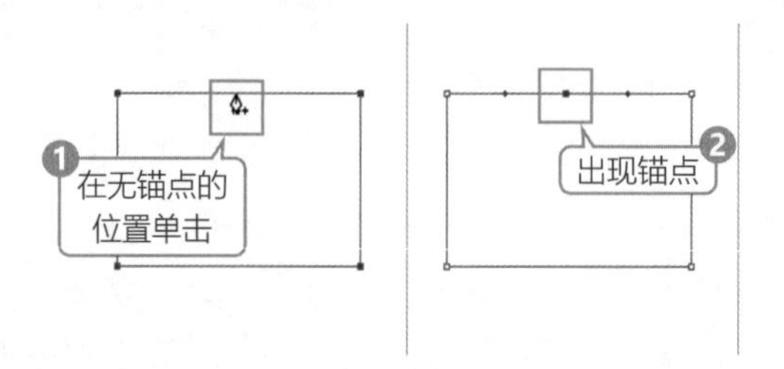

图 7-19　添加锚点

7.6.2 删除锚点工具

(删除锚点工具)可以将路径中存在的锚点删除。删除锚点的方法非常简单，只要使用(删除锚点工具)将光标移到路径中的锚点上，此时光标右下角会出现一个小“-”号，单击鼠标便会自动删除该锚点，如图 7-20 所示。

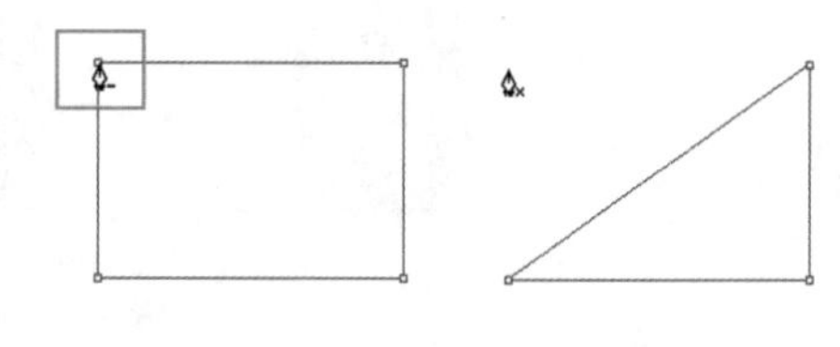

图 7-20　删除锚点

7.6.3 直线与曲线之间的转换

(转换点工具)可以让锚点在平滑点和角点之间进行变换。(转换点工具)没有属性栏。

上机实战　将直线转换为曲线

STEP 1 新建一个空白文档，使用(钢笔工具)在图像中单击一点❶后，向右移动单击一次❷，向上移动再单击一次❸，如图 7-21 所示。

STEP 2 选择(转换点工具)❹，将光标移到路径中的锚点上❺，如图 7-22 所示。

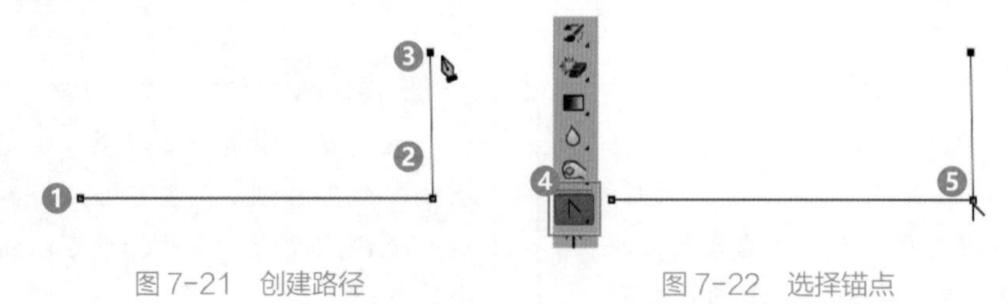

图 7-21　创建路径　　图 7-22　选择锚点

STEP 3 选择锚点后，按住鼠标向下拖动，此时在此锚点中会出现如图 7-23 所示的控制点❻和控制杆❼，之后按住鼠标拖动控制点，即可将直线路径转换成曲线路径。

STEP 4 松开鼠标，将指针移到上面的控制点上❽，按住鼠标拖动，可以调整曲线方向，如图 7-24 所示。

STEP 5 按 Enter 键确定，此时之前绘制的直线路径就变成了如图 7-25 所示的曲线路径了。

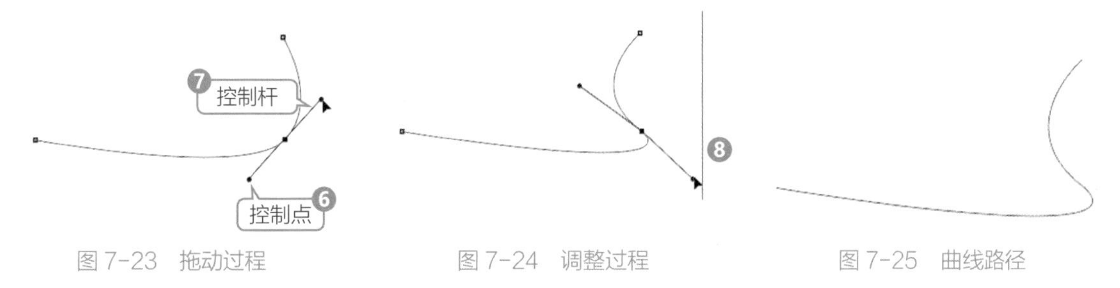

图 7-23　拖动过程　　图 7-24　调整过程　　图 7-25　曲线路径

7.6.4 选取与移动路径

(路径选择工具)主要是快速选取路径或对其进行适当的移动。(路径选择工具)的使用方法与(移动工具)相类似，不同的是该工具只对图像中创建的路径起作用，可以对路径或形状进行填充或描边设置。

提　示

使用(路径选择工具)选取路径后，此时"编辑"菜单中的"变换"命令就会变为"变换路径"命令，所有的变换与变形设置都与第 3 章中对于选区的变换相同，不同的是一个针对选区、一个针对路径。

7.6.5 改变路径的形状

(直接选择工具)可以对路径进行相应的调整，可以直接调整路径，也可以在锚点上拖动，改变路径形状。

7.6.6 创建路径层

对于默认状态下创建的路径，系统会为其在"路径"面板中提供一个"工作路径"图层。

上机实战　不同路径的几种创建方法

STEP 1 使用钢笔工具或形状工具，在页面中绘制路径后，此时在"路径"面板中会自动创建一个"工作路径"图层，如图 7-26 所示。

图 7-26　工作路径

提　示

"路径"面板中的"工作路径"是用来存放路径的临时场所，在绘制第二个路径时该"工作路径"会消失，只有将其存储才能长久保留。

STEP 2 在“路径”面板中单击 （创建新路径）按钮❶，此时在“路径”面板中会出现一个空白路径 1❷，如图 7-27 所示。此时再绘制路径，就会将其存放在此路径层中。

STEP 3 在“路径”面板的弹出菜单中执行“新建路径”命令，会弹出“新建路径”对话框，如图 7-28 所示。在对话框中设置路径名称后，单击“确定”按钮，即可新建一个自己设置名称的路径。

STEP 4 创建形状图层后，在“路径”面板中会出现一个矢量蒙版，如图 7-29 所示。

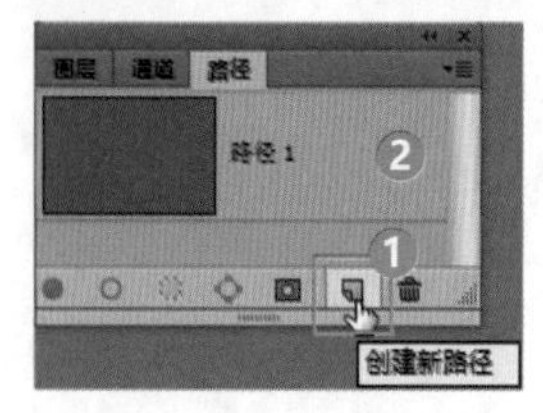

图 7-27 新建路径

图 7-28 “新建路径”对话框

图 7-29 形状矢量蒙版路径

提 示

在“路径”面板中单击“创建新路径”按钮的同时按住 Alt 键，系统也会弹出“新建路径”对话框。

7.6.7 存储路径

创建工作路径后，如果不及时存储，会因为绘制第二个路径而将前一个路径删除，所以本小节就要教大家如何对“工作路径”进行存储。具体的方法有以下几种。

- 绘制路径时，系统会自动出现一个“工作路径”作为临时存放点，在“工作路径”上双击❶，即可弹出“存储路径”对话框❷，设置“名称”后单击“确定”按钮，即可完成存储❸，如图 7-30 所示。

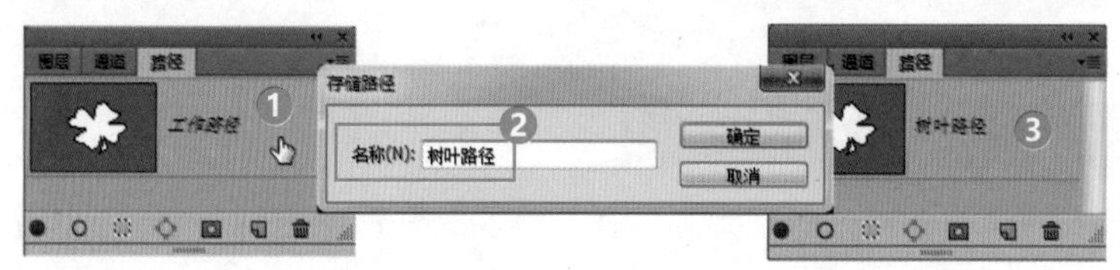

图 7-30 存储路径

- 创建工作路径后，在“路径”面板的弹出菜单中执行“存储路径”命令，也会弹出“存储路径”对话框，设置“名称”后单击“确定”按钮，即可完成存储。
- 拖动“工作路径”到 （创建新路径）按钮上，也可以存储工作路径。

7.6.8 移动、复制、删除与隐藏路径

使用 （路径选择工具）选择路径后，即可将其拖动更改位置；拖动路径到 （创建新路径）按钮上时，就可以得到一个该路径的副本；拖动路径到 （删除当前路径）按钮上时，就可以将当前路径删除；在“路径”面板的空白处单击，可以将路径隐藏。

7.6.9 快速将路径转换成选区

在处理图像时用到路径的时候不是很多，但是对图像创建路径并转换成选区后，就可以应用 Photoshop 中所有对选区起作用的命令。

将路径转换成选区可以直接单击“路径”面板中的 （将路径作为选区载入）按钮，即可将创

建的路径变成可编辑的选区，如图 7-31 所示。

图 7-31　将路径转换成选区

提　示

在“路径”面板的弹出菜单中执行“建立选区”命令、在路径属性栏中单击“选区”按钮或者直接按快捷键 Ctrl+Enter，都可以将路径转换成选区。

7.6.10 选区转换成路径

在处理图像时，有时创建局部选区比使用钢笔工具方便，将选区转换成路径，可以继续对路径进行更加细致的调整，以便能够制作出更加细致的图像抠图。

将选区转换成路径，可以直接单击“路径”面板中的 (从选区生成工作路径) 按钮，如图 7-32 所示。

图 7-32　将选区转换成路径

7.6.11 填充路径

通过“路径”面板可以为路径填充前景色、背景色或者图案，直接在“路径”面板中选择“路径”图层或“工作路径”图层时，填充的路径会是所有路径的组合部分，单独选择一个路径可以为子路径进行填充。

要填充路径，可以直接单击“路径”面板中的 (用前景色填充路径) 按钮，将路径填充前景色，如图 7-33 所示。

图 7-33　前景色填充路径

提　示

在“路径”面板的弹出菜单中包括“描边子路径”和“填充子路径”命令，只有在图像中选择子路径时才会被激活。

7.6.12 描边路径

在图像中创建路径后，可以应用“描边路径”命令对路径边缘进行描边。

要描边路径，可直接单击“路径”面板中的（用画笔描边路径）按钮，将路径进行描边。当选择不同工具时，描边对应的效果就是该工具在图像中操作时产生的效果，如图 7-34 所示。

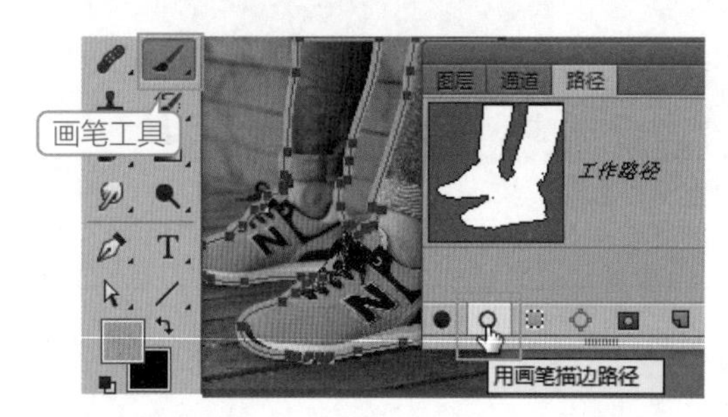

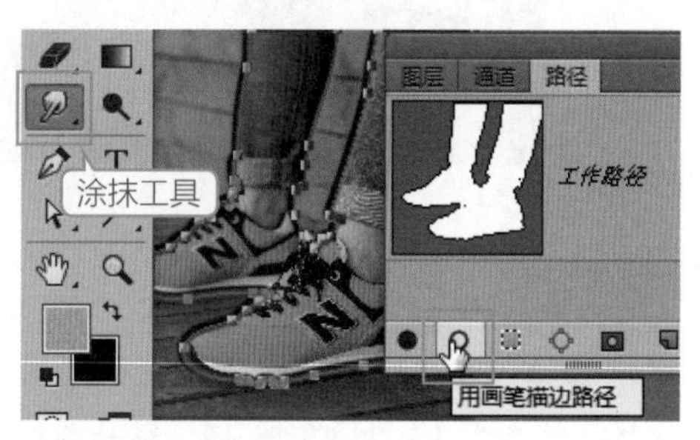

图 7-34 描边路径

提 示

在“描边路径”对话框中可以更加详细地设置路径描边。

7.7 绘制几何形状

在 Photoshop CC 中可以通过相应的工具直接在页面中绘制矩形、椭圆形、多边形等几何图形，本节就为大家详细讲解用来绘制几何图形的工具，包括（矩形工具）、（圆角矩形工具）、（椭圆工具）、（多边形工具）、（直线工具）和（自定义形状工具），绘制方法非常简单，只要使用工具在页面中选择起始点，按住鼠标向对角处拖动，松开鼠标后即可创建形状，如图 7-35 所示。

图 7-35 绘制几何形状

上机实战 自定义形状

STEP 1 打开“人影”素材，如图 7-36 所示。

STEP 2 使用 (钢笔工具) 在右边人物的边缘创建如图 7-37 所示的路径。

图 7-36　素材

提　示

在像素边缘反差较大的图像中，可以考虑使用 (自由钢笔工具) 中的磁性功能，这样可以更加快速地创建路径。

图 7-37　创建路径

STEP 3 执行菜单"编辑"/"定义自定形状"命令，打开"形状名称"对话框，设置"名称"为"舞"，如图 7-38 所示。

STEP 4 设置完毕后单击"确定"按钮，此时打开"形状拾色器"面板，在其中便可以看到"舞"形状，如图 7-39 所示。

STEP 5 新建一个宽、高均为 12 厘米，分辨率为 150 的空白文档，使用 (自定义形状工具) 选择"舞"形状后，在页面中拖动鼠标，即可应用定义自定形状图案，效果如图 7-40 所示。

图 7-38　"形状名称"对话框

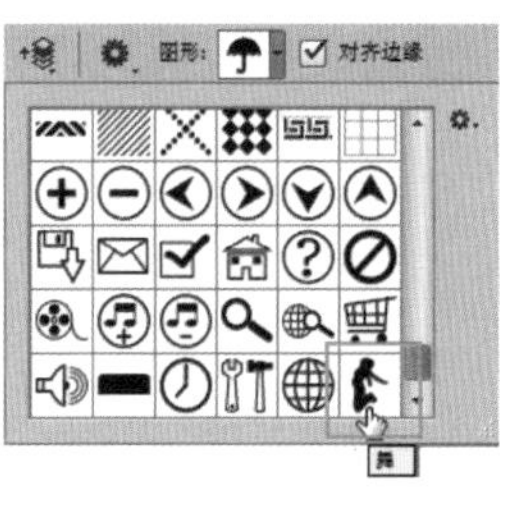

图 7-39　"形状拾色器"面板

提　示

在使用 (自定义形状工具) 绘制形状时，按住 Shift 键绘制的形状会按照形状的大小进行等比例缩放。

图 7-40　绘制形状

7.8　创建路径文字

在 Photoshop 中按照创建的路径来编辑文字，可以将文字设计得更加人性化。

7.8.1　沿路径创建文字

Photoshop 自从 CS 版本以后，便可以在创建的路径上直接输入文字，文字会自动依附路径的形状产生动感效果，通过 (路径选择工具) 可以对文字进行位置上的拖动变换，过程如图 7-41 所示。

7.8.2　在路径内添加文字

在路径内添加文字指的是在创建的封闭路径内创建文字，创建过程如图 7-42 所示。

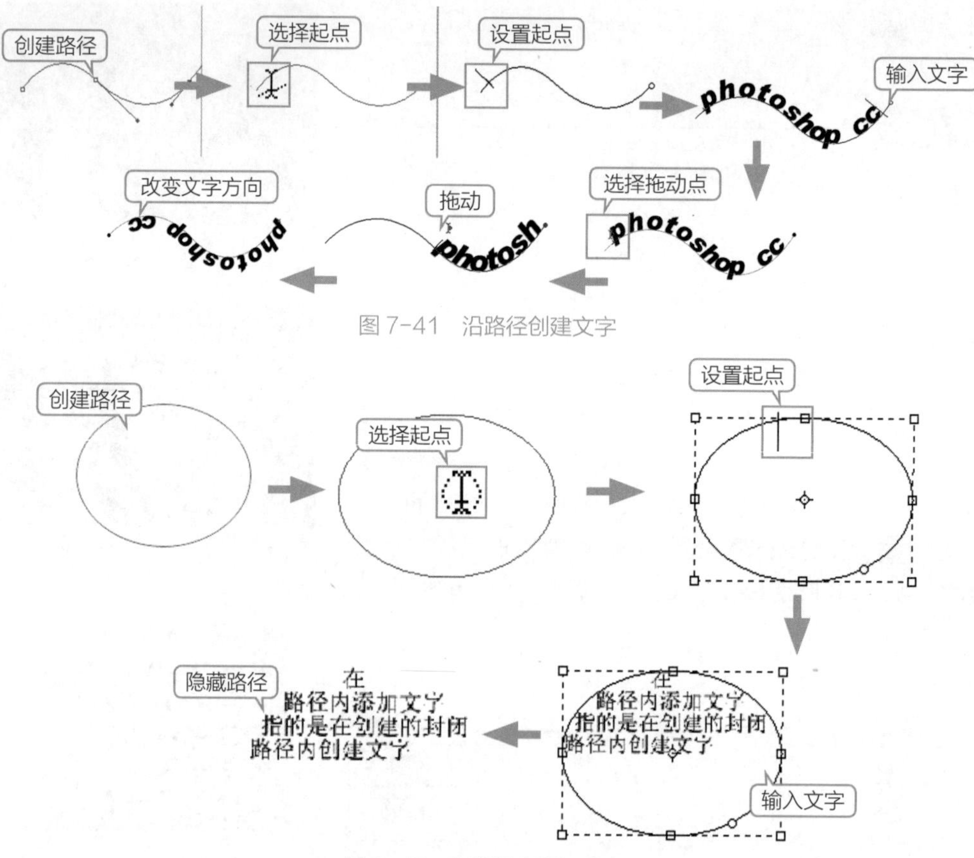

图 7-41　沿路径创建文字

图 7-42　在路径内添加文字

7.8.3 在路径外添加文字

在路径外添加文字指的是在创建的封闭路径外围创建文字，通过（路径选择工具）可以对文字进行位置上的拖动变换，创建过程如图 7-43 所示。

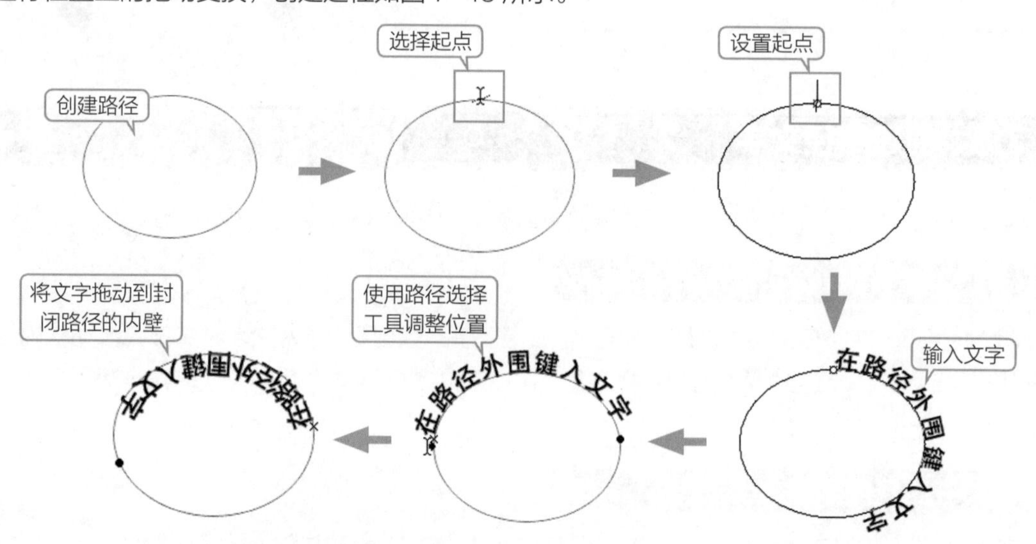

图 7-43　在路径外添加文字

7.9　综合练习：制作缠绕效果

由于篇幅所限，本章中的实例只介绍技术要点和制作流程，具体的操作步骤大家可以根据本书附带的多媒体视频来学习。

实例效果图	技术要点
	✱ 打开素材 ✱ 将背景转换为智能滤镜，应用“镜头校正”，添加光晕 ✱ 使用钢笔工具绘制路径 ✱ 描边路径 ✱ 添加“内发光”“外发光”图层样式 ✱ 添加图层蒙版

制作流程：

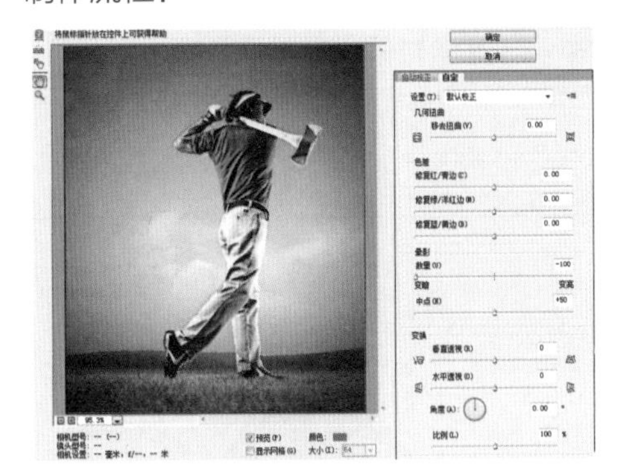

STEP 1 打开素材后将背景图层转换为智能滤镜，应用“镜头校正”滤镜。

STEP 2 使用钢笔工具绘制路径。

STEP 3 为路径添加描边路径。

STEP 4 添加“内发光”和“外发光”。

STEP 5 添加图层蒙版。

STEP 6 调出选区填充颜色，完成本例的制作。

7.10 综合练习：绘制愤怒的小鸟

实例效果图	技术要点
	✶ 绘制三角形 ✶ 将尖角转换为圆角 ✶ 绘制小鸟各个部位 ✶ 打开素材移入文档中

制作流程：

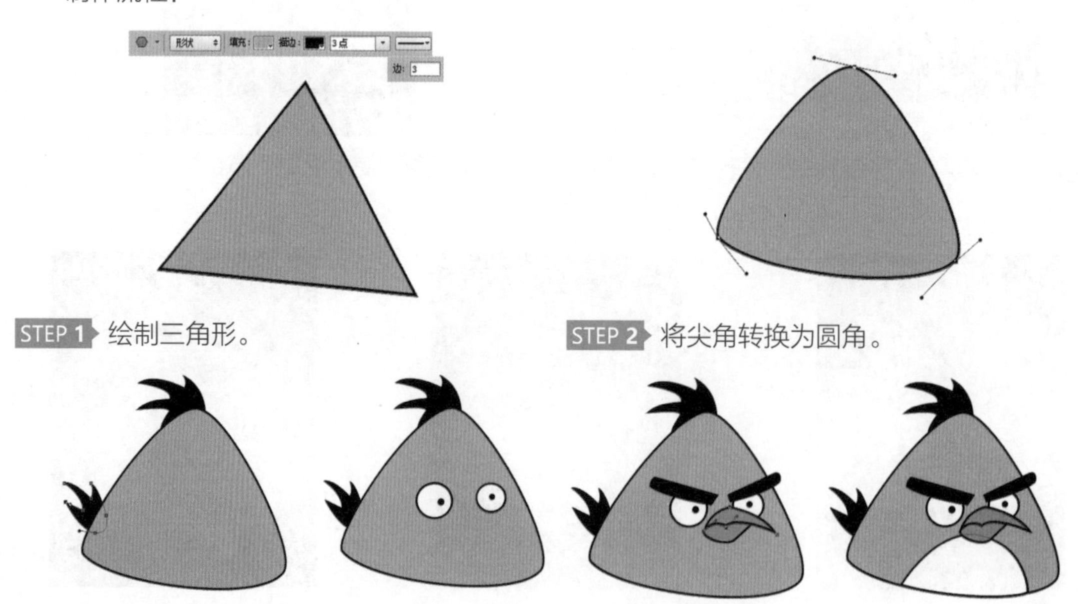

STEP 1 绘制三角形。

STEP 2 将尖角转换为圆角。

STEP 3 绘制小鸟的各个部位。

STEP 4 移入素材，完成本例的制作。

7.11　综合练习：钢笔工具抠图合成图像

实例效果图	技术要点
	✷ 打开素材 ✷ 使用钢笔工具创建路径 ✷ 将路径转换为选区抠图 ✷ 将选区内的图像移到新背景中

制作流程：

STEP 1 打开素材，使用钢笔工具沿图像边缘创建路径。

STEP 2 将路径转换为选区。

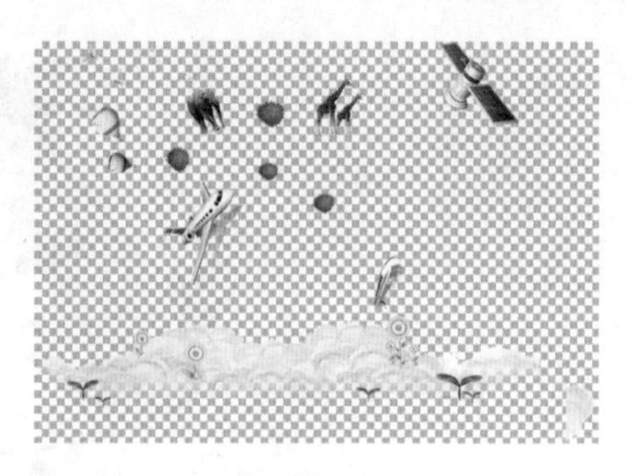

STEP 3 打开对应的素材。

STEP 4 得到最终效果。

7.12 练习与习题

1. 练习

使用“钢笔工具”对右图中的皮衣进行抠图。

2. 习题

(1) 路径类工具包括以下哪两类工具?

A. 钢笔工具　　B. 矩形工具

C. 形状工具　　D. 多边形工具

(2) 以下哪个工具可以选择一个或多个路径?

A. 直接选择工具　　B. 路径选择工具

C. 移动工具　　D. 转换点工具

(3) 以下哪个工具可以激活“填充像素”?

A. 多边形工具　　B. 钢笔工具

C. 自由钢笔工具　　D. 圆角矩形工具

(4) 使用以下哪个命令可以制作无背景图像?

A. 描边路径　　B. 填充路径

C. 剪贴路径　　D. 存储路径

第 8 章

蒙版与通道 

蒙版与通道是 Photoshop 中比较复杂的知识内容，通过应用蒙版与通道可以将图像融合得更加贴切，效果也会更加绚丽。本章主要为大家介绍 Photoshop 软件中蒙版与通道的应用，其中包括蒙版与通道的用处、蒙版概述、快速蒙版、通道的基本概念、颜色模式转换、通道面板、存储与载入选区、分离与合并通道以及应用图像与计算。

8.1 蒙版与通道的用处

在 Photoshop 中，使用蒙版和通道可以对复杂的图像进行操作。蒙版可以保护局部区域，如图 8-1 所示。通道可以按颜色模式对图像进行更加细致的管理，如图 8-2 所示。

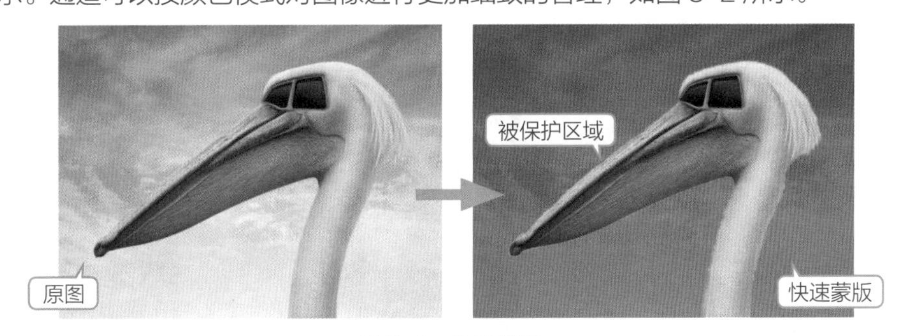

图 8-1　快速蒙版

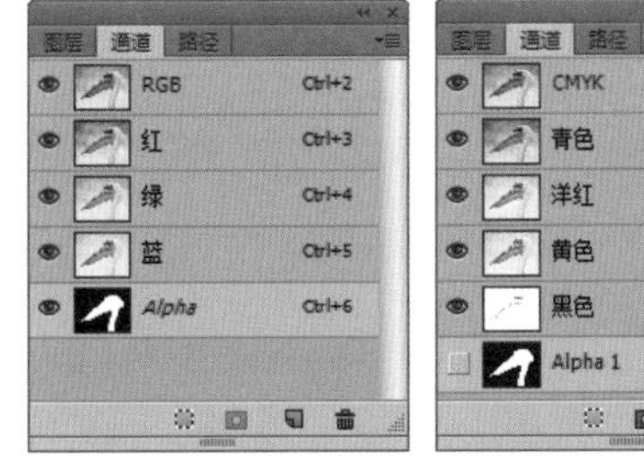

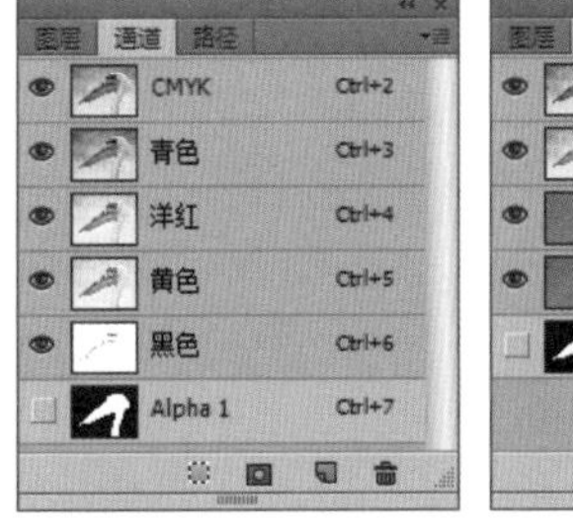

图 8-2　通道

8.2 蒙版概述 

在 Photoshop 中，通过应用蒙版可以对图像的某个区域进行保护，此时在处理其他位置的图像时，该区域将不会被编辑。

8.2.1 什么是蒙版

蒙版是一种选区，但它跟常规的选区又有不同。常规的选区表现了一种操作趋向，即将对所选区域进行处理；而蒙版却相反，它是对所选区域进行保护，让其免于操作，而对非掩盖的地方应用操作。通过蒙版可以创建图像的选区，也可以对图像进行抠图。

8.2.2 蒙版的原理

蒙版就是在原来的图层上加上一个看不见的图层，其作用就是显示和遮盖原来的图层。它使原图层的部分消失（透明），但并没有删除掉，而是被蒙版给遮住了。蒙版是一个灰度图像，所以可以用所有处理灰度图的工具去处理，如画笔工具、橡皮擦工具、部分滤镜等。

8.3 快速蒙版

在 Photoshop 中，快速蒙版指的是在当前图像上创建一个半透明的图像，可以将任何选区作为蒙版进行编辑，创建的快速蒙版几乎可以使用所有的工具或滤镜对其进行进一步编辑。

当在快速蒙版模式中工作时，“通道”面板中出现一个临时的快速蒙版通道。但是，所有的蒙版编辑是在图像窗口中操作完成的。

8.3.1 创建快速蒙版

在工具箱中单击（以快速蒙版模式编辑）按钮，就可以进入快速蒙版编辑状态。当图像中存在选区时，单击（以快速蒙版模式编辑）按钮后，默认状态下，选区内的图像为可编辑区域，选区外的图像为受保护区域，如图 8-3 所示。

图 8-3　为选区创建快速蒙版

8.3.2 更改蒙版颜色

蒙版颜色指的是覆盖在图像中保护图像某区域的透明颜色，默认状态下为“红色”、“不透明度”为 50%。在工具箱中的（以快速蒙版模式编辑）按钮上双击，即可弹出如图 8-4 所示的“快速蒙版选项”对话框。

其中的各项含义如下。

- **色彩指示：** 用来设置在快速蒙版状态时遮罩的显示位置。
- **被蒙版区域：** 快速蒙版中有颜色的区域代表被蒙版的范围，没有颜色的区域则是选区范围。
- **所选区域：** 快速蒙版中有颜色的区域代表选区范围，没有颜色的区域则是被蒙版的范围。
- **颜色：** 用来设置当前快速蒙版的颜色和透明程度，默认状态下是“不透明度”为 50% 的“红色”，单击颜色图标即可弹出“选择快速蒙版颜色”对话框，选择的颜色即为快速蒙版状态下的蒙版颜色，如图 8-5 所示的是蒙版为“蓝色”的快速蒙版状态。

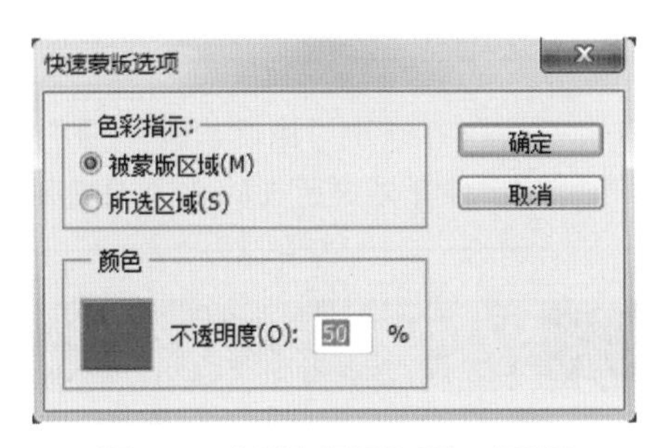

图 8-4 “快速蒙版选项”对话框

图 8-5 更改颜色为“蓝色”

8.3.3 编辑快速蒙版

进入快速蒙版模式编辑状态时，使用相应的工具可以对创建的快速蒙版重新编辑。编辑蒙版时，只能使用黑色、白色或灰色色调，此时的“颜色”面板被限制为 256 级灰度。

在默认状态下，使用黑色在可编辑区域涂抹时，即可将其转换为保护区域的蒙版；使用白色在蒙版区域涂抹时，即可将其转换为可编辑状态，如图 8-6 所示。按快捷键 Ctrl+T 调出变换框，此时可编辑区域的变换效果，与对选区内的图像进行变换效果一致，如图 8-7 所示。

图 8-6 涂抹蒙版

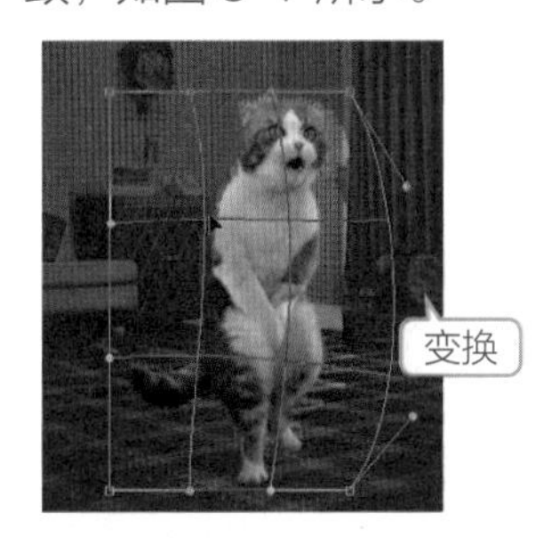

图 8-7 变换蒙版

技　巧

当使用橡皮擦工具对蒙版进行编辑时，产生的编辑效果与画笔对应的前景色不同，最终效果取决于背景色。

技　巧

默认状态时，使用黑色、白色以及灰色编辑蒙版可以参考下表进行操作。

涂抹颜色	快速蒙版状态下的显示效果	标准模式中的效果
黑色	增加蒙版覆盖区域，减去非保护区域	缩减选区
白色	减少蒙版覆盖区域，增加非保护区域	扩大选区
灰色	创建半透明效果	产生的选区填充颜色后为半透明

8.3.4 退出快速蒙版

在快速蒙版状态下编辑完毕后，单击工具箱中的（以标准模式编辑）按钮，即可退出快速蒙版，此时被编辑的区域会以选区显示。

技 巧

按住 Alt 键单击 (以快速蒙版模式编辑)按钮，可以在不打开“快速蒙版选项”对话框的情况下，自动切换“被蒙版区域”和“所选区域”选项，蒙版会根据所选的选项而变化。

8.4 通道的基本概念

在 Photoshop 中，通道是存储不同类型信息的灰度图像。

颜色信息通道是在打开新图像时自动创建的。图像的颜色模式决定了所创建的颜色通道的数目。例如，RGB 图像的每种颜色(红色、绿色和蓝色)都有一个通道，并且还有一个用于编辑图像的复合通道。

Alpha 通道将选区存储为灰度图像。可以添加 Alpha 通道来创建和存储蒙版，这些蒙版用于处理或保护图像的某些部分。

专色通道指定用于专色油墨印刷的附加印版。

一个图像最多可有 56 个通道。所有的新通道都具有与原图像相同的尺寸和像素数目。

提 示

只要以支持图像颜色模式的格式存储文件，即可保留颜色通道。只有以 Photoshop、PDF、PICT、TIFF 或 Raw 格式存储文件时，才能保留 Alpha 通道。DCS 2.0 格式只保留专色通道。用其他格式存储文件时，可能会导致通道信息丢失。

8.5 颜色模式转换

在 Photoshop 中的颜色模式有 8 种，分别为位图模式、灰度模式、双色调模式、索引颜色模式、RGB 颜色模式、CMYK 颜色模式、Lab 颜色模式和多通道模式。不同的颜色模式在“通道”中显示的颜色也不同，大家可以参考 8-2 所示的图像。如果想转换当前颜色模式为其他颜色模式，只要执行菜单“图像”/“模式”命令，在弹出的子菜单中选择一种模式即可，例如将 RGB 转换为灰度，如图 8-8 所示。

图 8-8 转换为灰度模式

8.6 通道面板

在 Photoshop 中，“通道”面板列出图像中的所有通道，对于 RGB、CMYK 和 Lab 图像，将最先列出复合通道。通道内容的缩览图显示在通道名称的左侧，在编辑通道时会自动更新缩览图。“通道”面板中一般包含复合通道、颜色通道、专色通道和 Alpha 通道，如图 8-9 所示。

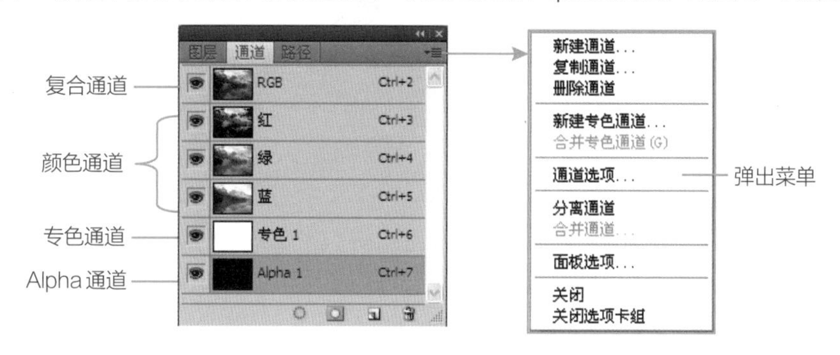

图 8-9 “通道”面板

技 巧

利用快捷键可以在复合通道与单色通道、专色通道和 Alpha 通道之间转换，按快捷键 Ctrl+~ 可以直接选择复合通道，按快捷键 Ctrl+1、2、3、4、5 等可以快速选择单色通道、专色通道和 Alpha 通道，面板中的通道越多，按顺序快捷键出现相应的 Ctrl+ 数字。

8.6.1 新建 Alpha 通道

在“通道”面板中单击 (创建新通道) 按钮，此时就会在“通道”面板中新建一个黑色 Alpha 通道，如图 8-10 所示。在弹出菜单中选择“新建通道”命令，打开“新建通道”对话框，如图 8-11 所示。单击“确定”按钮，即可新建一个 Alpha 通道。

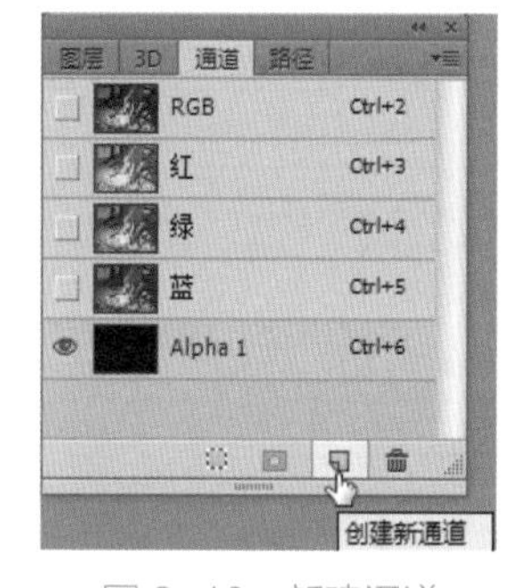

图 8-10 新建通道

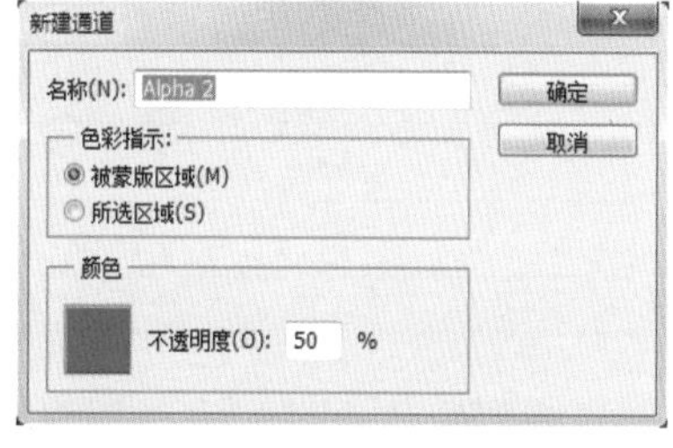

图 8-11 “新建通道”对话框

技 巧

按住 Alt 键单击 (创建新通道) 按钮，同样会弹出“新建通道”对话框。

8.6.2 复制通道

在“通道”面板中拖动选择的通道到 (创建新通道) 按钮上，即可得到一个该通道的副本，如图 8-12 所示。

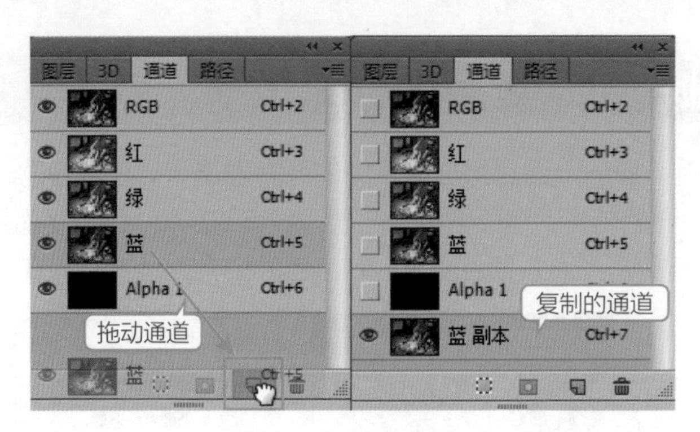

图 8-12　复制通道

8.6.3 删除通道

在“通道”面板中拖动选择的通道到 (删除通道)按钮上，即可将当前通道从“通道”面板中删除。

8.6.4 编辑 Alpha 通道

创建 Alpha 通道后，可以通过相应的工具或命令对创建的 Alpha 通道进行进一步的编辑，在“通道”面板中将 Alpha 通道前面的小眼睛图标显示出来，可以更加直观地编辑通道，此时的编辑方法与编辑快速蒙版相类似。默认状态下，通道中黑色部分为保护区域，白色部分为可编辑区域，如图 8-13 所示。

图 8-13　编辑 Alpha 通道

技　巧

默认状态时，使用黑色、白色以及灰色编辑通道可以参考下表进行操作。

涂抹颜色	彩色通道显示状态	载入选区
黑色	添加通道覆盖区域	添加到选区
白色	从通道中减去	从选区中减去
灰色	创建半透明效果	产生的选区为半透明

8.6.5 将通道作为选区载入

在“通道”面板中选择要载入选区的通道后，单击 (将通道作为选区载入)按钮，此时就会将通道中的浅色区域作为选区载入，如图 8-14 所示。

图 8-14　载入通道的选区

技　巧

按住 Ctrl 键单击选择通道，可调出通道中的选区，拖动选择的通道到 (将通道作为选区载入)按钮上，即可调出选区。

8.6.6 创建专色通道

专色通道可以保存专色信息。它具有 Alpha 通道的特点，也可以具有保存选区等作用。专色的准确性非常高而且色域很宽，它可以用来替代或补充印刷色，如烫金色、荧光色等。专色中的大部分颜色是 CMYK 无法呈现的。

上机实战　创建专色通道

STEP 1 在“通道”面板的弹出菜单中选择“新建专色通道”命令，可以打开“新建专色通道”对话框，如图 8-15 所示。设置“油墨特性”的“颜色”和“密度”，单击“确定”按钮，即可在面板中新建一个专色通道，如图 8-16 所示。

STEP 2 如果在图像中存在选区，在专色通道中可以看到选区内的专色，如图 8-17 所示。

图 8-15　载入通道选区

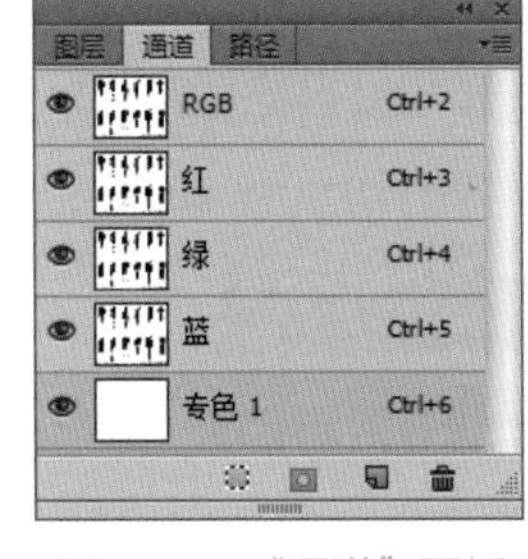

图 8-16　“通道”面板　图 8-17　带选区时新建的专色通道

STEP 3 双击 Alpha 通道的缩略图，打开“通道选项”对话框，在对话框中只要选择“专色”单选按钮，单击“确定”按钮，此时就会发现 Alpha 通道已经转换成了专色通道，如图 8-18 所示。

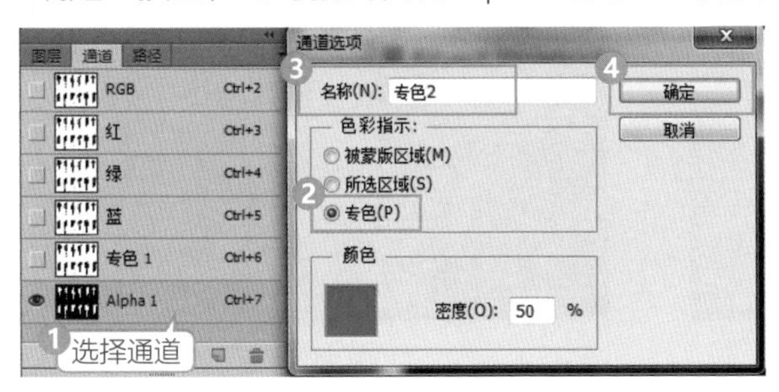

图 8-18　转换 Alpha 通道为专色通道

技　巧

如果在专色通道中使用定制色彩，就不要为创建的专色重新命令了。如果重新命名了该通道，色彩就会被其他应用程序干扰。

技　巧

除了位图模式以外，其余所有的颜色模式下都可以建立专色通道。只要加上专色，即使是灰度模式的图片，也可以使之呈现出彩色图像效果。

8.6.7 编辑专色通道

创建专色通道后，可以使用画笔、橡皮擦或滤镜命令对其进行相应的编辑，具体操作与 Alpha 通道相似。

提 示

更改通道的蒙版显示颜色与快速蒙版的改变方法相同；Alpha 通道一般用来存储选区；专色通道是一种预先混合的颜色，当只需要在部分图像上打印一种或两种颜色时，常使用专色通道，该通道经常使用在徽标或文字上，用来加强视觉效果，引人注意。

8.7 存储与载入选区

在 Photoshop 中存储的选区通常会被放置在 Alpha 通道中，再将选区进行载入时，被载入的选区就是存在于 Alpha 通道中的选区。

8.7.1 存储选区

在处理图像时创建的选区不止被使用一次，如果想对创建的选区进行多次使用，就应该将其存储，对选区的存储可以通过“存储选区”命令来完成，比如在一张打开的图像中创建了一个选区，执行菜单“选择”/“存储选区”命令,即可打开“存储选区”对话框,如图 8-19 所示。单击“确定”按钮，即可将当前选区存储到 Alpha 通道中，如图 8-20 所示。

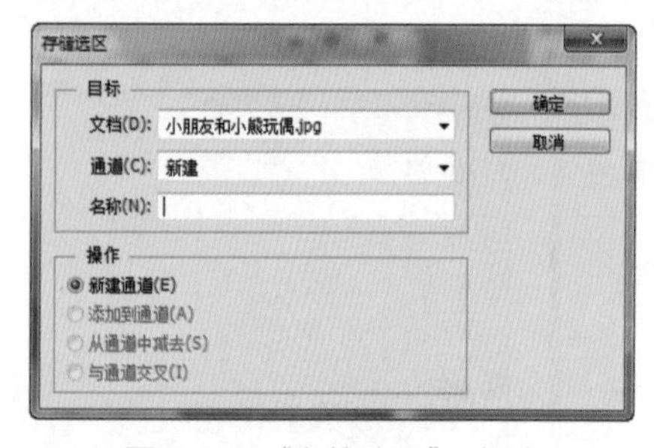

图 8-19 “存储选区”对话框

图 8-20 存储的选区

其中的各项含义如下。

- **文档：**当前选区存储的文档。
- **通道：**用来选择存储选区的通道。
- **名称：**设置当前选区存储的名称，设置的结果会将 Alpha 通道的名称替换。
- **新建通道：**存储当前选区到新通道中，如果通道中存在 Alpha 通道，在存储新选区时，设置“通道”为存在的 Alpha 通道时，“新建通道”会变成“替换通道”，其他的选项会被激活，如图 8-21 所示。
- **替换通道：**替换原来通道。

图 8-21 替换通道

- **添加到通道：**在原有通道中加入新选区，如果选区相交，则组合成新的通道。
- **从通道中减去：**在原有通道中加入新选区，如果选区相交，则合成的选择区域会删除相交的区域。
- **与通道交叉：**在原有通道中加入新选区，如果选区相交，则合成的选择区域会只留下相交的部分。

上机实战 存储选区的方法

本实例主要让大家了解“存储选区”命令的使用方法。

STEP 1 打开“小朋友和小熊玩偶”素材，在图像中创建选区，执行菜单“选择”/“存储选区”命令，默认情况下单击“确定”按钮，即可将选区存储到 Alpha 通道中，可以参考图 8-19 和图 8-20 所示的效果。

STEP 2 再在左边图像边缘创建一个椭圆选区，如图 8-22 所示。

STEP 3 执行菜单“选择”/“存储选区”命令，打开“存储选区”对话框，如图 8-23 所示，分别选择“替换通道”“添加到通道”“从通道中减去”和“与通道交叉”单选按钮，效果分别如图 8-24 至图 8-27 所示。

图 8-22 新建选区

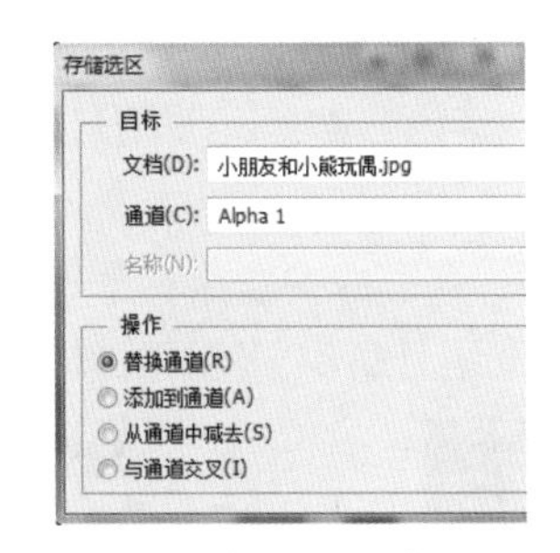

图 8-23 “存储选区”对话框

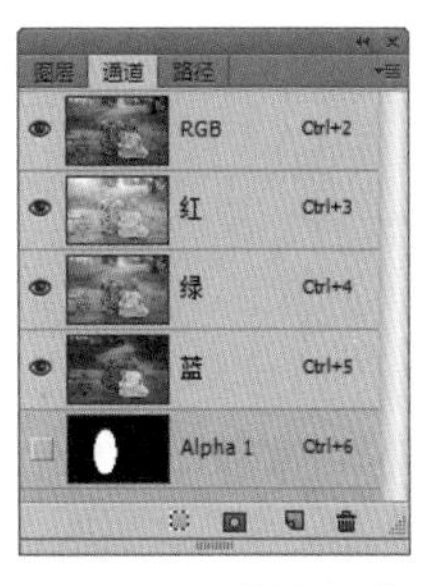

图 8-24 替换通道

图 8-25 添加到通道

图 8-26 从通道中减去

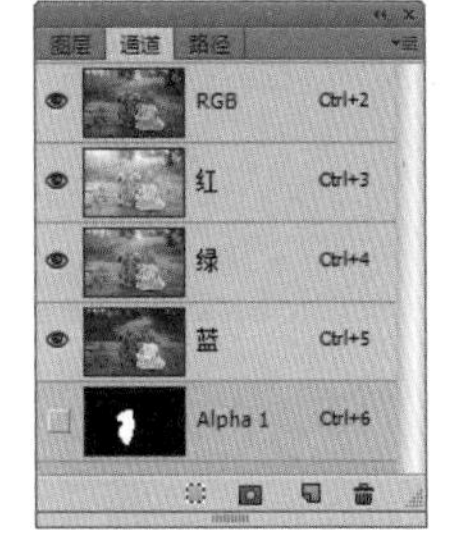

图 8-27 与通道交叉

8.7.2 载入选区

存储选区后，在以后的应用中会经常用到存储的选区，下面就为大家讲解一下将存储的选区载入的方法。当存储选区后，执行菜单“选择”/“载入选区”命令，可以打开“载入选区”对话框，如图 8-28 所示。

其中的各项含义如下。

- **文档：**要载入选区的当前文档。
- **通道：**载入选区的通道。

- **反相**：勾选该复选框，会将选区反选。
- **新建选区**：载入通道中的选区，当图像中存在选区时，可以替换图像中的选区，此时“操作”选项区的其他选项会被激活，如图 8-29 所示。

图 8-28 “载入选区”对话框 1

图 8-29 “载入选区”对话框 2

- **添加到选区**：载入选区时与图像的选区合成一个选区。
- **从选区中减去**：载入选区时与图像中选区交叉的部分将会被删除。
- **与选区交叉**：载入选区时与图像中选区交叉的部分被保留。

上机实战 载入选区的方法

本实例主要让大家了解“载入选区”命令的使用方法，使用存储选区中的“新建通道”选项的效果作为载入的最初效果。

STEP 1 打开刚才存储选区的文件，在图像中新建一个矩形选区，如图 8-30 所示。

STEP 2 执行菜单“选择”/“载入选区”命令，打开如图 8-31 所示的“载入选区”对话框。

图 8-30 矩形选区

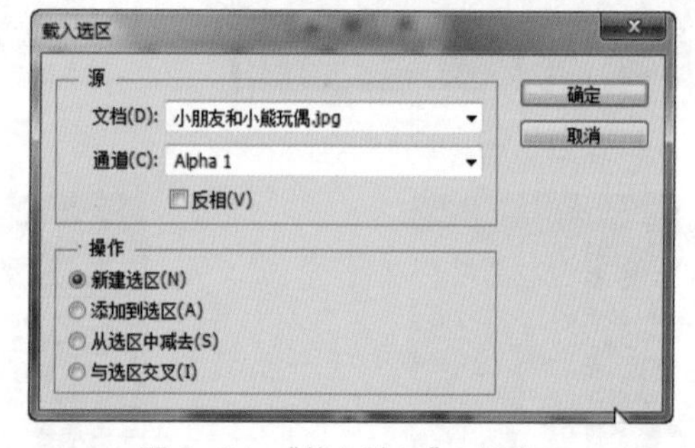

图 8-31 “载入选区”对话框

STEP 3 分别选择“新建选区”“添加到选区”“从选区中减去”和“与选区交叉”单选按钮，效果如图 8-32 至图 8-35 所示。

图 8-32 新建选区

图 8-33 添加到选区

图 8-34 从选区中减去

图 8-35 与选区交叉

8.8　分离与合并通道

“通道”面板中存在的通道是可以进行重新拆分和拼合的，拆分后可以得到不同通道下的图像显示的灰度效果，分离并单独调整后的图像，通过“合并通道”命令可以将图像还原为彩色，只是在合并时因选择不同通道而会产生颜色差异。

8.8.1　分离通道

分离通道可以将图像从彩色图像中拆分出来，从而显示原本的灰度图像。具体操作方法为：在“通道”的弹出菜单中选择“分离通道”命令，即可将图像拆分为组成彩色图像的灰度图像，如图 8-36 所示。

图 8-36　分离通道的对比效果

8.8.2　合并通道

合并通道可以将分离并调整完毕的图像合并。在“通道”面板的弹出菜单中选择“合并通道”命令，系统会弹出如图 8-37 所示的“合并通道”对话框。在“模式”下拉列表中选择“RGB 颜色”❶，在“通道”文本框中输入数量为 3❷。

图 8-37　“合并通道”对话框

调整完毕后单击“确定”按钮，会弹出“合并 RGB 通道”对话框，在“指定通道”选项中指定合并后的通道❸，如图 8-38 所示。

设置完毕后单击“确定”按钮，完成合并效果，如图 8-39 所示。

图 8-38　“合并 RGB 通道”对话框

图 8-39　合并通道

8.9　应用图像与计算

“应用图像”或“计算”命令可以通过通道与蒙版的结合而使图像混合得更加细致，调出更加

完美的选区，生成新的通道和创建新文档。

8.9.1 应用图像

“应用图像”命令可以将源图像的图层或通道与目标图像的图层或通道进行混合，从而创建出特殊的混合效果，如图 8-40 所示。执行菜单“图像”/“应用图像”命令，即可打开“应用图像”对话框，如图 8-41 所示。

图 8-40 应用图像

其中的各项含义如下。

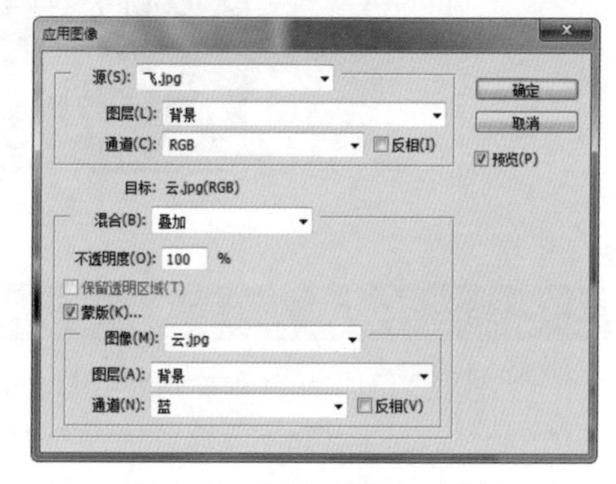

图 8-41 “应用图像”对话框

- **源：**用来选择与目标图像相混合的源图像文件。
- **图层：**如果源图像是多图层文件，则可以选择源图像中相应的图层作为混合对象。
- **通道：**用来指定源图像参与混合的通道。
- **反相：**勾选该复选框，可以在混合时使用通道内容的负片。
- **目标：**当前工作的目标图像。
- **混合：**设置图像的混合模式。
- **不透明度：**设置图像混合效果的强度。
- **保留透明区域：**勾选该复选框，可以将效果只应用于目标图层的不透明区域而保留原来的透明区域。如果该图像只存在背景图层，那么该选项将不可用。
- **蒙版：**可以应用图像的蒙版进行混合，勾选该复选框，可以弹出蒙版设置。
- **图像：**选择包含蒙版的图像。
- **图层：**选择包含蒙版的图层。
- **通道：**选择作为蒙版的通道。
- **反相：**勾选该复选框，可以在计算时使用蒙版的通道内容的负片。

技 巧

因为“应用图像”命令是基于像素对像素的方式来处理通道，所以只有图像的宽、高和分辨率相同时，才可以为两个图像应用此命令。

8.9.2 计算

“计算”命令可以混合两个来自一个或多个源图像的单个通道，从而得到新图像、新通道或当前图像的选区。执行菜单“图像”/“计算”命令，即可打开“计算”对话框，如图 8-42 所示。

其中的各项含义如下。

- **通道：**用来指定源图像参与计算的通道，在“计算”对话框的“通道”下拉列表中不存在复合通道。
- **结果：**用来指定计算后出现的结果，包括新建文档、新建通道和选区。
  - 新建文档：选择该项后，系统会自动生成一个多通道文档，如图 8-43 所示。
  - 新建通道：选择该项后，在当前文件中新建 Alpha1 通道，如图 8-44 所示。
  - 选区：选择该项后，在当前文件中生成选区，如图 8-45 所示。

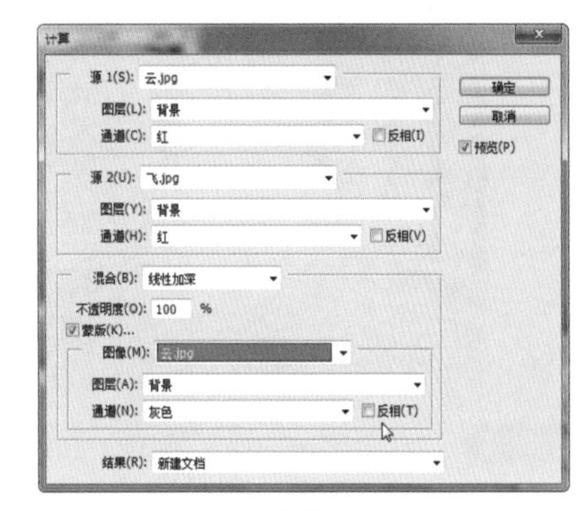

图 8-42　“计算”对话框

图 8-43　新建文档

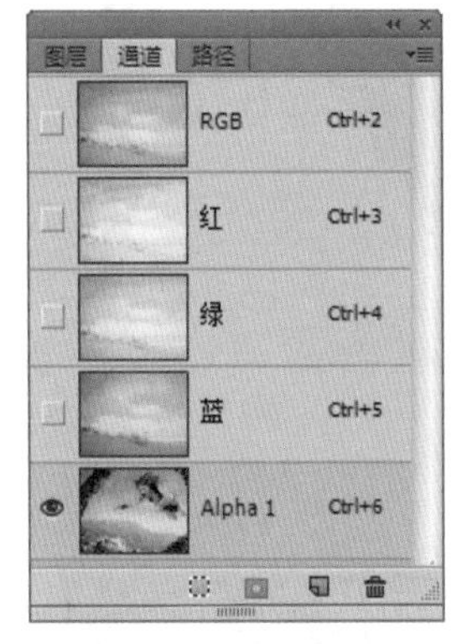

图 8-44　新建通道

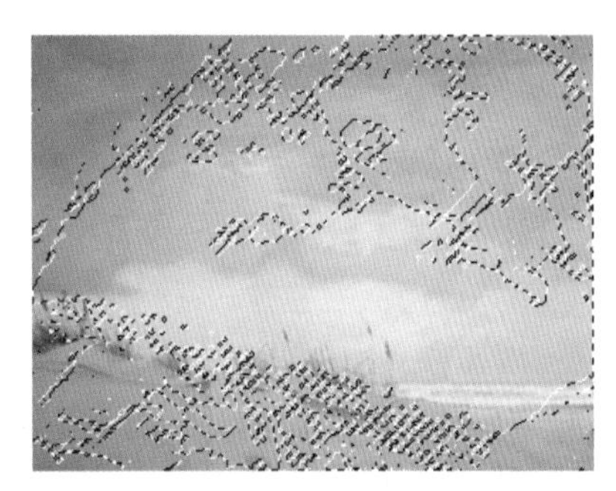

图 8-45　选区

8.10　综合练习：通过通道抠出透明婚纱

由于篇幅所限，本章中的实例只介绍技术要点和制作流程，具体的操作步骤大家可以根据本书附带的多媒体视频来学习。

实例效果图	技术要点
	★ 打开素材 ★ 复制通道，调整色阶 ★ 使用画笔编辑通道 ★ 调出人物以及半透明婚纱选区 ★ 将选区内的图像拖曳到新素材中

制作流程：

STEP 1 打开素材后，在“通道”面板中复制“蓝”通道。

STEP 2 调整通道的色阶。

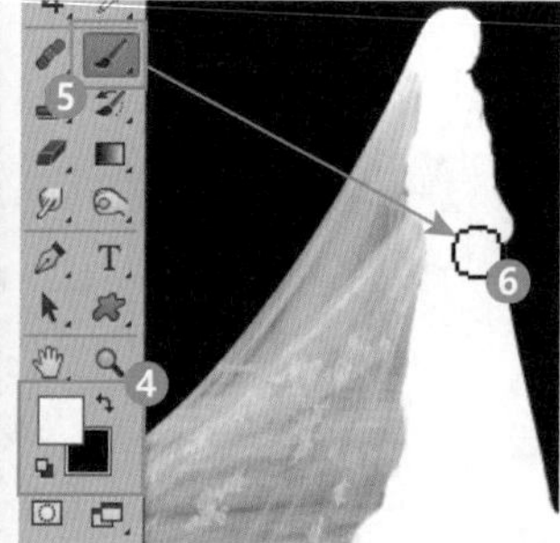

STEP 3 使用画笔工具编辑通道。

STEP 4 调出通道的选区替换背景，完成制作。

8.11 综合练习：制作全景照片

实例效果图	技术要点
	✱ 打开素材 ✱ 将素材移动到一个文档中 ✱ 应用“自动对齐图层”命令 ✱ 裁剪图像 ✱ 应用“色相 / 饱和度”调整图层 ✱ 添加径向渐变图层蒙版

制作流程：

STEP 1 打开素材后，将素材移动到一个文档中。

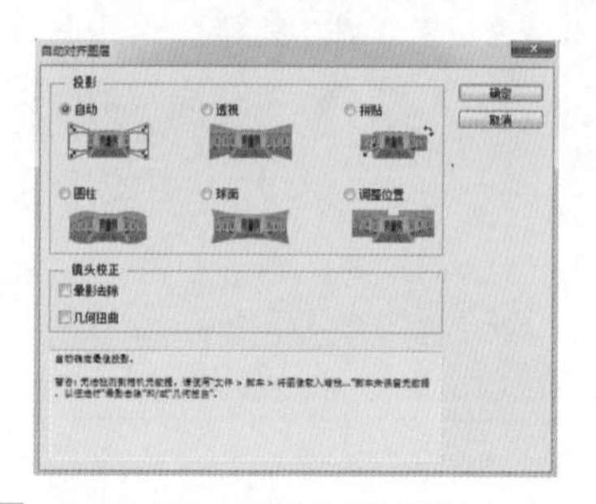

STEP 2 应用“自动对齐图层”命令。

STEP 3 裁剪合成的图像。

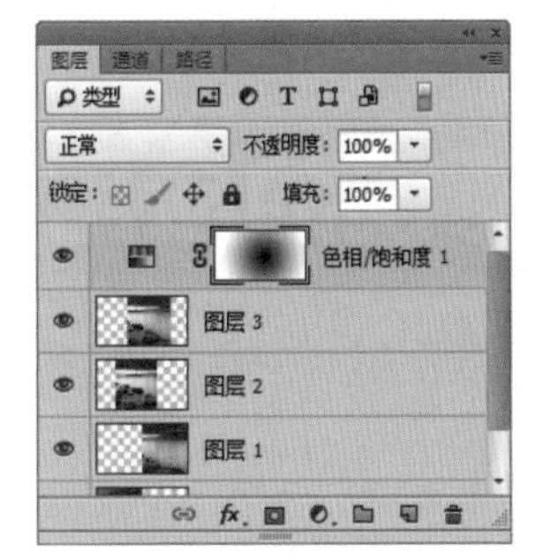

STEP 4 创建“色相 / 饱和度”调整图层，再添加径向渐变图层蒙版。

STEP 5 得到最终效果。

8.12　练习与习题

1. 练习

使用渐变工具对图层蒙版进行编辑。

2. 习题

(1) Photoshop 中存在以下哪几种不同类型的通道?

A. 颜色通道　　B. 专色通道　　C. Alpha 通道　　D. 蒙版通道

(2) 向根据 Alpha 通道创建的蒙版中添加区域，用下面哪个颜色在绘制时更加明显?

A. 黑色　　B. 白色　　C. 灰色　　D. 透明色

(3) 图像中的默认颜色通道数量取决于图像的颜色模式，如一个 RGB 图像至少存在几个颜色通道?

A.1　　B. 2　　C. 3　　D. 4

(4) 在图像中创建选区后，单击“通道”面板中的按钮，可以创建一个什么通道?

A. 专色　　B. Alpha　　C. 选区　　D. 蒙版

第 9 章

滤镜的应用

滤镜作为 Photoshop 中产生特效的命令，可以让图像变得更加绚丽多彩。本章主要为大家介绍 Photoshop 软件中的滤镜应用，其中包括认识滤镜、智能滤镜、滤镜库、Camera Raw 滤镜、自适应广角、镜头校正、液化、油画、消失点以及内置特效滤镜。

9.1 认识滤镜

滤镜主要是用来实现图像的各种特殊效果，具有非常神奇的作用。滤镜的操作是非常简单的，但是真正用起来却很难恰到好处。滤镜通常需要与通道、图层等联合使用，才能取得最佳的艺术效果。如果想在最适当的时候应用滤镜到最适当的位置，除了平常的美术功底之外，还需要用户对滤镜的熟悉和操控能力，甚至需要具有丰富的想象力。这样，才能有的放矢地应用滤镜，发挥出艺术才华。

Photoshop 将所有内置滤镜都放置到了“滤镜”菜单中，单击即可在下拉菜单中看到具体的滤镜名称或滤镜组。

9.2 智能滤镜

对“图层”面板中的“普通图层”应用滤镜后，原来的图像效果将会被应用滤镜后的效果替换。“图层”面板中的智能对象可以直接将滤镜添加到图像中，但是不破坏图像本身的像素，隐藏滤镜后还会看到最初的图像效果。执行菜单“滤镜”/“转换为智能滤镜”命令，即可将当前图层转换为智能对象，也就是“图层”面板中的智能滤镜，应用任何滤镜后都会在下面出现滤镜名称，双击名称还可以对其重新进行编辑，如图 9-1 所示。

提 示

在“智能滤镜”中蒙版部分的编辑与图层蒙版编辑有些类似，这里就不进行重复讲解了，具体操作可以参考第 6 章中的图层蒙版部分。

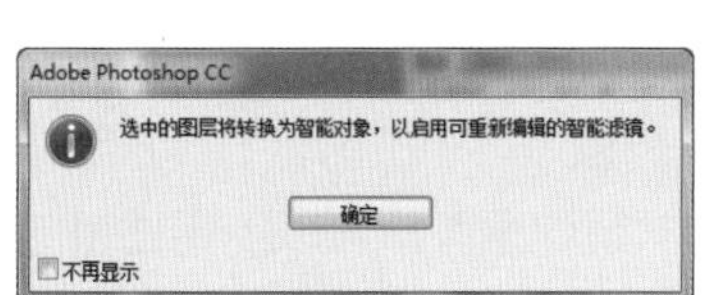

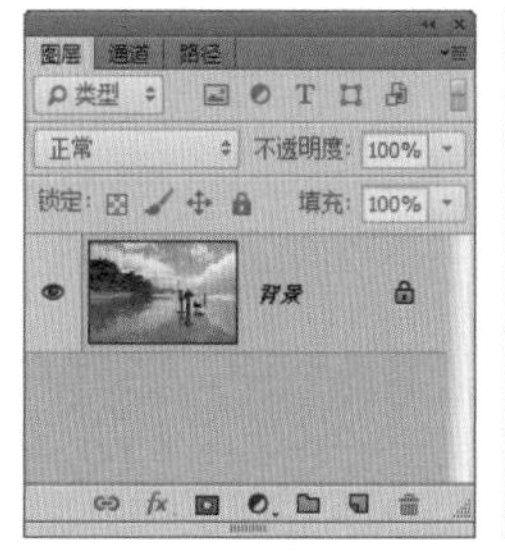

图 9-1　智能滤镜

9.3　滤镜库

“滤镜库”命令可以帮助大家在同一对话框下完成多个滤镜命令，并且可以重新改变使用滤镜的顺序或重复使用同一滤镜，从而得到不同的效果。在预览区中就可以看到使用该滤镜得到的效果。

在 Photoshop CC 版本的“滤镜库”对话框中将 6 种类型的滤镜放置到了对话框的中间位置，这样可以更方便地选择和应用滤镜。在 Photoshop CC 版本中将“画笔描边”“纹理”“素描”和“艺术效果”滤镜组全都移到了“滤镜库”对话框中，“风格化”和“扭曲”中的部分滤镜也都移到了“滤镜库”对话框中。在“滤镜”菜单中将不会再看到滤镜库中的滤镜。执行菜单“滤镜”/“滤镜库”命令，可以打开如图 9-2 所示的“滤镜库”对话框。

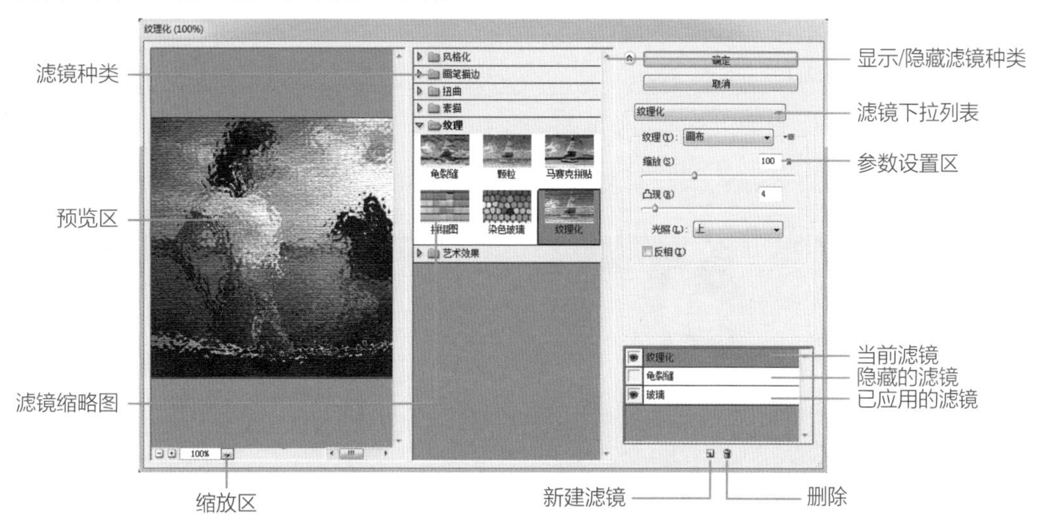

图 9-2　滤镜库对话框

其中的各项含义如下。

- **预览区：**预览应用滤镜后的效果。
- **滤镜种类：**显示滤镜组中的所有滤镜，单击前面的三角形图标，即可将当前滤镜类型中的所有滤镜展开。
- **显示 / 隐藏滤镜种类：**单击该按钮，即可隐藏滤镜库中的滤镜类别和缩览图，只留下滤镜预览区；再次单击将重新显示滤镜类别。
- **参数设置区：**在参数设置区域可以设置当前滤镜的各项参数，来调整使用当前滤镜的效果。

★ **滤镜下拉列表**：单击该按钮，即可弹出滤镜类别中的所有滤镜名称，可以在下拉列表中选择需要的滤镜。

★ **当前滤镜**：正在调整的滤镜。

★ **已应用的滤镜**：已经调整过的滤镜。

★ **隐藏的滤镜**：在已使用的滤镜前面的小眼睛上单击，即可将其隐藏；再单击即可显示该滤镜。

★ **新建滤镜**：单击此按钮，可以创建一个滤镜效果图层，新建的滤镜效果图层可以使用滤镜效果。选取任何一个已存在的效果图层，再选择其他滤镜后，该图层效果就会变成该滤镜的图层效果。

★ **删除**：单击此按钮，可以将当前选取的滤镜效果图层删除，同时滤镜效果也被删除。

★ **滤镜缩览图**：显示当前滤镜类别中滤镜效果的缩览图。

★ **缩放区**：单击“加号”按钮，可以放大预览区中的图像；单击“减号”按钮，可以缩小预览区中的图像。

技 巧

在预览区中按住 Ctrl 键单击鼠标会将图像放大，按住 Alt 键单击鼠标会将图像缩小。当图像放大到超出预览区时，使用鼠标即可拖动图像来查看图像的局部。

9.4 Camera Raw 滤镜 

Camera Raw 滤镜是 Photoshop CC 新增的一个滤镜功能，也就是之前版本中的 Camera Raw，将其放置到滤镜中可以更加方便地对照片进行调色处理。它能在不损坏原片的前提下快速地处理摄影师拍摄的照片，批量、高效、专业，如图 9-3 所示，在此对话框中只要通过选择不同的标签，然后调整参数，就可以非常简便地调整照片。

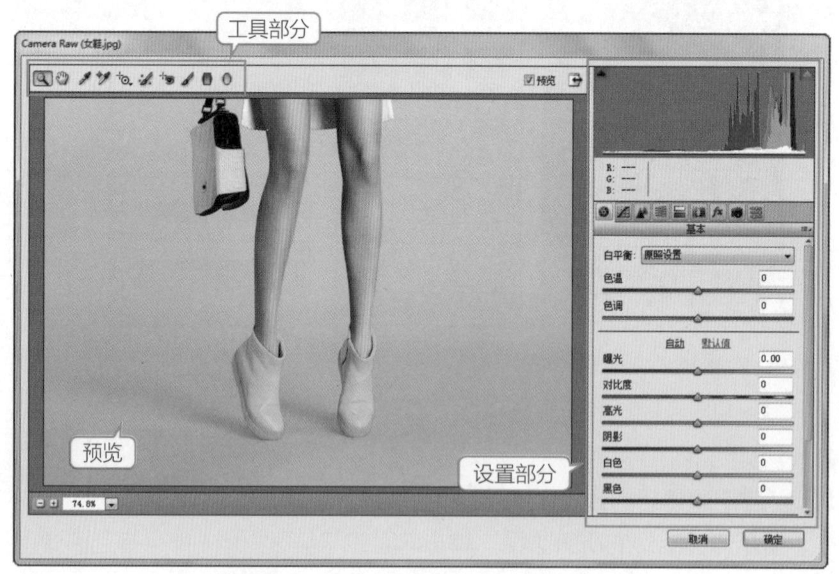

图 9-3 “Camera Raw 滤镜”对话框

其中的各项含义如下。

1. 工具部分

★ （**缩放工具**）：用来缩放预览区的视图，在预览区内单击会将图像放大，按住 Alt 键单击会将图像缩小。

★ (抓手工具)：当图像放大到超出预览框时，使用(抓手工具)可以移动图像查看局部。

★ (白平衡工具)：使用该工具在预览区的图像上单击，系统会自动按照选取点的像素颜色自动调整整体图像的“色温”和“色调”。

技　巧

调整出现问题后，按住 Alt 键会将对话框中的“取消”按钮变为“复位”按钮，单击即可还原为最初状态。

★ (颜色取样器工具)：该工具通常用来判断图片是否偏色，最多可以设置 9 个取样点，使用方法是在预览区的图像中找到本应为灰色的区域上单击，系统会在工具箱下面显示当前选取点的颜色值，从而判断图片是否偏色。

★ (目标调整工具)：该工具可以通过拖动方式改变选取像素在“HSL/ 灰度”标签中的“明亮度”的颜色，向右和向上增加颜色明亮度，向左和向下降低颜色明亮度，如图 9-4 所示。

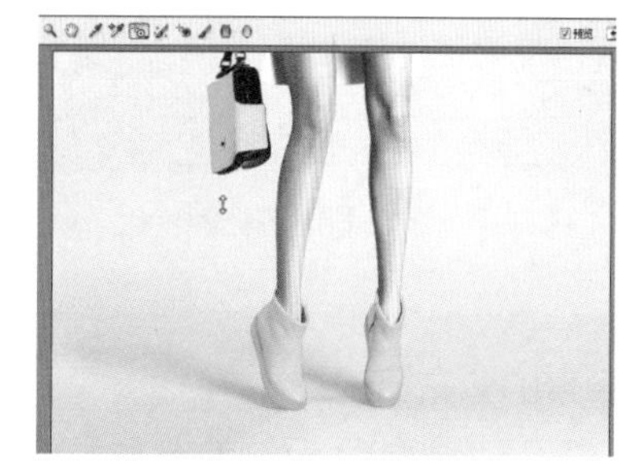

图 9-4　目标调整工具的使用

★ (污点去除工具)：该工具可以将照片中的瑕疵污渍进行快速去除，方法是调整画笔大小后在污渍区域单击，系统会自动将污渍或瑕疵修复，如图 9-5 所示。

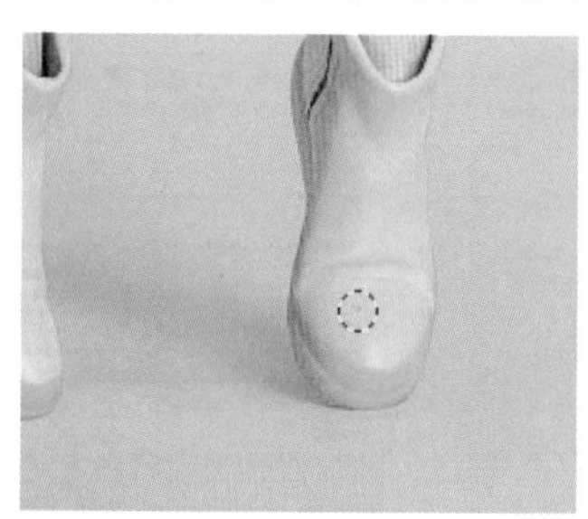
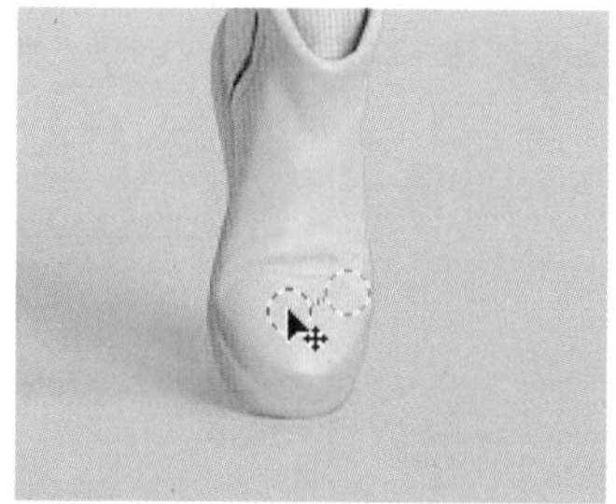
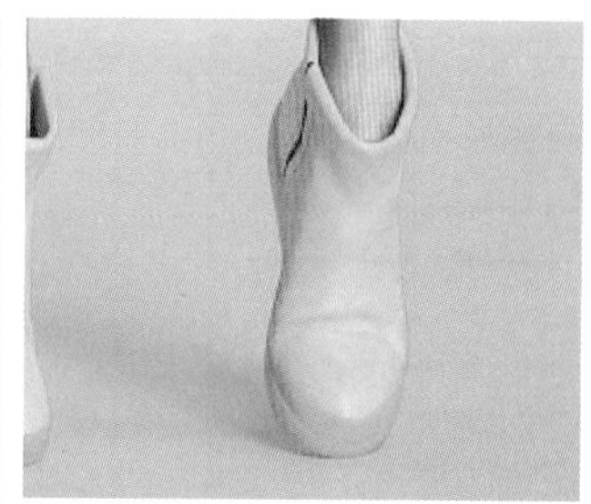

图 9-5　污点去除工具的使用

★ (红眼去除工具)：该工具可以将照片中拍摄出来的红眼效果进行修复，使用方法与软件工具箱中的(红眼工具)一样。

★ (调整画笔工具)：该工具可以将照片中的局部作为调整对象，如图 9-6 所示。也可以为图片通过添加(加深或加大蒙版)调整图片色调和通过删除(减淡或缩小蒙版)调整图片色调，如图 9-7 所示。

★ (渐变滤镜)：该工具可以在图片中进行从起点到终点的拖动渐变调整，通过设置的颜色对图片进行无损调整。

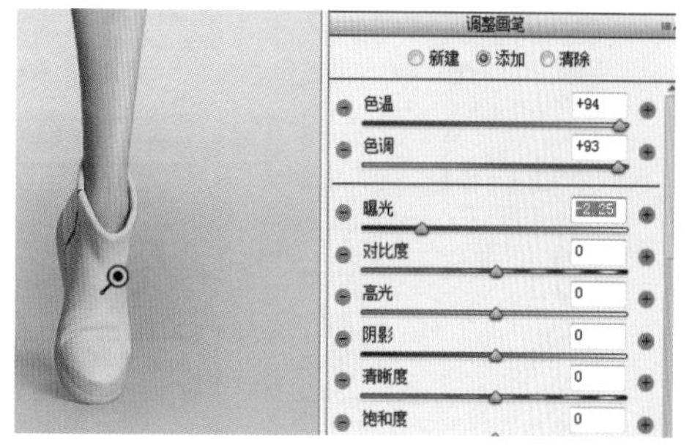

图 9-6　调整画笔工具的使用

★ （镜像滤镜）：该工具可以在图片中进行从起点向外部成放射状的拖动渐变调整，通过设置的颜色对图片进行无损调整。

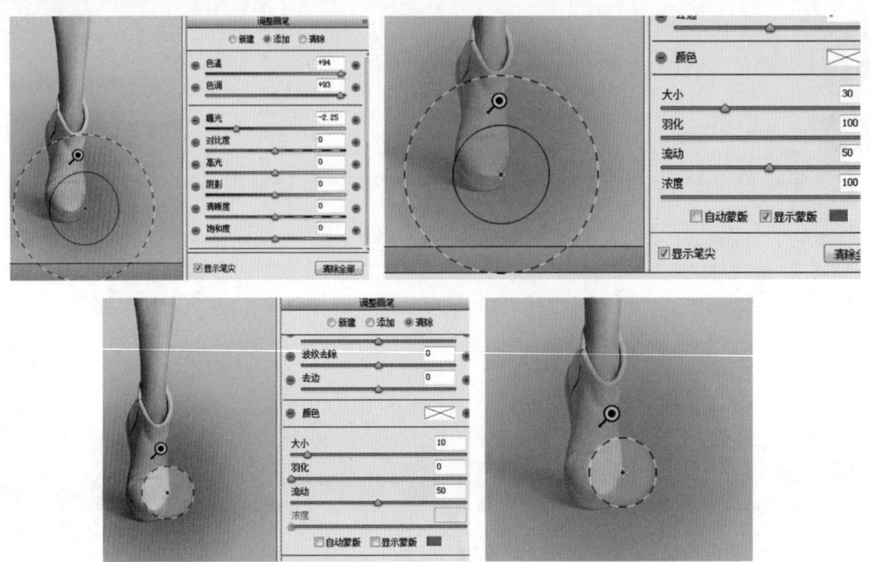

图 9-7　调整画笔工具的使用

2. 设置部分

★ **直方图：**用来显示调整时图片像素的分布情况。

★ **调整标签：**用来转换调整图片时所需功能的面板，单击上面的图标便会在设置区显示该功能的所有调整选项，其中包含基本、色调曲线、细节、HSL/ 灰度、分离色调、镜头校正、效果、相机校准和预设，如图 9-8 所示。

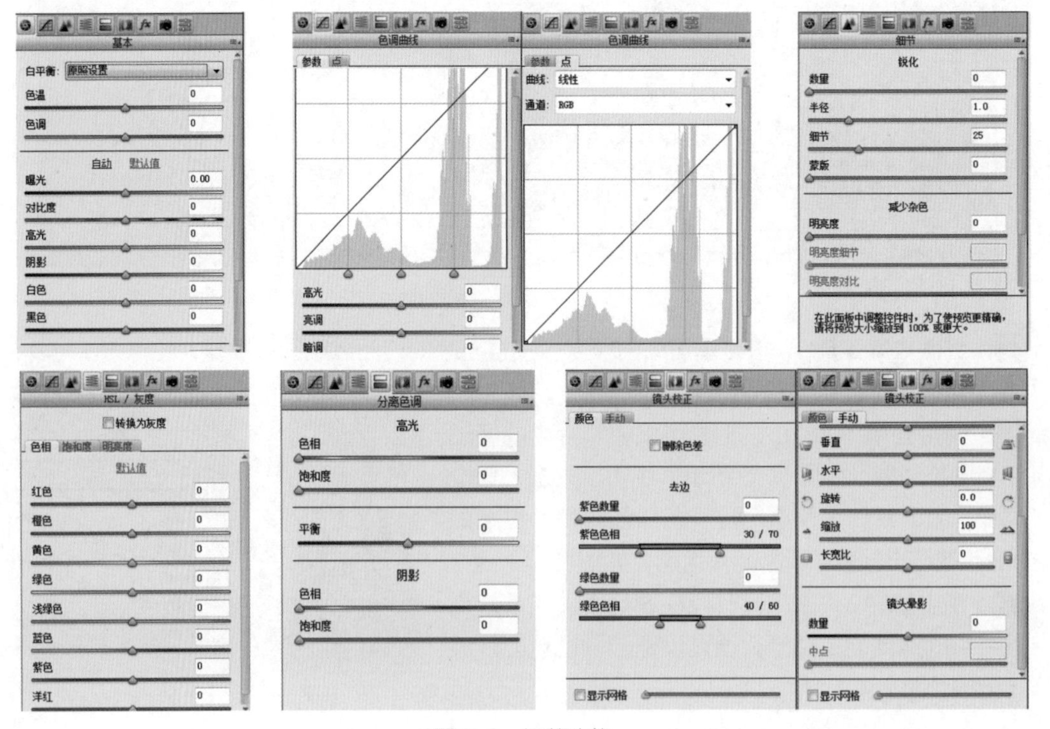

图 9-8　调整功能

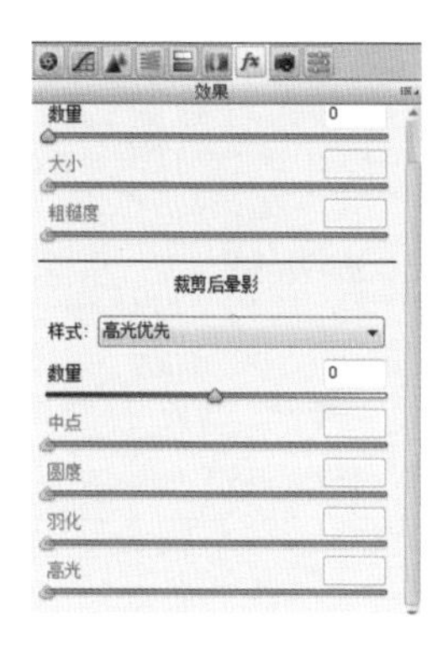

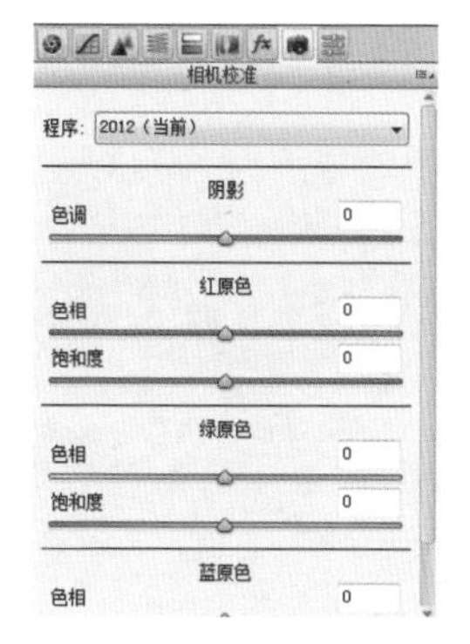

图 9-8　调整功能（续）

应用“Camera Raw 滤镜”可以非常轻松地对照片进行调整，如图 9-9 所示的是改变照片中鞋子和包颜色的效果。

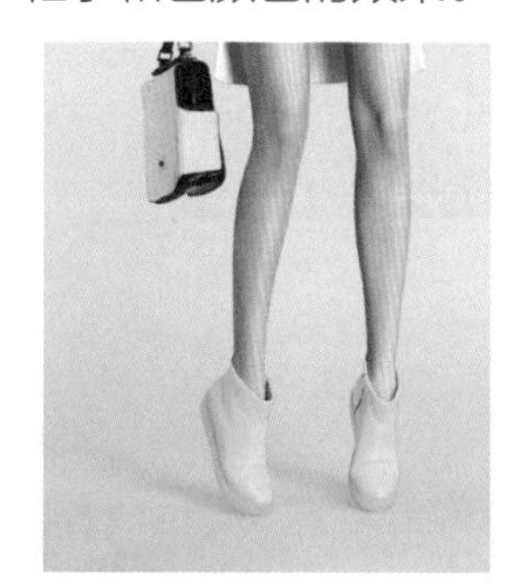

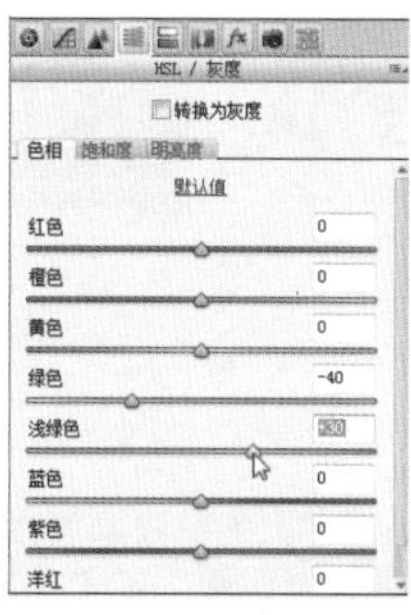

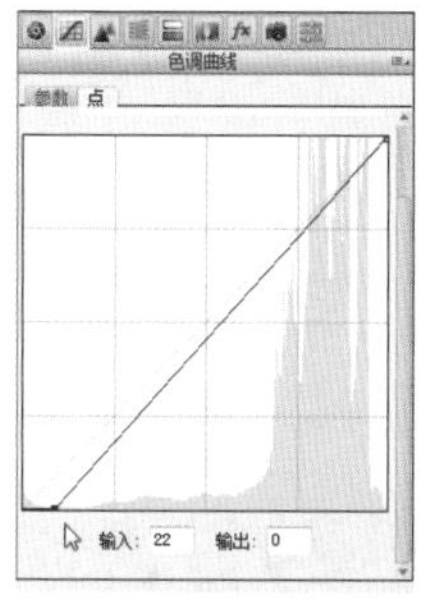

图 9-9　Camera Raw 滤镜调整颜色

9.5　自适应广角

“自适应广角”滤镜是 Photoshop CC 新增的滤镜。该滤镜可以对摄影时产生的镜头缺陷进行校正，例如鱼眼、透视以及完整球面等，如图 9-10 所示。执行菜单“滤镜”/“自适应广角”命令，即可打开如图 9-11 所示的“自适应广角”对话框。

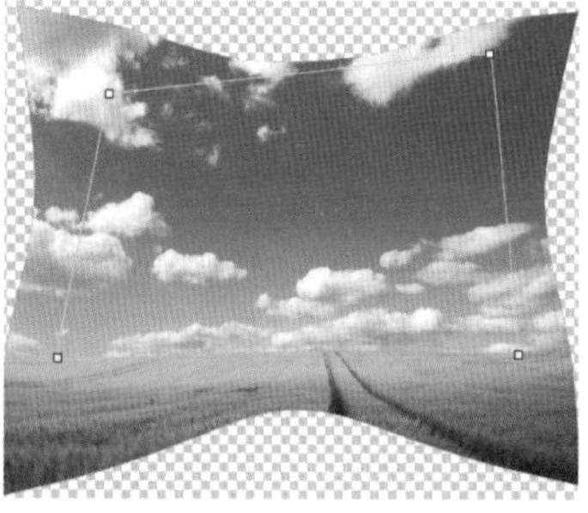

图 9-10　校正广角

提　示

由于本书的篇幅有限，关于“自适应广角”滤镜大家可以跟随附带的视频进行学习。

图 9-11 “自适应广角”对话框

9.6 镜头校正

“镜头校正”滤镜可以校正摄影时产生的镜头缺陷，例如桶形失真、枕形失真、晕影以及色差等，如图 9-12 所示。执行菜单“滤镜”/“镜头校正”命令，即可打开如图 9-13 和图 9-14 所示的“镜头校正”对话框。

图 9-12 镜头校正晕影

提 示

由于本书的篇幅有限，关于“镜头校正”滤镜大家可以跟随附带的视频进行学习。

图 9-13　自定调整状态下的镜头校正

图 9-14　自动校正状态下的镜头校正

9.7 液化

“液化”滤镜可以使图像产生液体流动的效果，从而创建出局部推拉、扭曲、放大、缩小、旋转等特殊效果，如图 9-15 所示。执行菜单“滤镜”/“液化”命令，即可打开如图 9-16 所示的“液化”对话框。

图 9-15 液化图像

图 9-16 "液化"对话框

提 示

由于本书的篇幅有限，关于"液化"滤镜大家可以跟随附带的视频进行学习。

9.8 油画

"油画"滤镜的使用非常简单，但效果却不同凡响，通过这个滤镜功能可以为许多设计者圆绘制油画的梦想，如图 9-17 所示。执行菜单"滤镜"/"油画"命令，即可打开"油画"对话框，如图 9-18 所示，在此对话框中只要通过调整简单的参数就可以制作专业的油画效果。

图 9-17 应用油画

图 9-18 “油画”对话框

提 示

由于本书的篇幅有限，关于“油画”滤镜大家可以跟随附带的视频进行学习。

9.9 消失点

“消失点”滤镜中的工具可以在创建的图像选区内进行克隆、喷绘、粘贴图像等操作。所做的操作会自动应用透视原理，按照透视的比例和角度自动计算，自动适应对图像的修改，大大节约了我们精确设计和制作多面立体效果所需的时间。“消失点”滤镜还可以将图像依附到三维图像上，系统会自动计算图像的各个面的透视程度。执行菜单“滤镜”/“消失点”命令，即可打开如图 9-19 所示的“消失点”对话框。

提 示

由于本书的篇幅有限，关于“消失点”滤镜大家可以跟随附带的视频进行学习。

图 9-19 “消失点”对话框

9.10 内置特效滤镜

在 Photoshop 中内置滤镜被分别放置在像素化、扭曲、模糊、渲染、画笔描边、素描、纹理、艺术效果、视频、锐化、风格化和其他等 13 个滤镜组中，只要在滤镜对话框中设置参数后单击“确定”按钮，即可应用选用的滤镜，如图 9-20 所示的是应用不同滤镜后的效果。

图 9-20 应用不同滤镜后的效果

9.11　综合练习：制作炫彩纹理

由于篇幅所限，本章中的实例只介绍技术要点和制作流程，具体的操作步骤大家可以根据本书附带的多媒体视频来学习。

实例效果图	技术要点
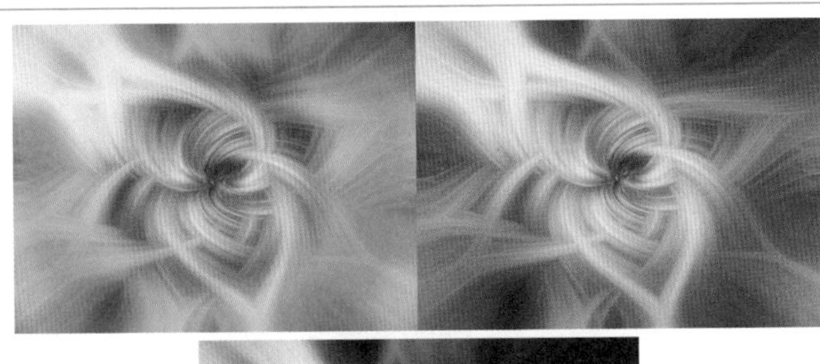	✱ 应用“云彩”滤镜 ✱ 应用“铜版雕刻”滤镜 ✱ 应用“径向模糊”滤镜 ✱ 应用“旋转扭曲”滤镜 ✱ 设置“混合模式”为“变亮” ✱ 为图层添加“渐变映射”调整图层 ✱ 设置“混合模式”为“柔光” ✱ 为图层添加“色相 / 饱和度”调整图层

制作流程：

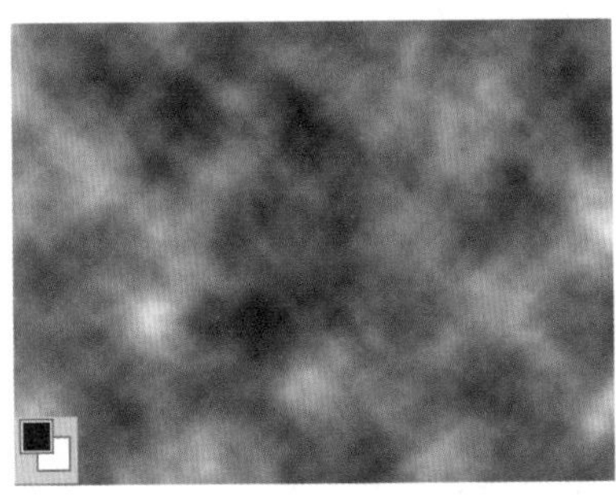

STEP 1 新建文档，设置前景色为“黑色”、背景色为“白色”，执行菜单“滤镜”/“渲染”/“云彩”命令，应用“云彩”滤镜。

STEP 2 执行菜单“滤镜”/“像素化”/“铜版雕刻”命令，设置“类型”为“中长直线”，应用“铜版雕刻”滤镜。

STEP 3 执行菜单“滤镜”/“模糊”/“径向模糊”命令，应用“径向模糊”滤镜。按快捷键 Ctrl+F 3 次。

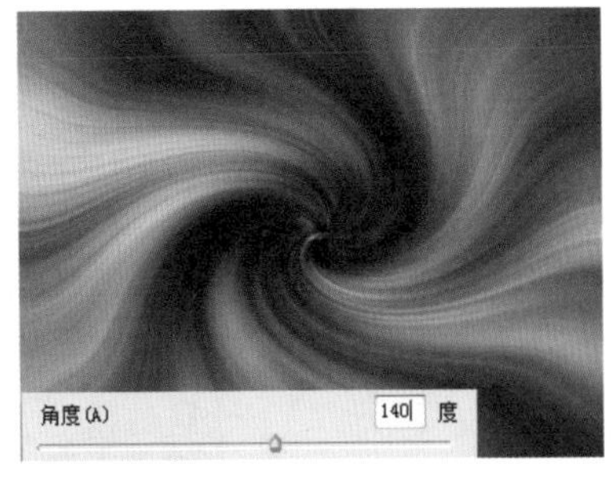

STEP 4 执行菜单“滤镜”/“扭曲”/“旋转扭曲”命令，设置“角度”为 140 度，应用“旋转扭曲”滤镜。

STEP 5 复制“背景”图层得到“背景副本”图层，设置“混合模式”为“变亮”。

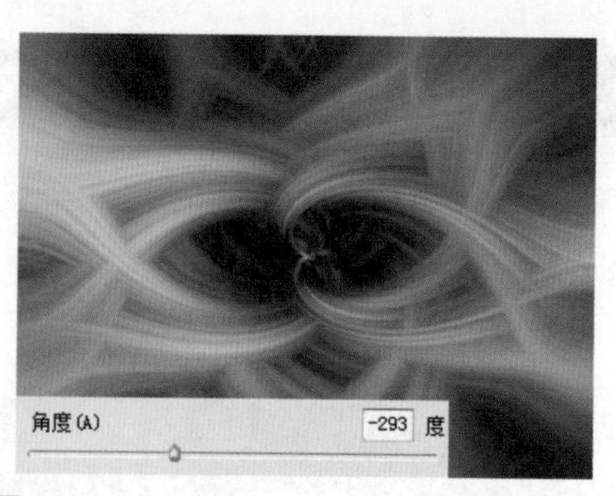

STEP 6 执行菜单“滤镜”/“扭曲”/“旋转扭曲”命令，设置“角度”为-293度，应用“旋转扭曲”滤镜。

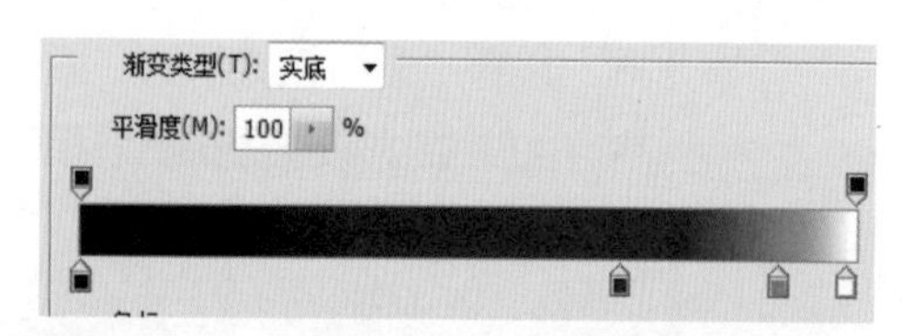

STEP 7 新建“渐变映射”调整图层，设置从左向右的颜色分别为黑色、蓝色、滤色和白色。

STEP 8 应用“渐变映射”调整图层后，设置“混合模式”为“柔光”。

STEP 9 设置后的效果。

STEP 10 为图像添加“色相/饱和度”调整后的效果。

STEP 11 为图层添加“渐变填充图层”，得到另外一种效果。

9.12　综合练习：制作合成图像

实例效果图	技术要点
	✱ 应用“极坐标”滤镜 ✱ 应用“高斯模糊”滤镜 ✱ 应用“最大值”滤镜 ✱ 应用“去色”和“反相”命令 ✱ 设置“混合模式”为“线性减淡” ✱ 创建“色相/饱和度”“亮度/对比度”调整图层 ✱ 绘制画笔笔触

制作流程：

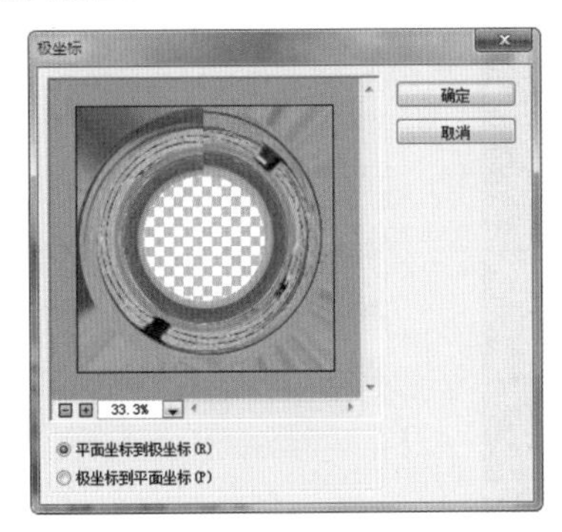

STEP 1 打开“海滩”素材，复制矩形区域，应用“极坐标”滤镜。

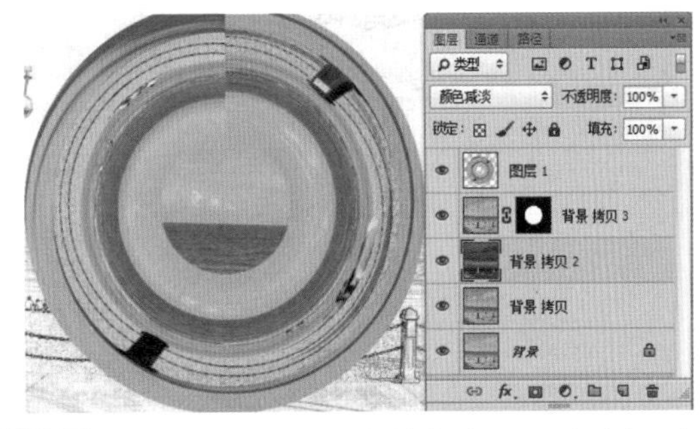

STEP 2 复制背景图层，去掉颜色，再复制一个背景副本图层，应用“反相”命令，设置混合模式为“线性减淡”，应用“最大值”滤镜，然后再复制一个背景图层，添加图层蒙版。

STEP 3 修掉中间缝隙，添加“内阴影”图层样式。

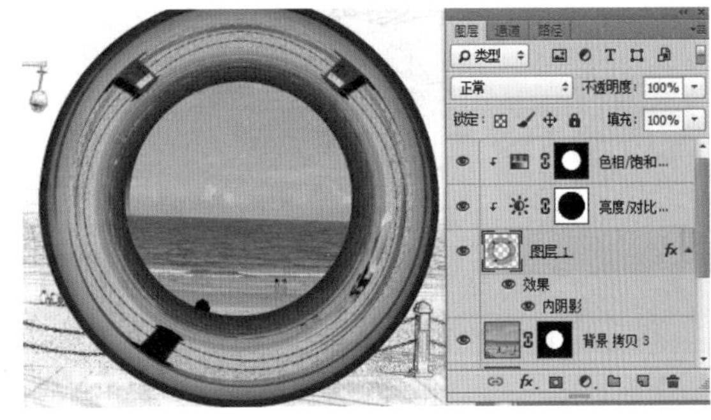

STEP 4 创建调整图层。

STEP 5 移入“人物”素材，为其添加影子，为后面的圆环添加一个影子。

STEP 6 绘制云彩画笔和纹理画笔作为修饰，至此本例制作完毕。

9.13 综合练习：制作发光字

实例效果图	技术要点
	✱ 应用“极坐标”滤镜 ✱ 旋转图像 ✱ 应用“风”滤镜 ✱ 应用“径向模糊”滤镜 ✱ 添加“渐变映射”调整图层

制作流程：

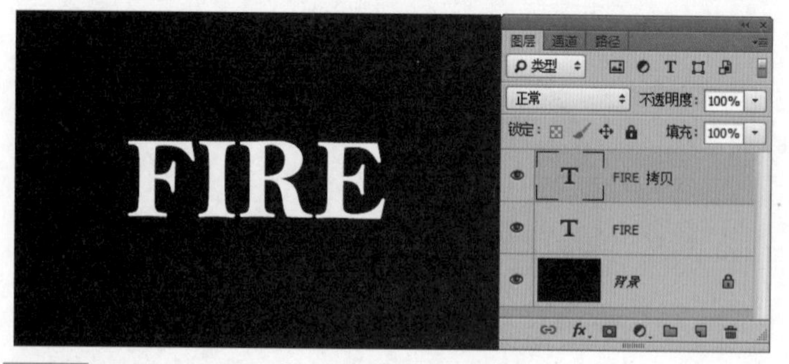

STEP 1 输入白色文字，拷贝一个文字图层。

STEP 2 隐藏文字拷贝图层，选择文字图层，按快捷键 Ctrl+E 将文字图层与背景图层合并。

STEP 3 应用“极坐标”滤镜。

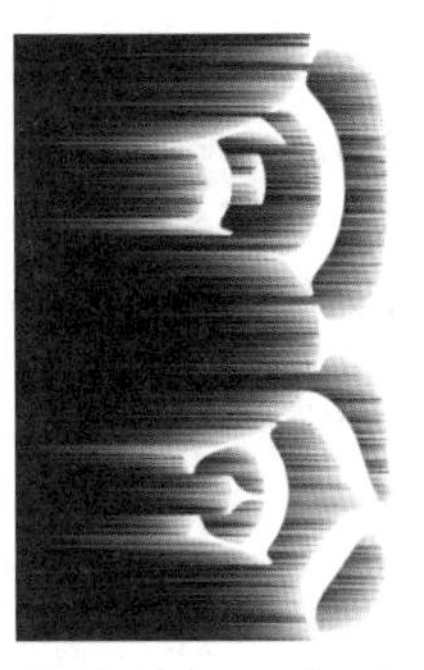

STEP 4 旋转后应用“风”滤镜。

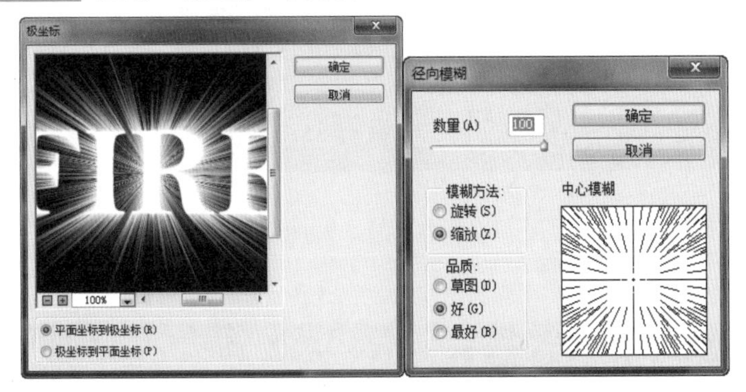

STEP 5 应用“极坐标”和“径向模糊”滤镜。

STEP 6 应用“渐变映射”调整图层。

STEP 7 得到最终效果。

第 10 章

网络图像处理与 3D 应用

网络图像处理，是指在 Photoshop 中可以通过对图像进行优化处理，将其直接传输到网络上，并建立链接。3D 功能可以将文字或图像加工成三维效果的立体图像，制作出来的效果与平面相结合时，更加具有立体层次感。本章主要为大家介绍 Photoshop 软件中的网络图像处理与 3D 应用，其中包括网络图像的设置、Web 图像优化、动画、Photoshop 3D 概述、3D 文件的启用、3D 文件的操控、从图层新建 3D 明信片、从图层新建形状或从预设创建网格、从深度映射创建网格以及 3D 凸出。

10.1 设置网络图像

对图像进行优化处理后，可以将其应用到网络上。如果在图片中添加了切片，就可以对图像的切片区域进行优化设置，并在网络中进行链接和显示切片设置。

10.1.1 创建切片

创建切片可以将整体图片分成若干个小图片，每个小图片都可以被重新优化。创建切片的方法非常简单，只要使用（切片工具）在打开的图像中按照颜色分布使用鼠标在其上面拖动，即可创建切片，如图 10-1 所示。

图 10-1　创建切片

提　示

在 Photoshop 制作的网页中创建切片时，最好按照颜色分布进行切片创建，这样更有利于最后对切片的优化。

10.1.2 编辑切片

使用（切片选择工具）选择上一节创建的“切片 3”，并在上面双击，打开“切片选项”对话框，其中的各项参数设置如图 10-2 所示。设置完毕后单击“确定”按钮，即可完成编辑。

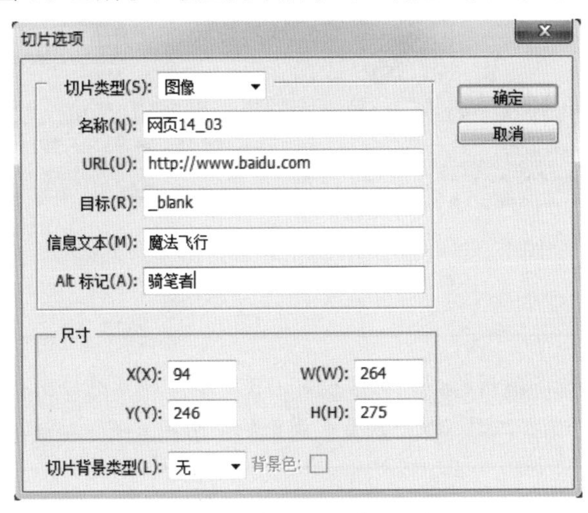

图 10-2 “切片选项”对话框

其中的各项含义如下。

- **切片类型：** 输出切片的设置，包括图像、无图像和表。
- **名称：** 显示当前选择的切片名称，也可以自行定义。
- **URL：** 在网页中单击当前切片时可以链接的网址。
- **目标：** 设置打开网页的方式，主要包含 _blank、_self、_parent、_top 和自定义 5 种，依次表示为新窗口、当前窗口、父窗口、顶层窗口和框架。当所指名称的框架不存在时，自定义作用等同于 _blank。
- **信息文本：** 在网页中当鼠标移动到当前切片上时，网络浏览器的状态栏显示的内容。
- **Alt 标记：** 在网页中当鼠标移动到当前切片上时，弹出的提示信息。当网络上不显示图片时，图片位置将显示“Alt 标记”框中的内容。
- **尺寸：** X 和 Y 代表当前切片的坐标，W 和 H 代表当前切片的宽度和高度。
- **切片背景类型：** 设置切片背景在网页中的显示类型，包括无、杂色、白色、黑色和其他。当选择“其他”选项时，会弹出“拾色器”对话框，在对话框中设置切片背景的颜色。

10.1.3 连接到网络

STEP 1 设置完选择的切片后，执行菜单“文件”/“存储为 Web 和设备所用格式”命令，打开“存储为 Web 和设备所用格式”对话框，使用（切片选择工具）选择不同切片后，可以在“优化设置区域”对选择的切片进行优化，将所有切片都设置为 GIF 格式❶，如图 10-3 所示。

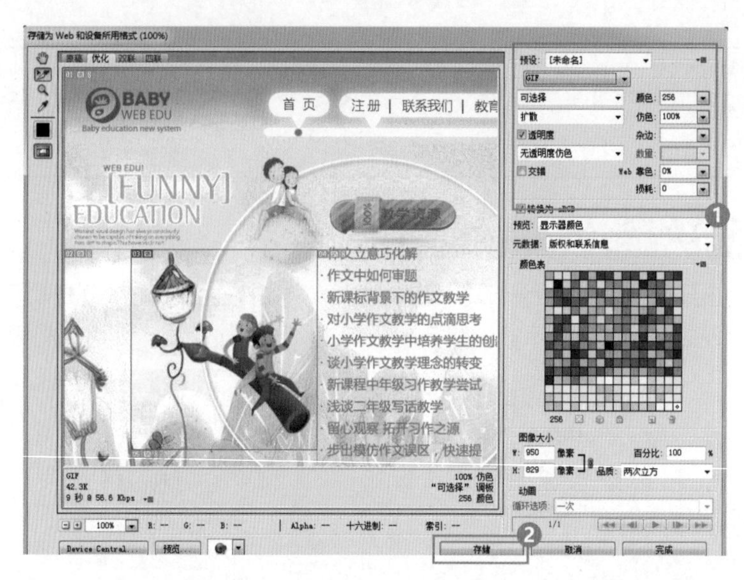

图 10-3 “存储为 Web 和设备所用格式”对话框

技 巧

在“存储为 Web 和设备所用格式”对话框中，使用 (切片选择工具) 双击切片和在文件中使用工具箱中的 (切片选择工具) 双击切片，弹出的“切片选项”对话框设置的选项是相同的。

STEP 2 设置完毕后单击“存储”按钮❷,打开“将优化结果存储为”对话框,设置“格式”为“HTML 和图像”❸，如图 10-4 所示。

图 10-4 “将优化结果存储为”对话框

STEP 3 设置完毕后单击“保存”按钮❹，在存储的位置中找到保存的“网页 14.html”文件，打开后将鼠标移动到“切片 3”所在的位置上时，可以看到鼠标指针下方会出现该切片的预设信息，左下角会显示链接的地址，如图 10-5 所示。

图 10-5　网页

STEP 4 在“切片 3”的位置单击，就会自动跳转到“百度”的主页上，如图 10-6 所示。

图 10-6 “百度”主页

10.2　Web 图像优化

在网络中当我们创建的图像非常大时，传输的速度会非常慢，这就要求我们在进行网页创建和利用网络传送图像时，要在保证一定质量和显示效果的同时尽可能降低图像文件的大小。当前常见的 Web 图像格式有 3 种:JPEG 格式、GIF 格式、PNG 格式。JPEG 与 GIF 格式大家已司空见惯，而 PNG(Portable Network Graphics 的缩写) 格式则是一种新兴的 Web 图像格式，以 PNG 格式保存的图像一般都很大，甚至比 BMP 格式还大一些，这对于 Web 图像来说无疑是致命的杀手，因此很少被使用。对于连续色调的图像最好使用 JPEG 格式进行压缩；而对于不连续色调的图像最好使用 GIF 格式进行压缩，以使图像质量和图像大小有一个最佳的平衡点。

10.2.1 设置优化格式

处理用于网络上传输的图像时，既要多保留原有图像的色彩质量，又要使其尽量少占用空间，这时就要对图像进行不同格式的优化设置。打开图像后，执行菜单“文件”/“存储为 Web 和设备所用格式”命令，即可打开如图 10-7 所示的“存储为 Web 和设备所用格式”对话框。要为打开的图像进行整体优化设置，只要在“优化设置区域”中的“设置优化格式”下拉列表中选择相应的格式后，再对其进行颜色和损耗等设置即可。如图 10-8 至图 10-10 所示是分别优化为 GIF、JPEG 和 PNG 格式时的设置选项。

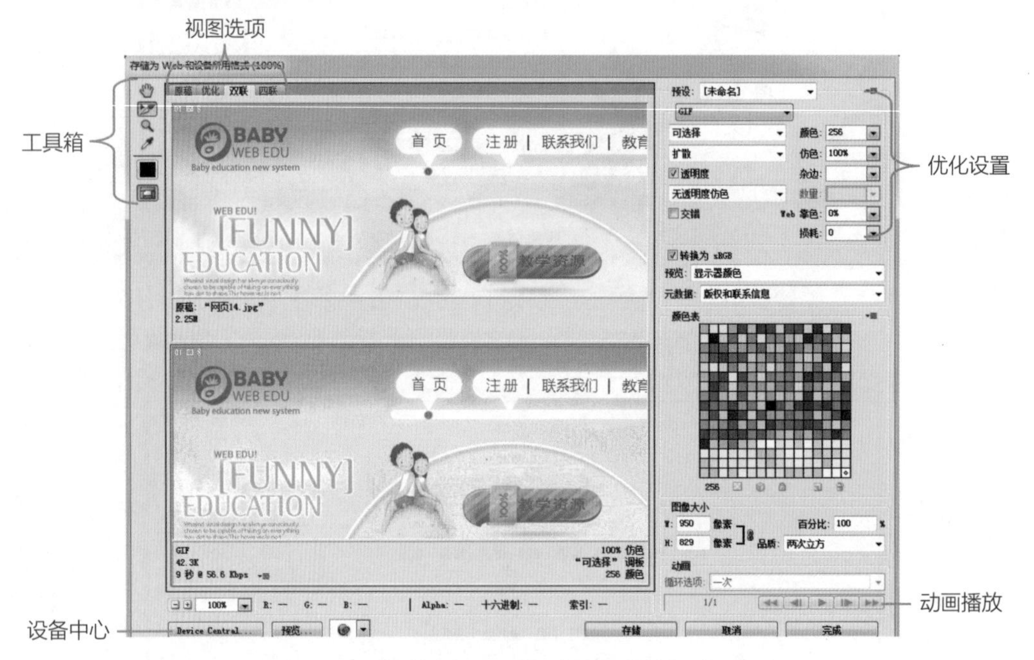

图 10-7 “存储为 Web 和设备所用格式”对话框

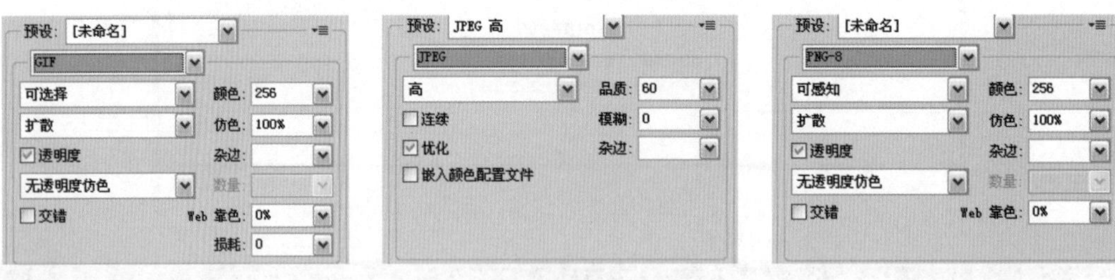

图 10-8 GIF 格式优化选项　　图 10-9 JPEG 格式优化选项　　图 10-10 PNG-8 格式优化选项

提 示

选择不同的格式后，可以在原稿与优化的图像大小中进行比较。

10.2.2 应用颜色表

如果将图像优化为 GIF 格式、PNG-8 格式和 WBMP 格式，就可以通过“存储为 Web 和设备所用格式”对话框中的“颜色表”部分对颜色进行进一步设置，如图 10-11 所示。

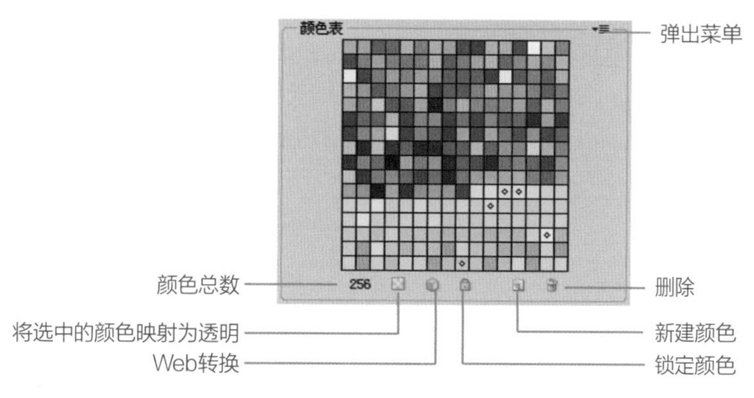

图 10-11　颜色表

其中的各项含义如下。

- **颜色总数：**显示“颜色表”中颜色的总和。
- **将选中的颜色映射为透明：**在“颜色表”中选择相应的颜色后，单击该按钮，可以将当前优化图像中的该颜色转换成透明。
- **Web 转换：**将“颜色表”中选取的颜色转换成 Web 安全色。
- **锁定颜色：**将“颜色表”中选取的颜色锁定，被锁定的颜色样本在右下角会出现一个被锁定的方块图标，如图 10-12 所示。

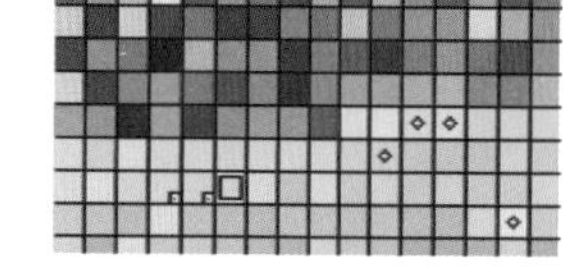

图 10-12　锁定颜色

> **提　示**
>
> 将锁定的颜色样本选取，再单击“锁定颜色”按钮，会将锁定的颜色样本解锁。

- **新建颜色：**单击该按钮，可以将（吸管工具）吸取的颜色添加到“颜色表”中，新建的颜色样本会自动处于锁定状态。
- **删除：**在“颜色表”中选择颜色样本后，单击此按钮，可以将选取的颜色样本删除，或者直接拖曳到该按钮上将其删除。

10.2.3 图像大小

颜色设置完毕后还可以通过“存储为 Web 和设备所用格式”对话框中的“图像大小”部分对优化的图像进行输出大小设置，如图 10-13 所示。

图 10-13　图像大小

其中的各项含义如下。

- **新建大小：**修改图像的宽度和长度。
- **百分比：**设置缩放比例。
- **品质：**在下拉列表中选择一种插值方法，以便对图像重新取样。

10.3 动画

在 Photoshop 中通过“时间轴”面板和“图层”面板的结合可以创建一些简单的动画效果，将制作的动画设置为 GIF 格式时，可以直接将其导入网页中，并以帧动画形式显示。

10.3.1 创建动画

STEP 1 打开“水晶按钮”素材，如图 10-14 所示。

STEP 2 执行菜单“窗口”/“时间轴”命令，打开“时间轴”面板，转换为帧动画，单击 (复制所选帧)按钮❶，创建第二帧，在“图层”面板中隐藏“图层 1”❷，如图 10-15 所示。

图 10-14　素材

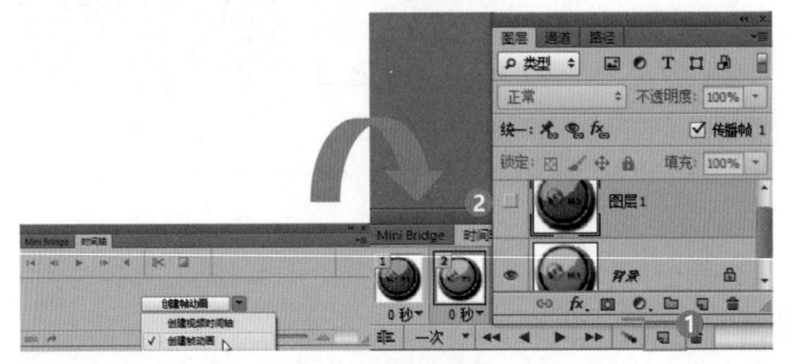

图 10-15　复制帧

STEP 3 此时动画制作完成，效果如图 10-16 所示。

图 10-16　完成动画

10.3.2 设置过渡帧

过渡帧就是系统会自动在两个帧之间添加位置、不透明度或效果，产生均匀变化的帧，设置过程如下。

STEP 1 动画创建完成后，单击“时间轴”面板中的 (过渡动画帧)按钮❶，如图 10-17 所示。

STEP 2 此时系统会自动弹出如图 10-18 所示的“过渡”对话框。

图 10-17　单击“过渡动画帧”按钮

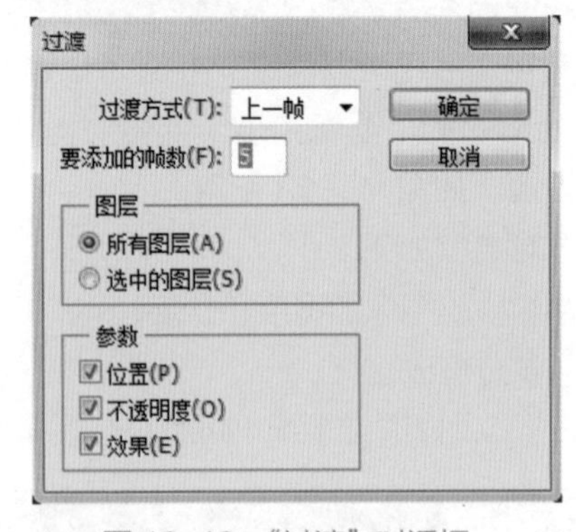

图 10-18　“过渡”对话框

其中的各项含义如下。

- **过渡方式：**用来选择当前帧与某一帧之间的过渡。
- **要添加的帧数：**用来设置在两个帧之间要添加的过渡帧的数量。

- **图层：**用来设置在“图层”面板中针对的图层。
- **参数：**用来控制要改变帧的属性。

STEP 3 设置完毕后单击“确定”按钮，完成过渡设置，如图 10-19 所示。

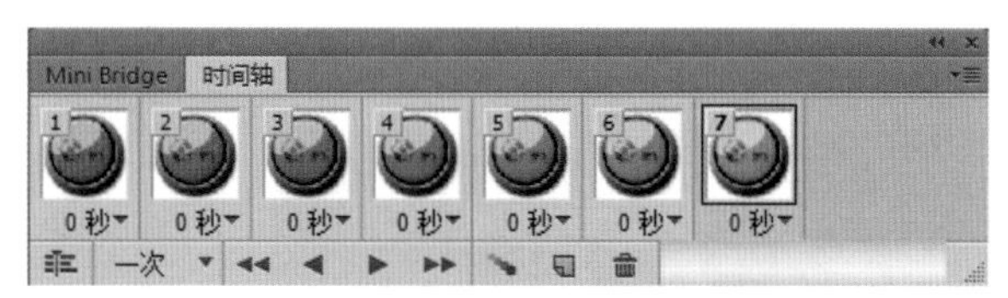

图 10-19　过渡后

10.3.3 预览动画

动画过渡设置完成后，单击“时间轴”面板中的 ▶（播放动画）按钮 ❶，就可以在文档窗口中观看创建的动画效果。此时 ▶（播放动画）按钮会变成 ■（停止动画）按钮，单击 ■（停止动画）按钮 ❷，可以停止正在播放的动画。在面板左下角的“选择循环选项” ❸ 中可以选择和设置播放的次数，如图 10-20 所示。

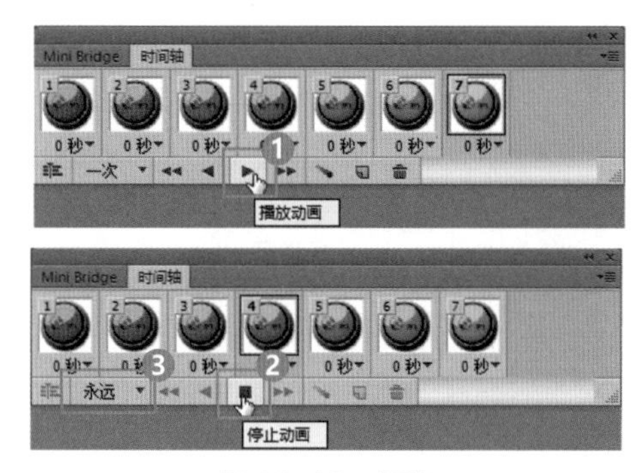

图 10-20　播放

技　巧

选择相应的帧后，直接单击“时间轴”面板中的“删除”按钮，可以将其删除，或者直接拖动选择的帧到“删除”按钮上将其删除；在“图层”面板中删除图层可以将“时间轴”面板中的效果清除。

10.3.4 设置动画帧

在选择的帧上单击鼠标右键，在弹出的快捷菜单中可以选择相应的处理方法。“不处理”表示上一帧透过当前帧的透明区域时可以看到，此时在帧的下方会出现一个图标；“处理”表示上一帧不会透过当前帧的透明区域，此时在帧的下方会出现一个图标，如图 10-21 所示；“自动”表示上一帧不会透过当前帧的透明区域。在帧的下方单击倒三角形按钮可以弹出下拉列表，在其中可以选择该帧停留的时间，如图 10-22 所示。

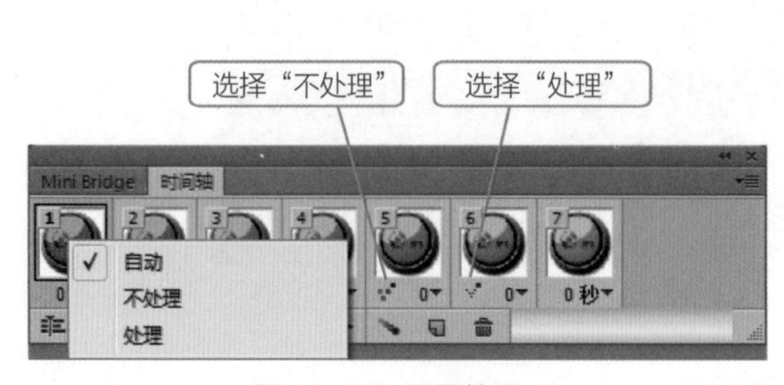

图 10-21　设置处理

图 10-22　设置延迟

10.3.5 保存动画

创建动画后，就要存储动画，GIF 格式是用于存储动画的最佳格式。执行菜单“文件”/“存储为 Web 和设备所用格式”命令，打开“存储为 Web 和设备所用格式”对话框，在“优化文件格式”下拉列表中选择 GIF 格式 ❶，如图 10-23 所示。设置完毕后单击“存储”按钮 ❷，打开“将优化结果存储为”对话框，设置“格式”为“仅限图像” ❸，如图 10-24 所示。单击“保存”按钮 ❹ 即可存储动画。

图 10-23　“存储为 Web 和设备所用格式”对话框

图 10-24　“将优化结果存储为”对话框

10.4　3D 概述

Photoshop 对于三维效果的处理，提供了单独的 3D 菜单，同时还配备了 3D 面板。在 Photoshop CC 中可以根据“属性”面板对 3D 的凸纹进行更加直观的处理，使用户可以使用材质进行贴图，制作出质感逼真的 3D 图像，进一步推进了 2D 和 3D 的完美结合。平时我们所看到的一些立体感、质感超强的 3D 图像，现在在 Photoshop CC 中也可以轻松实现。

10.5 启用 3D 文件

在 Photoshop CC 中可以直接将三维文件打开或导入到文档中进行启用，目前支持的格式有 OBJ、KMZ、3DS、DAE 和 U3D 五种格式的 3D 文件，被打开或导入的 3D 文件会以 3D 图层的方式显示，该文件可以使用软件中的所有 3D 功能。

10.5.1 以打开的方式启用 3D 文件

在 Photoshop CC 中可以对支持的三维文件直接进行打开操作，方法是执行菜单“文件”/“打开”命令，在“打开”对话框中，找到 3D 文件后，直接单击“打开”按钮即可，如图 10-25 所示。

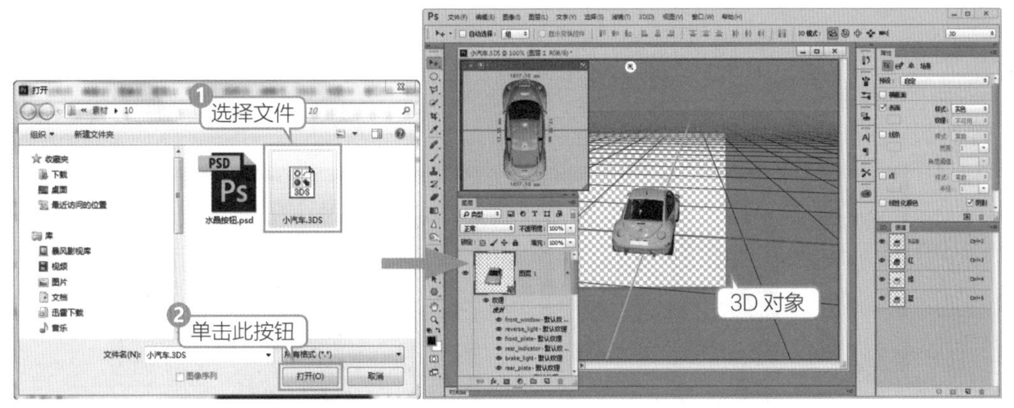

图 10-25　打开 3D 文件

10.5.2 从文件新建 3D 图层

在 Photoshop CC 中有一个打开的文档时，可以通过执行菜单“3D”/“从文件新建 3D 图层”命令，在弹出的“打开”对话框中选择 3D 文件后，直接单击“打开”按钮，即可将其导入到打开的文档中，如图 10-26 所示。

图 10-26　从文件新建 3D 图层

10.6 操控 3D 文件

打开的 3D 文件可以通过 Photoshop CC 的编辑工具对其进行旋转、滚动、拖动、滑动和缩放等操作，在 Photoshop CC 中将 3D 工具都归类到 (移动工具) 属性栏中的 3D 模式中，如图 10-27 所示。

自动选择： 组 显示变换控件 3D 模式：

图 10-27 移动工具中的 3D 模式

10.6.1 旋转 3D 对象工具

(旋转 3D 对象工具) 可以对 3D 图层中的对象进行旋转操作。单击 3D 模型，上下拖曳可以使模型沿着 *x* 轴旋转，左右拖曳可以使模型沿着 *y* 轴旋转，以对角线方向拖曳可以使模型沿着 *x*、*y* 轴旋转。你可以在“属性”面板中输入数值来控制旋转，如图 10-28 所示。

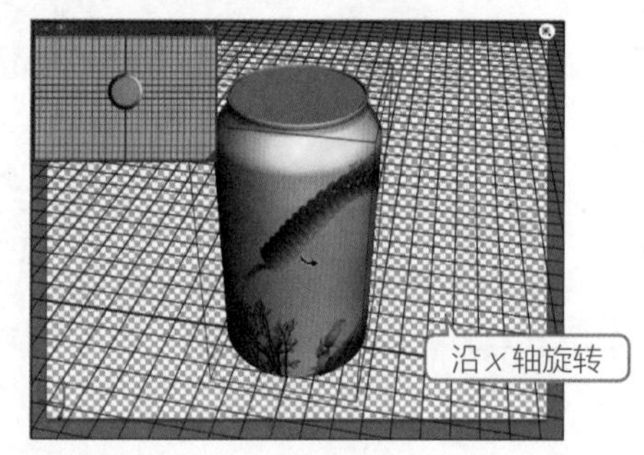

图 10-28 旋转 3D 对象

10.6.2 滚动 3D 对象工具

(滚动 3D 对象工具) 可以无论左右或是上下拖曳模型，都是围绕着它自身的 *z* 轴旋转。你可以在“属性”面板中输入数值来控制旋转，如图 10-29 所示。

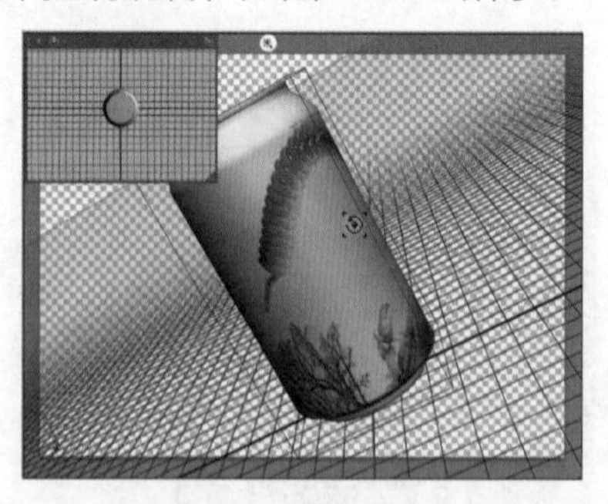

图 10-29 滚动 3D 对象

提 示

使用 (滚动 3D 对象工具) 滚动 3D 对象时按住 Alt 键可以实现 (旋转 3D 对象工具) 的功能。

10.6.3 拖动 3D 对象工具

（拖动 3D 对象工具）是在 3D 空间中移动模型，左右拖曳是水平移动模型，上下拖曳是垂直移动模型。你可以在“属性”面板中输入数值来控制移动，如图 10-30 所示。

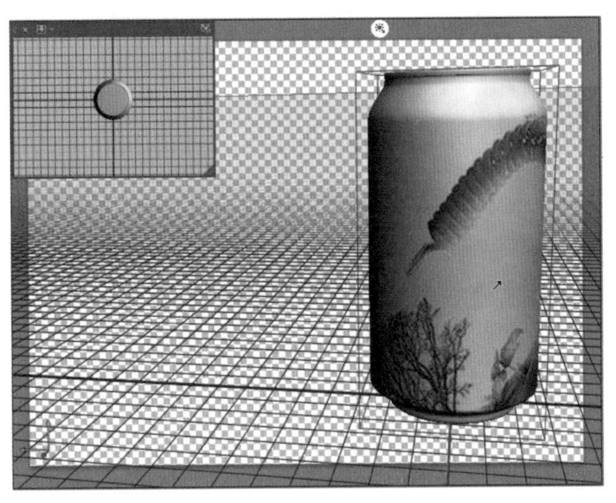

图 10-30　拖动 3D 对象

提　示

使用（拖动 3D 对象工具）拖动 3D 对象时按住 Alt 键沿着 x、y 轴移动。这个工具和（移动工具）有根本上的区别，因为这个工具是在 3D 环境下工作的，而（移动工具）只是在 2D 平面下工作。

10.6.4 滑动 3D 对象工具

使用（滑动 3D 对象工具）左右拖曳是水平移动模型，上下拖曳是使模型在透视图中前后移动（远近移动）。你可以在“属性”面板里输入数值来控制移动，如图 10-31 所示。

图 10-31　滑动 3D 对象

10.6.5 缩放 3D 对象工具

（缩放 3D 对象工具）用来改变模型的大小，上下拖曳是放大和缩小模型，如图 10-32 所示。

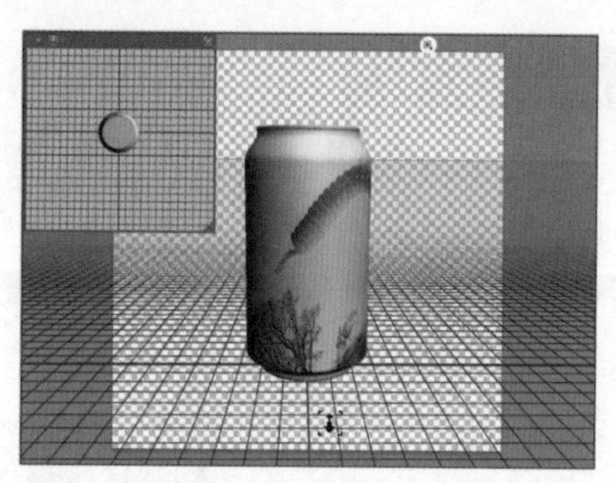

图 10-32　缩放 3D 对象

10.7　从图层新建 3D 明信片

在 Photoshop CC 中可以将当前文档中的任意图层转换成 3D 明信片效果，此时该图层将会具有 3D 数据，可以使用所有的 3D 功能。创建方法有以下两种。

- 执行菜单“3D”/“从图层新建网格”/“明信片”命令，可以创建 3D 明信片。
- 执行菜单“窗口”/“3D”命令，打开 3D 面板，此时只要选择图层，在面板中单击“创建”按钮，便会创建 3D 明信片，创建过程如图 10-33 所示。

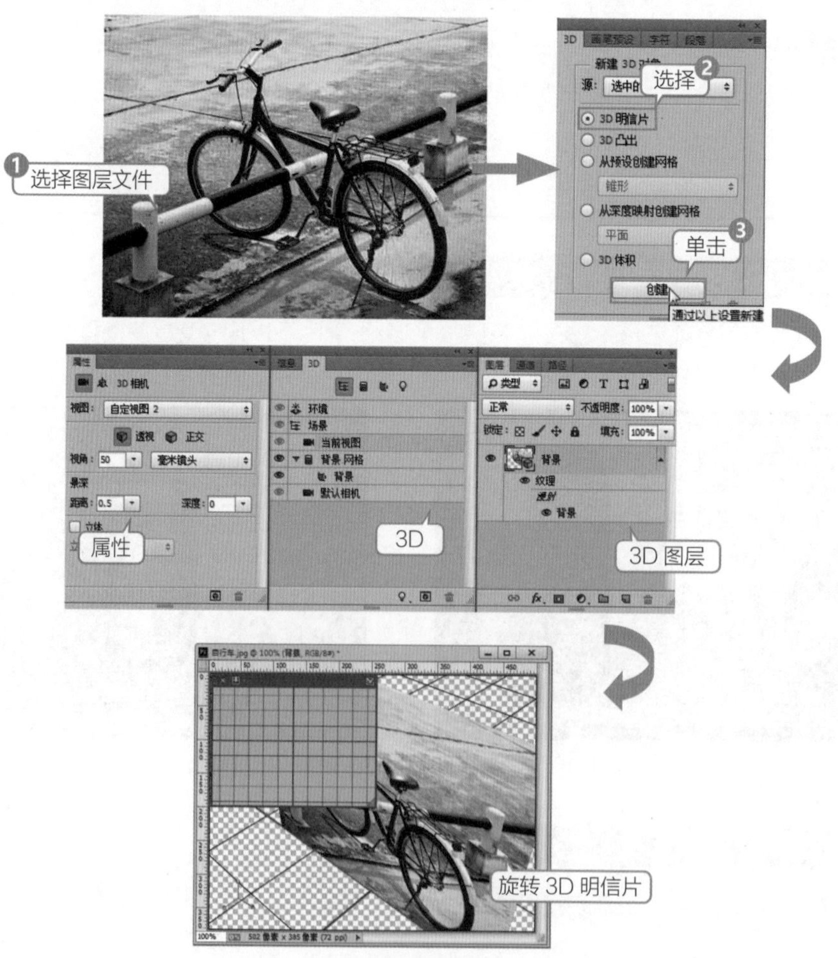

图 10-33　从图层创建 3D 明信片

10.8　从图层新建形状

在 Photoshop CC 中可以将当前文档中的任意图层转换成 3D 立体模型效果，例如星形、圆柱体和瓶子等，此时该图层将会具有 3D 数据，可以使用所有的 3D 功能。创建方法有以下两种。

- 执行菜单“3D”/“从图层新建网格”/“网格预设”命令，在弹出的子菜单中选择相应命令后，即可得到该命令的模型。
- 打开 3D 面板，设置“源”为“选中的图层”，再选择“从预设创建网格”单选按钮，在下拉列表中选择形状，最后单击“创建”按钮即可，创建过程如图 10-34 所示。

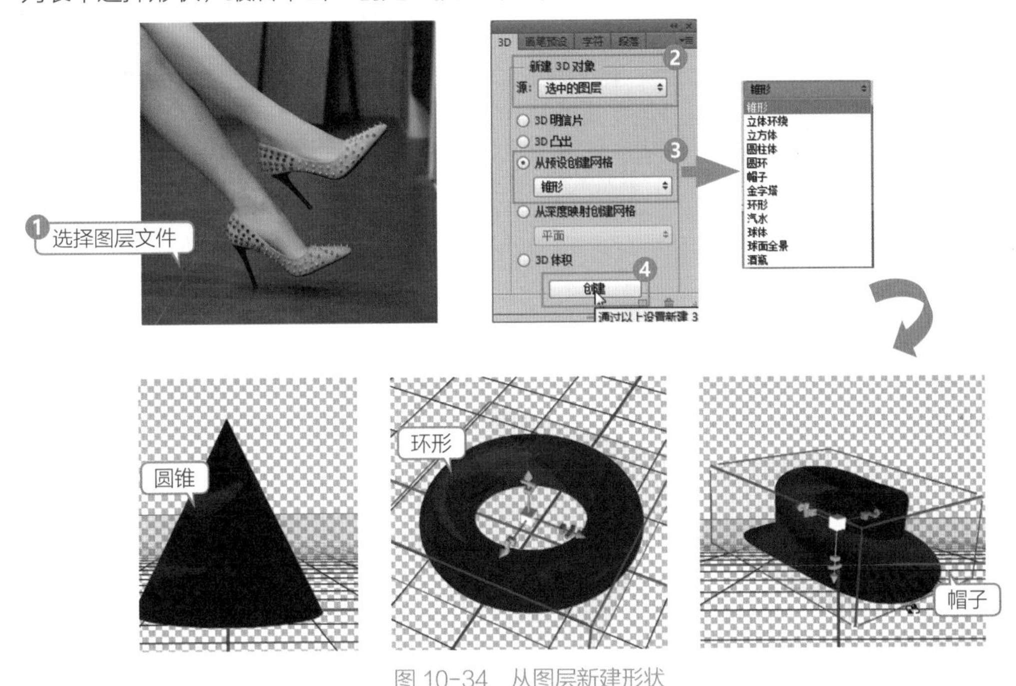

图 10-34　从图层新建形状

10.9　从深度映射创建网格

在 Photoshop CC 中该功能是通过灰度映射来创建 3D 网格形状。

将平面图像按照像素的黑、白、灰分布创建出 3D 物体。此时该图层将会具有 3D 数据，可以使用所有的 3D 功能。创建方法有以下两种。

- 执行菜单“3D”/“从图层新建网格”/“深度映射到”命令，在弹出的子菜单中选择相应命令后，即可得到该命令的映射效果。
- 打开 3D 面板，设置“源”为“选中的图层”，再选择“从深度映射创建网格”单选按钮，在下拉列表中选择形状，最后单击“创建”按钮，即可对图像进行拉伸处理，变为 3D 物体，创建过程如图 10-35 所示。

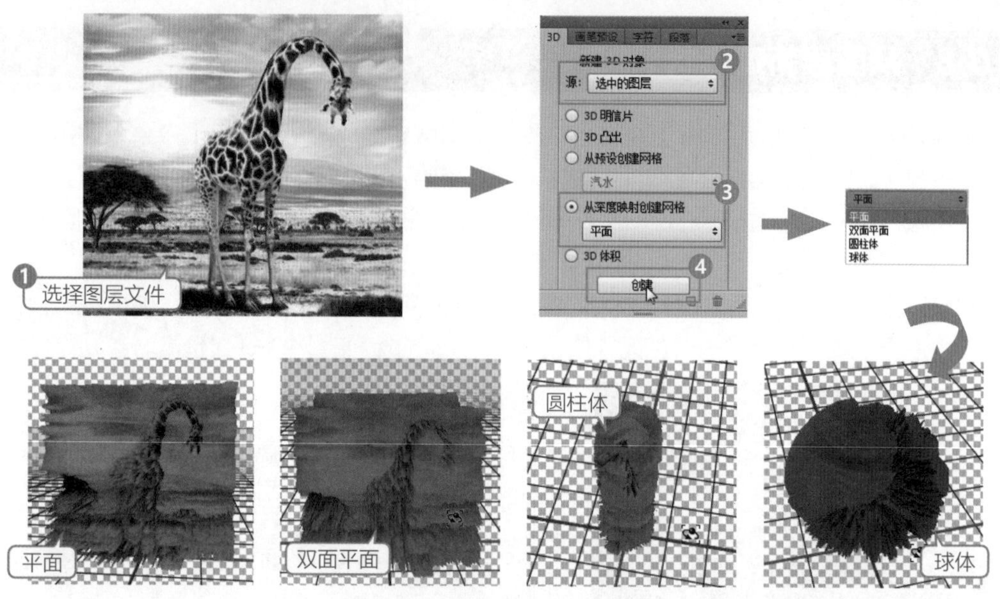

图 10-35　从深度映射创建网格

上机实战　修改灰度改变3D物体的外形

创建深度映射后的 3D 效果，在“图层”面板中单击相应命令，可以弹出该效果的原始平面图像，编辑后 3D 效果也会跟随变化。

STEP 1 打开“长颈鹿”素材，如图 10-35 中的第一幅图。

STEP 2 执行菜单“3D”/“从图层新建网格”/“深度映射到”/“球体”命令，得到如图 10-36 所示的效果。

STEP 3 在“图层”面板中双击“背景”图层中的“背景 深度映射”选项，如图 10-37 所示。此时会打开深度对应的原平面图，如图 10-38 所示。

图 10-36　球体

图 10-37　“图层”面板

图 10-38　原平面图

STEP 4 执行菜单“3D”/“从图层新建拼贴绘画”命令，效果如图 10-39 所示。

图 10-39　从图层新建拼贴绘画

STEP 5 关闭编辑的原平面，系统弹出如图 10-40 所示的提示对话框。单击“是”按钮完成编辑，3D 物体的外形发生了改变，如图 10-41 所示。

图 10-40　提示对话框

图 10-41　改变后的 3D 物体外形

10.10　3D 凸出

在 Photoshop CC 中可以通过凸出命令来对平面图像创建 3D 效果，选择图层、选区或路径，执行菜单“3D”/“从当前选区新建 3D 模型”命令，效果如图 10-42 所示。

图 10-42　创建矩形凸出

上机实战　编辑3D凸出

本实例主要让大家了解编辑 3D 凸出的方法。

STEP 1 在3D面板中双击“凸出材质”按钮，可以在“属性”面板中进行材质编辑，如图 10-43 所示。

图 10-43　准备编辑凸出

STEP 2 在“属性”面板的“漫射”后面选择“替换纹理”，在打开的对话框中选择“门”，此时凸出纹理发生了变化，如图 10-44 所示。

图 10-44　设置“漫射”

STEP 3 在 3D 面板中选择“背景”，在“属性”面板中选择“膨胀类型”，如图 10-45 所示。

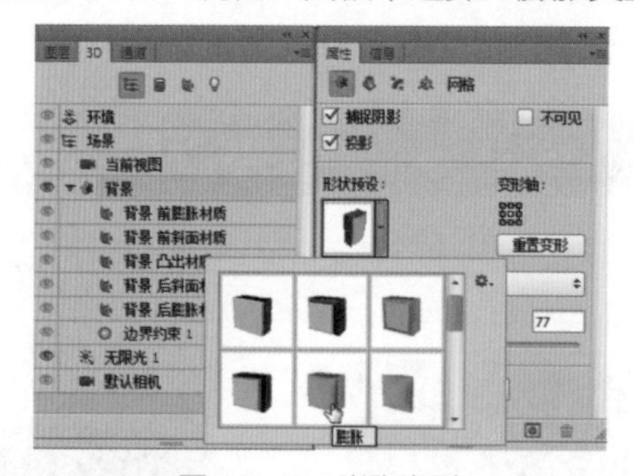

图 10-45　膨胀类型

STEP 4 设置不同“凸出深度”后的效果，如图 10-46 所示。

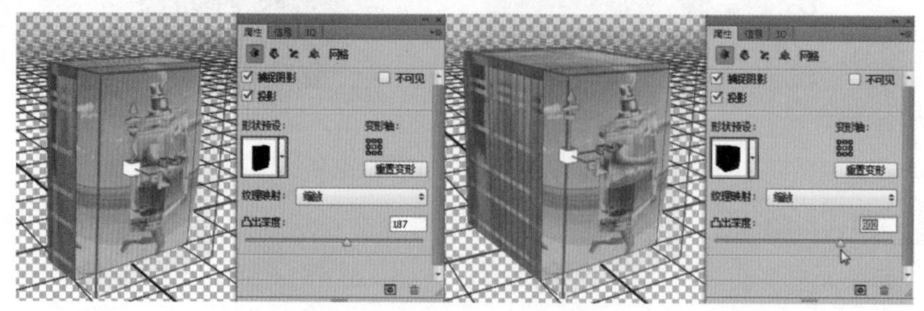

图 10-46　不同“凸出深度”

STEP 5 在“变形”选项中可以设置立体部分的扭曲，如图 10-47 所示。

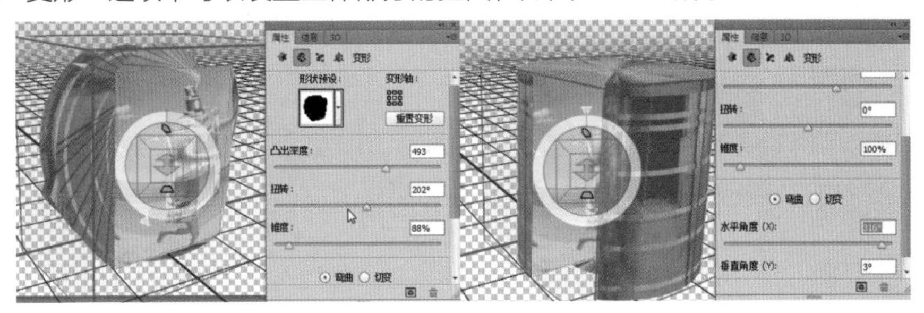

图 10-47　设置“变形”

STEP 6 在“盖子”选项中可以设置图像膨胀部分的立体效果，如图 10-48 所示。

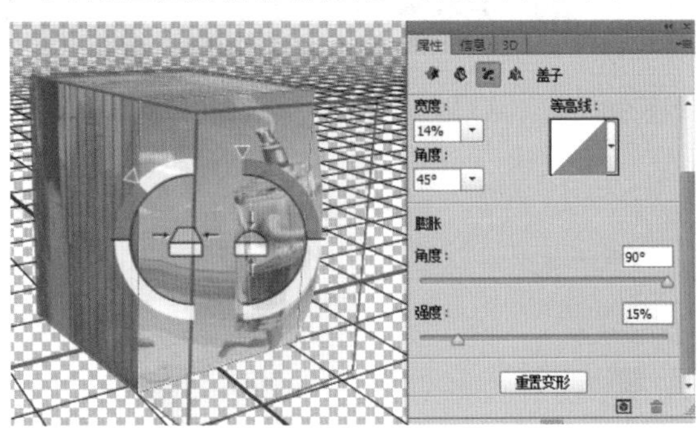

图 10-48　设置“盖子”

10.10.1 合并 3D 图层

在编辑 3D 图像时，如果分别在两个图层中，选择两个 3D 图层后，执行菜单“3D”/“合并 3D 图层”命令，即可将两个图层合并在一起，如图 10-49 所示。

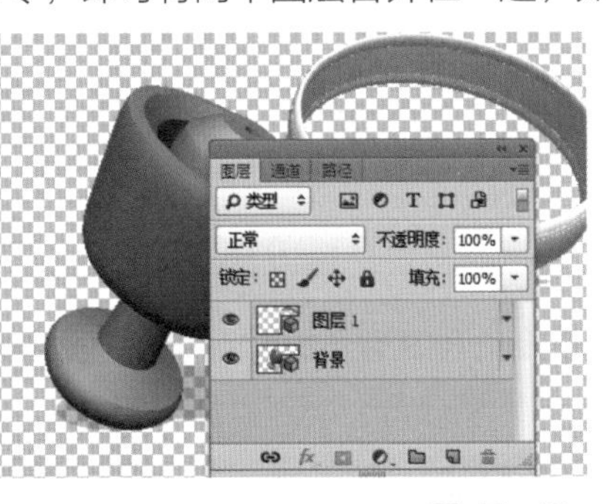

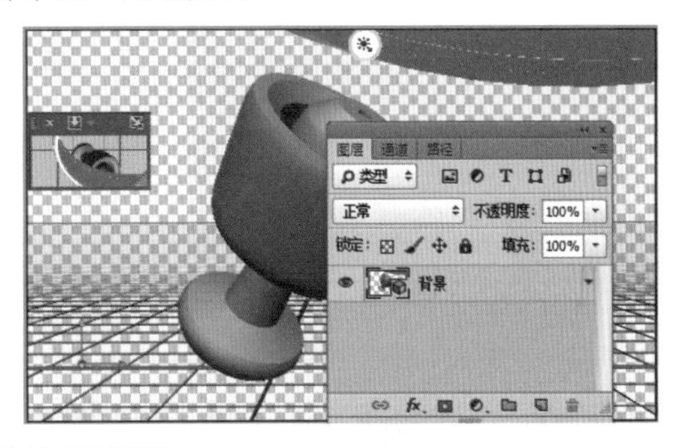

图 10-49　合并 3D 图层

10.10.2 拆分 3D 凸出

在同一个图层中为多个图像创建为一个 3D 模型后，执行菜单“3D”/“拆分 3D 凸出”命令，对于图层中的对象，在 3D 面板中可以选择单个对象进行编辑，如图 10-50 所示。

图 10-50 拆分 3D 凸出

10.11 导出 3D 图层

Photoshop CC 可以将制作的 3D 效果进行存储，3D 效果的导出非常简单，执行菜单“3D”/“导出 3D 图层”命令，系统便会弹出“存储为”对话框，如图 10-51 所示。

图 10-51 导出 3D 图层

提 示

在导出 3D 图层成功后，系统会将 3D 模型所具有的所有贴图、背景等文件一同进行存储。

10.12 练习

使用“时间轴”面板制作文字动画。

第 11 章

综合实例 

前面对 Photoshop 的各个知识点都进行了学习，本章就运用 Photoshop 软件的知识来制作一些综合实例，其中包括 Logo、名片、插画、服装、电影海报、汽车广告、三折页效果、电商首屏广告以及网页的设计和制作。

由于篇幅所限，本章中的实例只介绍技术要点和简单的制作流程，具体的操作步骤大家可以根据本书附赠的多媒体视频来学习。

11.1 Logo 设计

实例效果图	技术要点
	✷ 绘制正圆，填充渐变色 ✷ 为其添加“内发光”图层样式 ✷ 绘制圆环，添加“外发光”图层样式并调整混合模式 ✷ 绘制椭圆，填充渐变色，应用“旋转扭曲”滤镜 ✷ 输入文字，绘制圆角矩形，为其添加“内阴影”图层样式

制作流程：

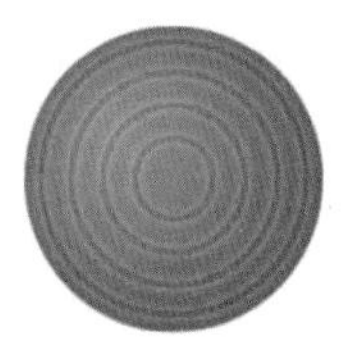

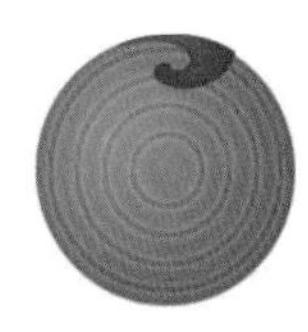

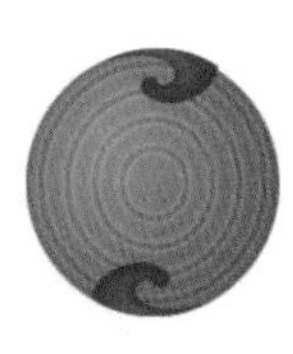

STEP 1 新建一个正方形文档，绘制正圆，填充渐变色，应用“内发光”图层样式。

STEP 2 绘制圆环，添加“外发光”图层样式。

STEP 3 绘制椭圆，填充渐变色，应用“旋转扭曲”滤镜。

STEP 4 绘制圆角矩形，输入文字，栅格化后进行编辑，再为其应用“内阴影”图层样式。

STEP 5 输入文字，完成 Logo 的制作。

11.2 名片设计

实例效果图	技术要点
	✱ 新建文档，绘制矩形修饰 ✱ 绘制圆弧和直线 ✱ 移入 Logo，进行位置的编辑 ✱ 输入文字

制作流程：

STEP 1 新建一个宽度为 95mm、高度为 55mm 的黑色文档，绘制 4 个角的修饰矩形，绘制圆弧和直线。

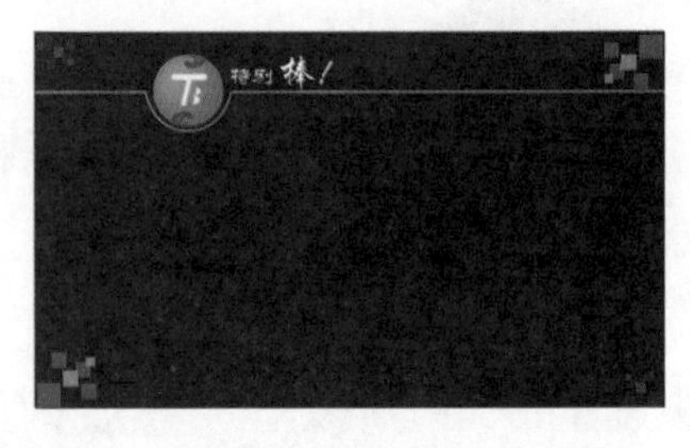

STEP 2 移入 Logo 图像，进行位置的调整。

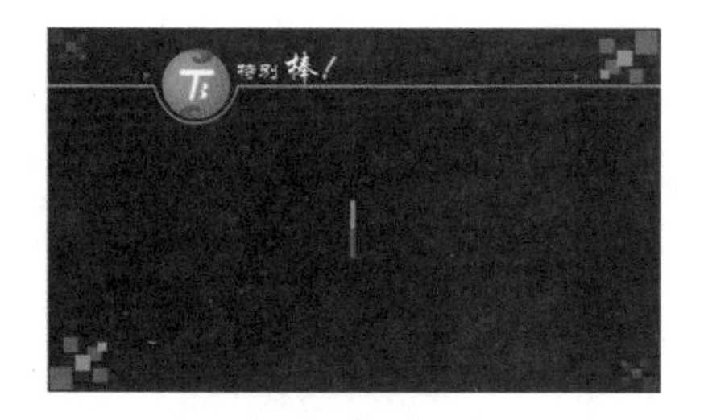

STEP 3 绘制矩形和三角形符号。

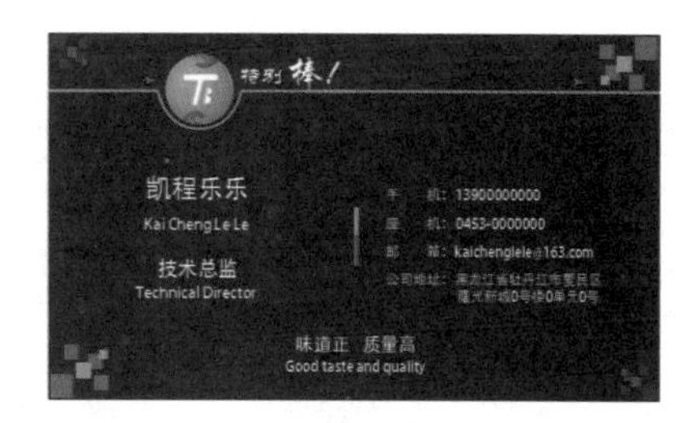

STEP 4 输入文字，完成名片正面的制作。

STEP 5 同理制作名片背面。

11.3 插画设计

实例效果图	技术要点
	✱ 填充渐变背景色 ✱ 设置亮度 / 对比度调整图层 ✱ 载入画笔 ✱ 绘制云彩和树 ✱ 绘制树叶 ✱ 移入月亮与背影素材 ✱ 绘制黑色草地

制作流程：

STEP 1 新建一个 18cm×13.5cm、分辨率为 150 的空白文档，填充渐变色。

STEP 2 绘制羽化选区后，调整亮度 / 对比度。

STEP 3 载入画笔，绘制云彩和树。

STEP 4 使用相应画笔绘制乱草和树叶。

STEP 5 使用画笔绘制星星。

STEP 6 打开“月亮”素材，将其变换大小并移动相应位置。

STEP 7 添加色相 / 饱和度调整图层，调整月亮色调。

STEP 8 调出月亮选区，填充白色。

STEP 9 为白色应用“高斯模糊”，设置“半径”为 77.8。

STEP 10 打开“背影和星空”素材，移动到相应位置，调整混合模式。

STEP 11 此时完成本例的制作。

11.4 服装设计

实例效果图	技术要点
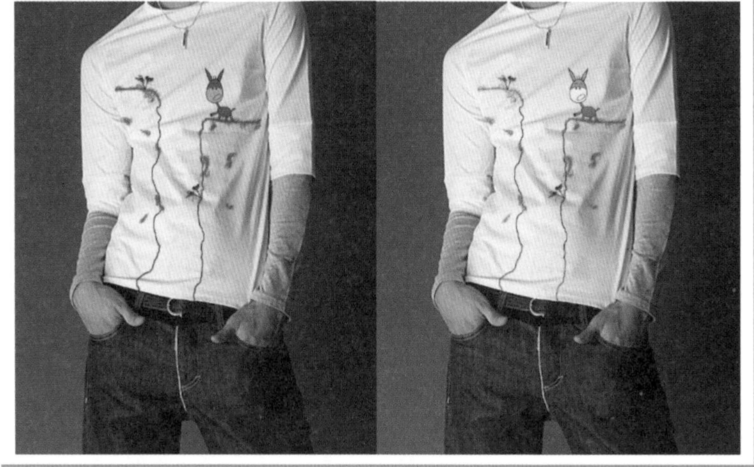	✱ 使用钢笔工具绘制形状 ✱ 使用椭圆工具绘制形状 ✱ 使用直接选择工具调整形状 ✱ 使用画笔绘制图像 ✱ 盖印图层 ✱ 混合模式

制作流程：

STEP 1 新建一个13.5cm×18cm、分辨率为150的空白文档，使用钢笔工具绘制驴耳朵形状。

STEP 2 使用椭圆工具绘制椭圆，使用直接选择工具调整椭圆形状为卡通驴脸形状。

STEP 3 绘制驴的前脸、眼睛和鼻孔。

STEP 4 使用钢笔工具绘制驴嘴，使用直线工具绘制嘴中的牙。

STEP 5 使用钢笔工具绘制驴的头发和脖子。

STEP 6 绘制身体、四肢和尾巴。

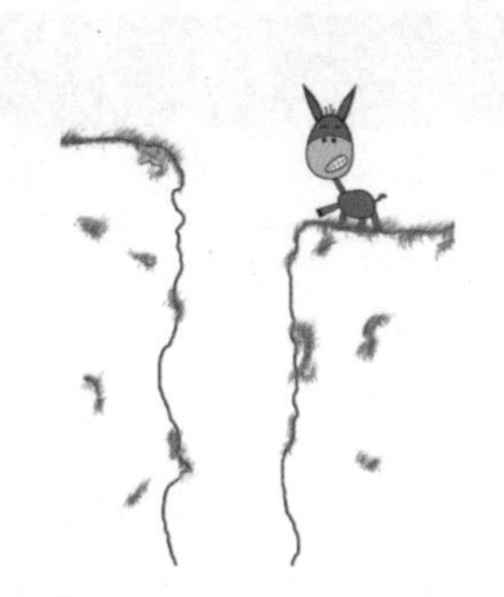

STEP 7 使用画笔绘制悬崖和草图形。

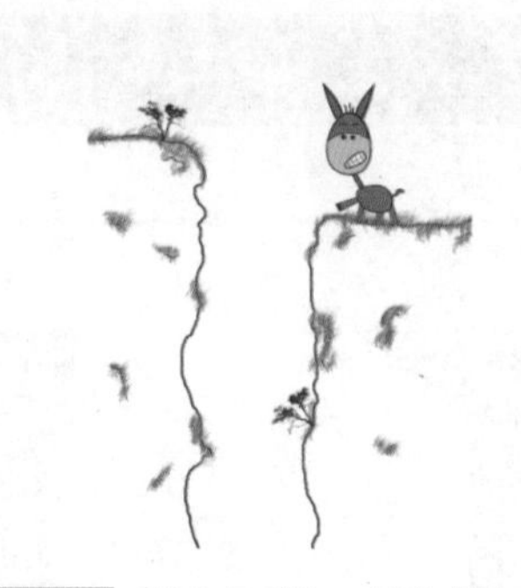

STEP 8 载入画笔，绘制树。

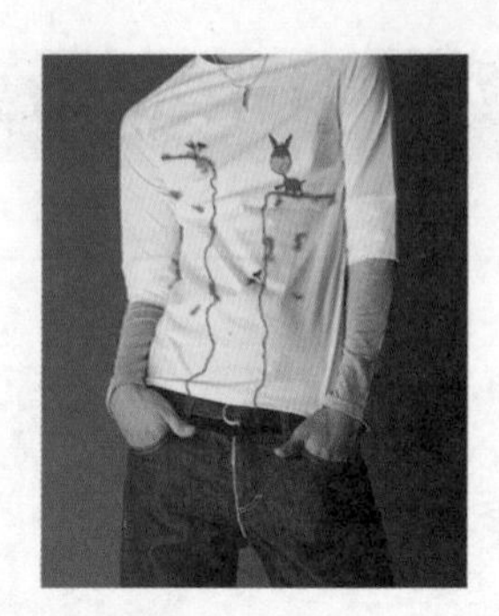

STEP 9 按快捷键 Ctrl+Alt+Shift+E 盖印图层，将盖印的图层图像移到打开的 T 恤素材中。

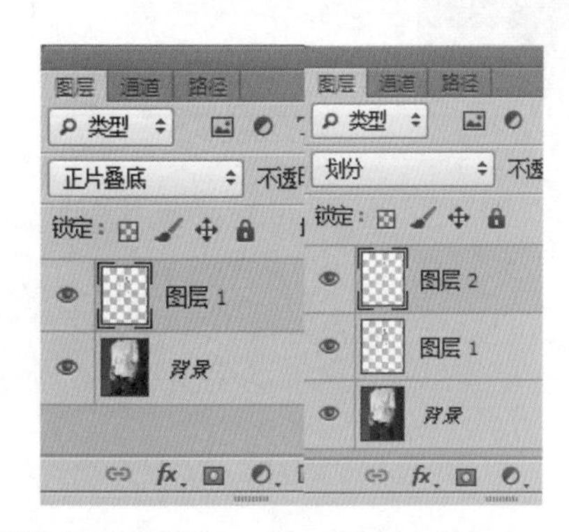

STEP 10 为图像添加“色相 / 饱和度”，设置混合模式为“正片叠底”，调出选区，填充铜色渐变色，设置混合模式为“划分”。

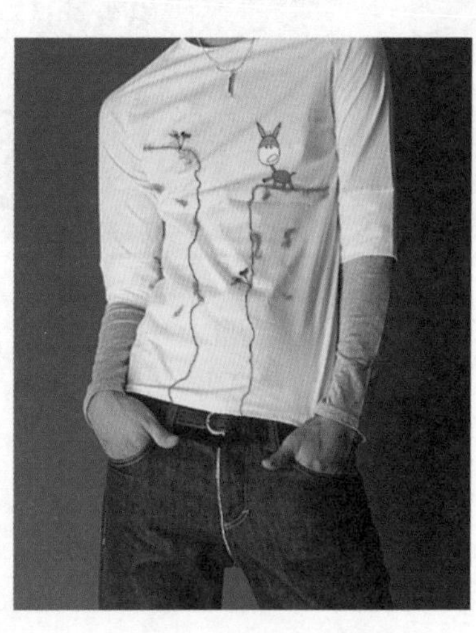

STEP 11 为图像添加“色相 / 饱和度”，至此本例制作完成。

11.5 电影海报设计

实例效果图	技术要点
	★ 移入素材，应用“USM 锐化”滤镜 ★ 应用“色阶”“色相 / 饱和度”命令 ★ 添加图层蒙版进行编辑 ★ 设置“混合模式”为“滤色” ★ 应用“描边和外发光”图层样式 ★ 编辑蒙版

制作流程：

STEP 1 新建文档，移入素材，应用“USM锐化”滤镜。

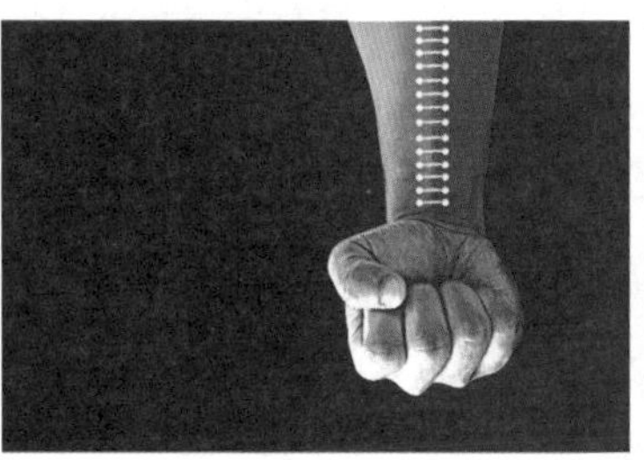

STEP 2 应用“色阶”和“色相/饱和度”调整图层，绘制圆点和线条。

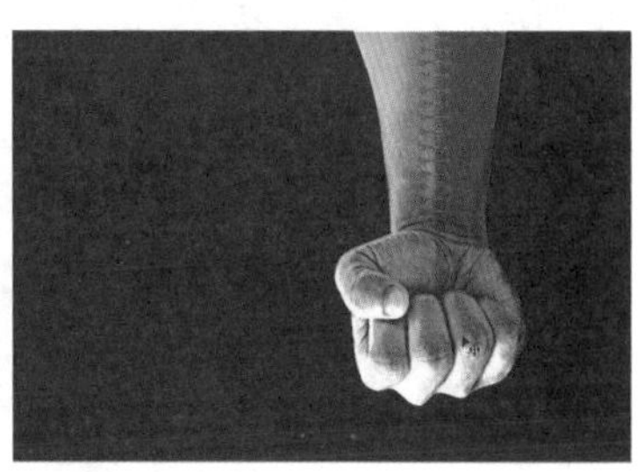

STEP 3 编辑蒙版，设置相混合的颜色。

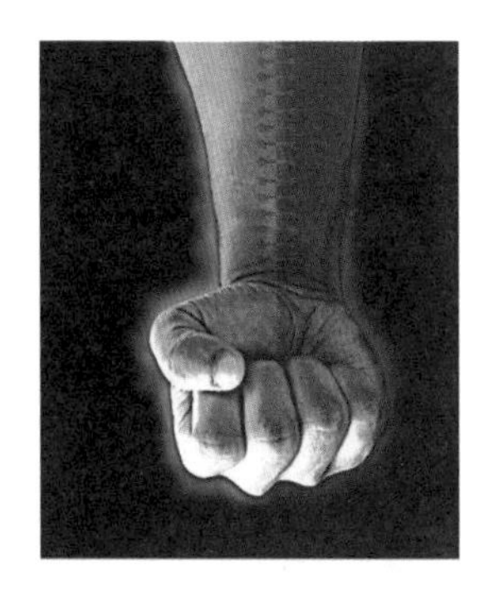

STEP 4 在手臂边缘绘制云彩图层。

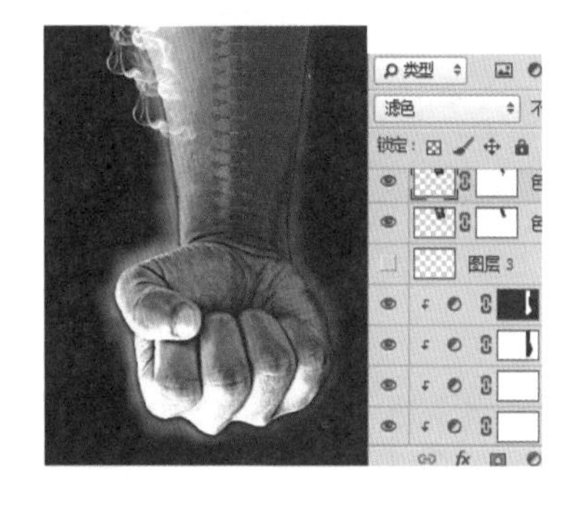

STEP 5 移入“烟雾”素材，调整色相后，设置“混合模式”为“滤色”。

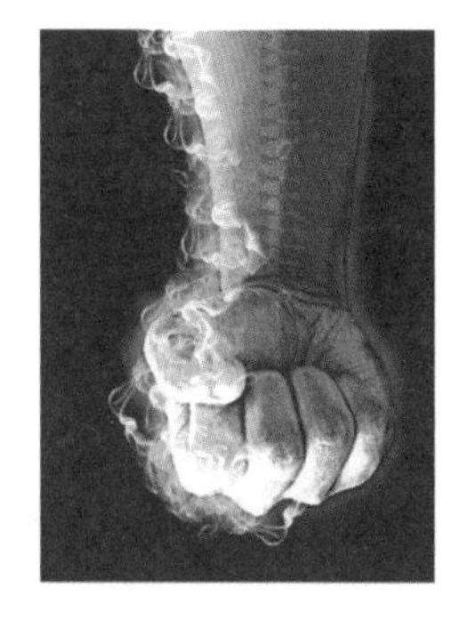

STEP 6 编辑蒙版，再复制烟雾进行细致调整。

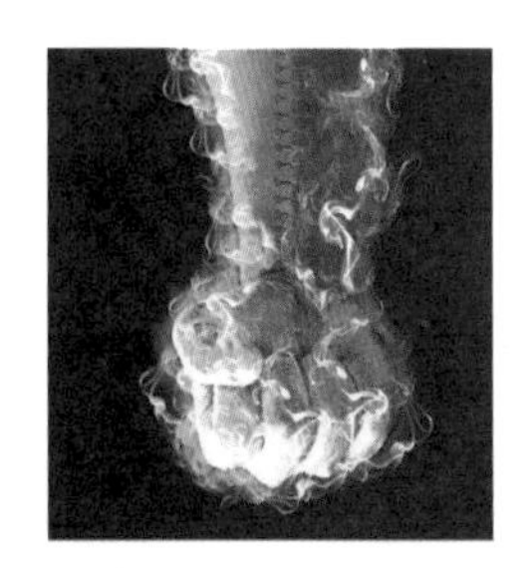

STEP 7 再移入“烟雾”素材，调整颜色后设置混合模式，再编辑蒙版，沿手臂复制多个红色烟雾。

STEP 8 移入素材。

STEP 9 输入文字，应用“描边和外发光”，编辑蒙版，完成本例的制作。

11.6 汽车广告设计

实例效果图	技术要点
	✱ 移入素材，通过蒙版隐藏背景，使用钢笔工具抠图 ✱ 使用加深工具加深车轮区域的草地颜色 ✱ 载入画笔绘制云彩 ✱ 变换素材图像，调出选区，调整亮度/饱和度 ✱ 应用“内阴影”图层样式 ✱ 绘制黑色椭圆，应用“高斯模糊”滤镜

制作流程：

STEP 1 新建一个 18cm × 13.5cm、分辨率为 150 的空白文档，将“背景”移入，再将“岛”素材移入后添加蒙版，隐藏背景。

STEP 2 复制“图层 2”，将蒙版填充黑色，移动图像到下边一点，使用画笔编辑蒙版，将“汽车”移入，使用加深工具在车轮与草地接触的位置进行加深。

STEP 3 移入“热气球”“鸽子”和“车标”。

STEP 4 在汽车玻璃处，创建选区后剪切并粘贴，再调整不透明度制作半透明玻璃效果。

STEP 5 复制图标图层，对其进行变换调整。

STEP 6 调出选区，为草地区域调整亮度 / 对比度。

STEP 7 为图层添加“内阴影”样式，完成本例的制作。

11.7　三折页版式设计

实例效果图	技术要点
	✱ 整体进行折页布局，分成左、中、右三个部分 ✱ 移入素材，绘制图形 ✱ 输入文字，调整布局位置

制作流程：

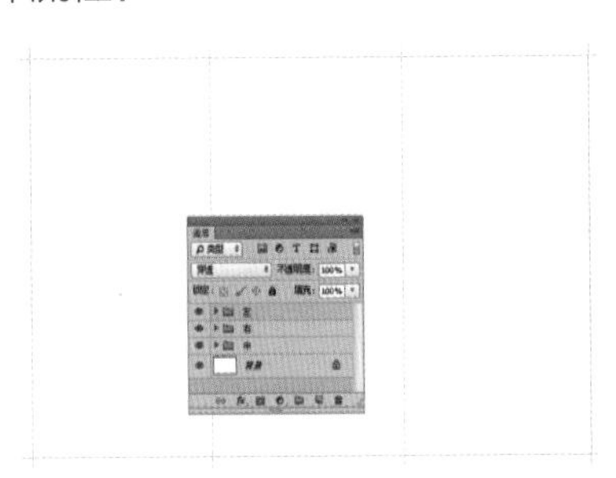

STEP 1 新建一个 303mm×216mm、分辨率为 150 的空白文档，这里边缘留出了 3mm 的出血，将其分为左、中、右三个区域。

STEP 2 从左向右依次制作，先制作左边，移入素材，输入文字。

STEP 3 中间部分全部以绿色作为背景，移入素材，输入文字。

STEP 4 最后制作右边，移入素材，输入文字，进行布局的相应调整。

11.8 三折页效果展示制作

实例效果图	技术要点
	✸ 移入素材 ✸ 将三折页进行旋转和透视变换 ✸ 使用钢笔工具在边缘处绘制路径，转换为选区后编辑，使其出现立体感 ✸ 添加投影和局部阴影 ✸ 填充渐变色，制作光影效果 ✸ 编辑蒙版，添加光源

制作流程：

STEP 1 新建文档，移入素材，再将三折页图像移入进来，旋转并调整透视效果，再通过钢笔工具在边缘上绘制路径，转换成选区后调整边缘，制作立体边缘。

STEP 2 添加“投影”图层样式，使三折页看起来更加立体。

STEP 3 通过选区添加阴影。

STEP 4 绘制选区填充渐变色，使三折页出现更强的光影效果。

STEP 5 通过编辑蒙版添加一个光源，至此本例制作完毕。

11.9 电商首屏广告设计

实例效果图	技术要点
	✸ 填充渐变，制作背景 ✸ 为图像添加“内发光”“描边”图层样式 ✸ 使用画笔编辑蒙版

制作流程：

STEP 1 新建首屏广告大小的文档，首先根据广告内容进行主色的设置。

STEP 2 应用“纹理化”滤镜，制作一个砖形背景墙。

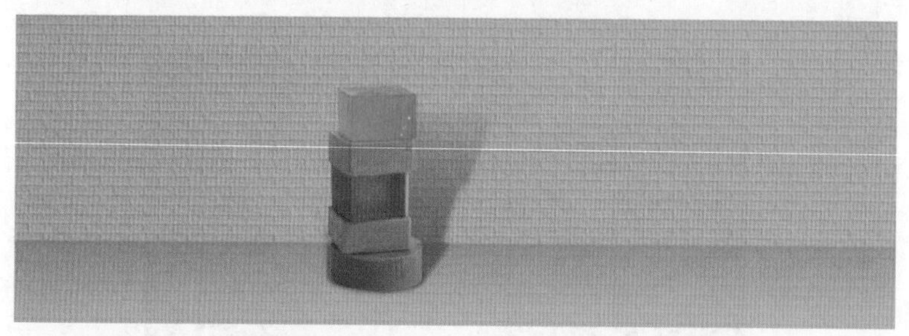

STEP 3 移入广告主体素材，添加阴影和投影。

STEP 4 移入相应的素材，调整位置，起到点缀的作用。

STEP 5 绘制正圆、圆角矩形、直线，输入对应的文字。

STEP 6 绘制一个红色印章画笔，输入白色文字，至此本例制作完毕。

11.10 网页设计

实例效果图	技术要点
	✱ 渐变填充 ✱ 剪贴蒙版 ✱ 输入文字

制作流程：

STEP 1 新建文档，绘制圆角矩形，填充渐变色。

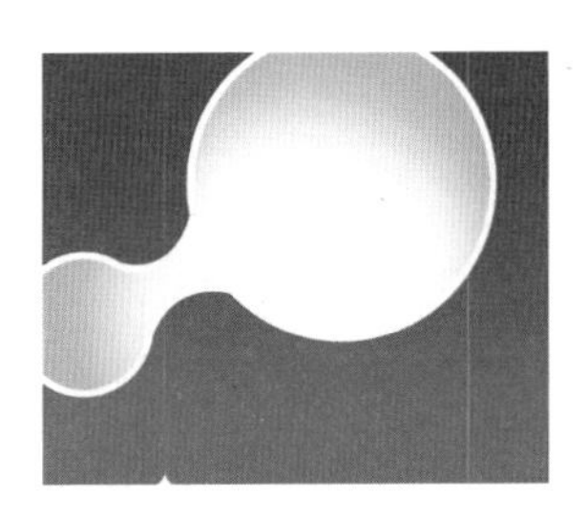

STEP 2 绘制椭圆形，并通过钢笔工具连接到一起。

STEP 3 移入素材，添加人物与下面图层的剪贴蒙版效果。

STEP 4 输入文字。

STEP 5 制作小图像。

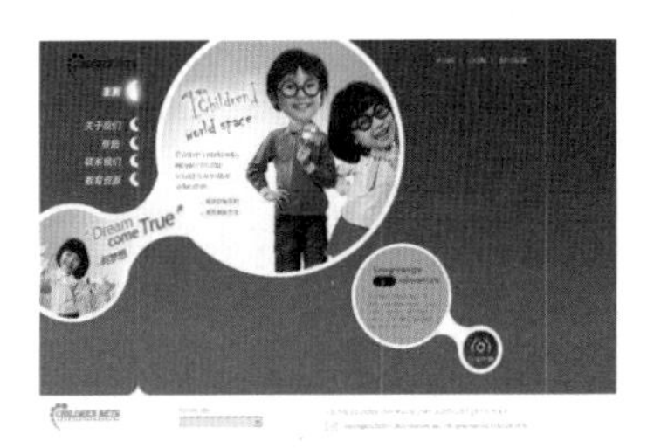

STEP 6 制作Logo、导航和版权栏。

STEP 7 添加其他文字与图像，完成本例的最终效果。